谨以此书献给尊敬的冯天瑜先生（1942—2023）

A Hundred Stories: Industrial Heritage Changes China

中国方案

工业遗产保护更新的100个故事

韩晗 等 编著

華中科技大學出版社
http://press.hust.edu.cn
中国·武汉

图书在版编目(CIP)数据

中国方案:工业遗产保护更新的 100 个故事/韩晗等编著. —武汉:华中科技大学出版社,2023.1(2024.6 重印)

ISBN 978-7-5680-8833-6

Ⅰ. ①中… Ⅱ. ①韩… Ⅲ. ①工业建筑-文化遗产-保护-中国 Ⅳ. ①TU27

中国国家版本馆 CIP 数据核字(2023)第 011913 号

中国方案:工业遗产保护更新的 100 个故事 韩 晗 等 编著

Zhongguo Fangan:Gongye Yichan Baohu Gengxin de 100 Ge Gushi

策划编辑:金 紫

责任编辑:周怡露

封面设计:原色设计

责任监印:朱 玢

出版发行:华中科技大学出版社(中国·武汉) 电话:(027)81321913

武汉市东湖新技术开发区华工科技园 邮编:430223

录 排:华中科技大学惠友文印中心

印 刷:武汉邮科印务有限公司

开 本:710mm×1000mm 1/16

印 张:17.75

字 数:295 千字

版 次:2024 年 6 月第 1 版第 4 次印刷

定 价:98.00 元

本书若有印装质量问题,请向出版社营销中心调换

全国免费服务热线:400-6679-118 竭诚为您服务

前　言

2022年北京冬奥会上，首钢旧址被改造为滑雪场馆令世人惊艳。工业遗产作为特殊的文化遗产具有重要的历史、文化、社会、经济价值，更事关实现“两碳”目标这一可持续发展大局。经过十余年的努力我国工业遗产保护更新水平已经位居世界前列，业已积累了具有中国特色、中国风格与中国气派并具有新时代文化精神的工业遗产保护更新实践。本书遴选了100个我国工业遗产保护更新的代表性案例进行了详细介绍，讲述中国工业遗产保护更新的成就和经验，并归纳出我国工业遗产保护更新的四种方案——社区参与、城市更新、场景再造与文化创新。本书讲述了我国工业遗产保护更新的中国故事，并认为这是贡献给人类命运共同体的中国方案。

目录

导读：我们的方案，我们的故事

工业遗产再利用是人类进入“后工业化”时代以来面临的一个重要议题，也是人类集体走出高碳排放、早日实现碳中和的重要路径。“再利用”包括保护与更新相结合的双重维度。我国作为世界上工业产量和产能最大的国家之一（2020 年我国钢产量是欧盟与美国总和的 5 倍），如何对这数量庞大的工业遗产进行保护、更新，既事关我国产业结构转型、城市更新与空间优化，又与我国未来长时间的可持续发展息息相关。因此，这绝不是一个小问题，也不是一个可以被忽视的议题，更不是一个纯粹的学术课题，需要调动政产学研各方智慧来集体思考，并予以积极有效解决。

世界上拥有工业遗产的国家为数众多，但真正合理再利用工业遗产的国家则并不多，而形成具有启发性、代表性案例的国家，则少之又少。当中很大一部分原因在于，如何使工业遗产在得到保护的同时被有效地更新从而有效地实现再利用价值，被公认为是世界性的难题。即使许多参与第一次工业革命的西方发达国家，在谈论相关问题时，仍多停留在纸面文章与理论，一旦落实到具体的方案，便难上加难，这也是不少西方国家出现“废弃镇”“鬼城”的原因。

美国城市学者罗杰·特兰西克（Roger Trancik）曾悲观地将“废弃的铁路调度场、已搬迁的工厂旧址”等工业遗址描述为“失落空间”（lost space），将其与“沿高速路两旁无人维护、更不被使用的闲置土地”“城市更新所遗留的，出于多种原因未开发和疏于清理的空地”甚至“衰败的公园以及无法达成预期目标而不得不拆除的公共住宅项目”相提并论。“失落空间”这一提法，目前基本为西方城市学界所广泛认可。

西方发达国家如是，我们又应如何决策？如何再利用工业遗产，当然也是我国目前在社会发展中亟须解决的重要问题。从具体情况来看，我们所面临的困难其实还多于西方发达国家。因我国是一个后发国家，许多工厂设在城市中心，不少城市因厂而兴、因矿而生，随着产业结构的转型，厂城关系逐渐从彼此依附转向各自独立，如何处理遗留的工业遗产，当中除了涉及产权、环保等一般性议题，还包括对群众情绪、人地关系等一系列空间伦理的妥善处理。就此而言，我们的难度更大，相关矛盾也更加集中、突出。

2019 年 11 月，习近平总书记视察浦江两岸，就杨浦滨江公共空间杨树浦水厂滨江段的改造工作，作出了“锈带变秀带”的重要指示。我们团队迅速响应，依托武汉大学国家文化发展研究院、武汉大学景园规划设计研究院，组建专门的调研团队，奔赴全国各地调研我国工业遗产保护更新情况，为我国工业遗产状况“摸清家底”，并与黄石市工业遗产保护中心签署了共建高水平科研机构的协议。2020 年 1 月，《中国大百科全书》(第三版)“工业遗产”专题筹备提出立项，我们团队作为这一专题的撰写者，除了讨论相关学科基础概念的词条，还开始摸查世界范围内工业遗产状况，为“第一部世界范围内的工业遗产百科全书”奠定调研基础。

2020 年，相关工作开始面临从未想过的困难。我们一方面坚持与国际工业遗产领域同行、各工业博物馆负责人、工业遗产单位保持密切的“云端”往来；另一方面抓紧机会进行国内调研。在一年多的时间里，在完全没有前人经验可循、毫无前期系统研究成果可参考的情况下，我们通过对一万多篇零散的各语种文献与 300 多封来自世界各地电子邮件的梳理、分析和研究，整理了海外 300 余个工业遗产点的改造更新情况，并对国内 300 多个现有且较为成功的工业遗产再利用项目作出了详细的分析与研究，初步构建了目前世界上较全面的工业遗产项目数据库。

在研究的过程中我们发现，中国工业遗产保护更新工作虽然起步晚、任务重、困难大，但却顽强地走出了一条具有中国特色、符合中国国情的中国工业遗产再利用之路。二十余年里，国内成功完成了几百个工业遗产再利用项目，还有数百个项目处于改造更新期，总体上实现了大约两万多亩(1 亩≈666.7 平方米)土地的合理化再利用，推动了上百个工业企业的合理化转型。我国的工业遗产再利用项目无论是数量还是质量，都远远超过了以美国为代表的西方发达国家，并因此形成了世界上最大的工业遗产再利用体系。

当然，在这个过程中，我国也不可避免地走过弯路，其中确实存在许多深刻的教训，特别是因规划不当、经营不善、运营不合理所产生的“二次废墟化”现象，造成了今后很长一段时间内都难以弥补的损失。但后工业化也是现代化的一部分，正如德国哲学家哈贝马斯所说，现代化是一个永恒未竟的事业。在后工业时代，探索工业时代的价值，这本身是国家现代化进程的组成。每个国家的工业化的路径都不同，因此在工业遗产保护更新的过程中，任何国家都是独立前行的个体，无法照搬照抄别国的经验，谁也不能一蹴而就。应当骄傲的是，我国在工业遗产保护的过程中，不但没有像部分西方国家一样废弃过某座城市，而且还促进了很多工业城市困难职工的再就业，近 6000 万城镇困难职工实现了小康生活。就此而言，中国工业遗产保护更新工作应是“中国式现代化”伟大事业的重要组成部分。

基于此，我们对 300 多个国内工业遗产项目进行了深入调研，试图为目前中国工业遗产的发展状况“把脉”。通过一年的实地调研、追踪研究，再结合社会关注与学术文献呈现水平指数，我们从当中遴选了 100 个具有代表性与影响力的工业遗产再利用项目，作为下一步研究的重点。选择这 100 个工业遗产再利用项目，是通过构建我国工业遗产保护更新绩效的评价指标而确定的。而整个评价指标的构建，则是基于如下考量——我国工业遗产保护更新的实际目的、精神追求、现实意义与历史影响。

一

从我国遗产保护更新的实际目的来看，我国工业遗产再利用工作依托人民、服务人民，建构出了一整套以“自我绅士化”为中心的理论体系，这也是中国工业遗产再利用实践者所作出的重要贡献。

西方工业遗产的理论研究与实践工作源自工业考古学，这是 20 世纪五六十年代英国考古学家针对第一次工业革命所留下的工业遗产究竟是“拆”还是“保”所进行的思考与实践。英国许多早期工业遗产点并不在城市，因需要利用水力或依托矿藏，往往位于深山峡谷、江畔荒野，当中很少涉及城市发展相关的议题，而给考古学家们留下了重要的操作空间。

因此，西方工业遗产的理论体系架构是由考古学奠基，之后才涉及城市规划、建筑学、遗产学、历史学等其他学科。而中国作为一个文明古国，考古学渊源自成一派，曾长期盛行“考古不考明清”一说。及至今日，我国的考古学多不关注第一次鸦片战争之后的近代史文物，因此在西方世界风行半个多世纪的“工业考古”始终未能纳入中国的考古学知识体系当中。还有一个因素在于，中国工业遗产的价值判断，并非始于历史遗产研究的考古学，而是始于关注城市发展空间的城市规划学。21 世纪之初，中国刚刚萌芽“工业遗产”这一概念时，大多数工业遗产并不符合文物保护的“60 年”要求，可见连普通文物都算不上，纳入考古学的视野更是奢谈。

因此，在我国工业遗产保护更新过程中，形成了一个重要的经验：从城市发展学的角度探讨工业遗产问题，视工业遗产为城市文脉的一部分，认识到部分重要工业遗产是所在城市主体文化形成的基础，重视人、地与文化三者之间的关系，将工业遗产保护与“人民城市”建设有机地结合。

我国许多工业城市因工而兴，如大冶铁矿与大冶钢厂之于黄石市、“鞍钢”之于鞍山市、大庆油田之于大庆市等。一些城市在规划、治理的过程中，发动群众，推动社区参与，对工业遗产本体展开了积极有效的再利用。譬如湖北省黄石市数个工业遗产社区，都是 20 世纪 50 年代始建的“工人村”，目前人口老龄化严重，很多社区已有沦为“贫民窟”的风险。黄石市各级政府合抓共管，一方面推动社区网格化管理，实现小区化基层治理新风貌，杜绝“三无”（无社区干部、无社区活动、无社区基层党组织）的情况出现；另一方面妥善保护老建筑，修缮建筑主体外立面，改造背街小巷，增设停车场、垃圾转运站、光纤盒等基础设施，并对一些处于城市中央的老旧城区进行“网红化”运营，鼓励居住在一楼的老职工出租闲置空间，改造为微型文创共享空间或“网红”店铺，展现城市活力与新的风貌，提升了社区的生活品质，也促进了社区内部产业结构的转型。

这一现象我称为“自我绅士化”，这是我国工业遗产保护更新的成功经验，更是贡献给世界的重要理论。从词源上看，这是基于“绅士化”（Gentrification）这一被西方世界沿用多年的概念。它最早由社会学家鲁斯·格拉斯（R. Glass）提出：

在伦敦，一个又一个的贫苦劳工民区被中产阶级入侵，当那些破落的房舍租约期满后，就摇身变成了高雅而昂贵的大宅……绅士化的过程一旦展开，就只有义无反顾地加速进行；而直至所有原居的劳工阶层居住者都迁出后，整个社区面貌就彻底地改变了。①

在格拉斯看来，"绅士化"指的是将原有的城市用地进行更新，并促使当地民众搬离，然后再将空间改造为城市高级空间（或富人区）。这是西方工业遗产研究经常使用的一个词语，也曾一度传入我国，被我国城市规划领域的学者形象地称为"腾笼换鸟"。"绅士化"先前曾被广泛应用于城市规划特别是旧城改造的过程当中。

"绅士化"固然可以作为推动传统工业遗产空间转型的一个重要方式，但却忽视了以人地关系为中心的空间伦理问题。中国是一个有着土地依恋的农耕文明国家，"背井离乡"被认为是一种不幸，"身土不二"是一个人一生中值得夸耀的事情。

我国绝大多数工业遗产都依附于传统大型国企，当中既有1949年之前存在但在中华人民共和国成立之后被接管或赎买的民族工业、外资（包括日伪）产业（如长春电影制片厂、首钢），也包括中华人民共和国成立之后，依托"五年规划""156项工程"与"三线"工程等大型工业化运动而新建的社会主义工业企业（如武钢、葛洲坝水利枢纽）。在这个过程当中，我们借鉴了当时苏联的"集体农庄＋工人村"模式，甚至连宿舍都效仿当时苏联盛行的"三层起脊闷顶式"结构，以上海最早的工人村——曹杨新村为起点，逐渐形成了具有中国特色的"企业办社会"体系，历经几代人的生产、生活，已经形成了稳定的厂区内部人地关系，形成了既具有中国特色，也从各地具体实际出发的空间伦理。可以说，没有任何两个企业社区具有相同的空间伦理。同时我国数以万计的工业遗产绝大多数依附于工业遗产社区而存在，工业遗产保护更新工作无论如何也不可能做到忽视"企业办社会"所带来的人际关系特别是空间伦理的复杂性。

近年来，中国工业遗产保护更新在艰辛探索的过程中，总结出了一条"社区参与"之道，即以基层治理为抓手，发动社区内部居民参与社区改造工作，以服务困难职工脱困解困，从而实现"自我绅士化"。我们调研发现，100个工业遗产项目普遍都有不同程度的社区参与。可见，社区在工业遗产保护更新中所扮演的积极角

---

① GLASS, R. London: aspects of change[M]. London: MacGibbon & Kee, 1964.

色不可忽视，这是“人民城市人民建，建好城市为人民”的伟大实践。因此，本书专设了“社区参与”一章，选取的案例正是国内近年来社区参与工业遗产保护更新工作的代表。

二

从我国工业遗产保护更新的精神追求来看，我国工业遗产保护更新注重工业遗产整体价值体系的保护，并在保护更新的过程中逐渐认识到工业遗产与我国工业化、城市化之间的联系，以及工业遗产如何呈现中国共产党领导国家现代建设的中国图景展现中国形象，从而形成一整套具有中国特色工业遗产对外传播话语体系的“红色工业遗产”。

从人类发展的角度来看，不同国家的工业化道路不尽相同，因此各国都有具备各自特征的工业遗产体系。近年来，一些发达国家开始重视工业遗产在公共外交领域的价值，认为本国的工业遗产是一国对外交往中打造国家形象并对外传播的重要符号，也是展现一国实力的“门脸”。如日本社会引以为傲的“明治运动工业建筑群”，美国学界广泛关注的“西进运动工业遗产”，[①]目前受到国际学术界重视的中亚、西亚与东欧地区的“苏联时期工业遗产群”，印度的“英国殖民时期工业遗址”[②]以及以群山市电子企业为代表的韩国“电子时代工业遗产群”，等等。[③]

近年来，在我国工业遗产保护更新工作快速、稳健地推进的同时，“红色工业遗产”这一概念也应运而生，成为我国工业遗产屹立于世界工业遗产体系之中的一个标志性符号。红色工业遗产，就是中国共产党领导国家现代化进程中所诞生的工业遗产，这是我国具有世界展示度的文化遗产体系，它集中反映了我国工业化、城市化的历史进程，也是我国对内进行社会教育、对外传播国家形象的重要

---

① BLEE L. Completing Lewis and Clark's westward march: Exhibiting a history of empire at the 1905 Portland World's Fair[J]. Oregon Historical Quarterly, 2005, 106(2): 232-253.

② TIPNIS A, SINGH M. Defining industrial heritage in the Indian context[J]. Journal of Heritage Management, 2021, 6(2): 120-139.

③ 박성신. 군산의 근대 창고건물 현황 및 산업유산으로서의 가치에 관한 연구[J]. 건축역사연구: 한국건축역사학회논문집, 2011, 20(6): 21-39.

载体。[1] 本研究所涉及的100个工业遗产再利用项目中，有80多个红色工业遗产项目，有的见证了中国共产党领导工人运动的峥嵘岁月，有的是革命战争烈火硝烟的历史证明，有的还见证了中国共产党领导社会主义建设的伟大成就。它们比博物馆的文物更具有体验感，比影视剧更真实，比实景演出与游乐园更为厚重。因此，它们理应是讲好中国故事、传播好中国声音的重要渠道。

但从概念内涵流变、形成而言，“红色工业遗产”的内涵，海外学者事实上早有关注。早在1994年，美国汉学家卡普尔(Deborah A. Kaple)就提出“中国共产党工业遗产”与“红色工厂”这一概念，并指出它应当算“冷战工业遗产”的一部分，[2] 但相关论述却是基于后冷战时代的思维，叙述与研究存在颇多政治偏见，相关论述还存在于其他研究成果中，如称“中国共产党的工业遗产”是“没有(自身民族)历史的工业遗产”，[3]或将其命名为“(中国)政治工业遗产”等。[4] 笔者粗略统计了一下，上述各种研究成果的被引率在海外研究我国工业遗产的成果中竟位居前列，部分基于认知偏差甚至故意罗织的错误观点已然流毒甚广，不但抹黑我国工业遗产，更累及中国共产党领导工业化这一功在当代、利在千秋的伟大事业。上述观点虽然初步提出了“红色工业遗产”的内涵，但其阐释却充满话语歧视。可见，通过改造更新为红色工业遗产正名，已到了非做不可、时不我待的地步。

因此，一方面是我国工业遗产研究与对外传播亟须形成具有中国特色与中国风格的话语体系，以实现通过各种方式“讲好中国工业遗产故事”；另一方面，西方世界对我国工业遗产乃至工业化的污名化与学术偏见亟须立即得到澄清。红色工业遗产保护更新所展现出来的中国形象是多方面的，它不只是关于历史的宏大叙事，同时也是我们如何将历史场景转变为未来愿景的载体。正如F. R史蒂芬森(F. R Stevenson)所说，历史遗产的价值并非只是告诉我们过去发生了什么，而是

---

① 相关研究参阅韩晗的两篇论文:《红色工业遗产传播中国共产党人精神谱系的机制与路径》(载于《华中师范大学学报》(人文社会科学版)2022年第2期)与《红色工业遗产论纲——基于中国共产党领导国家现代化建设的视角》(《城市发展研究》2021年第11期)。

② KAPLE D A. Dream of a red factory: the legacy of high Stalinism in China[M]. Oxford University Press, 1994. p. 2.

③ GILLETTE M B. China's industrial heritage without history[J]. Made in China Journal, 2017, 2(2): 22-25.

④ FRAZIER M W. The political heritage of textile districts: Shanghai and mumbai[J]. Built Heritage, 2019, 3(3): 62-75.

向公众呈现出了一个未来的无穷可能。①

举例来说，红色工业遗产的杰出代表北京首钢搬迁之后，北京冬奥委依托首钢旧址冷却塔改造为北京冬奥会滑雪大跳台。首钢滑雪大跳台是人类第一次将工业遗产改造为奥运场馆的尝试，也是历届奥运会当中最受关注的场馆之一。这一工业遗产保护更新项目不但得到了许多世界遗产领域研究同行的一致赞誉，更引起媒体的瞩目，彭博社称这是"令人叹为观止的壮举"②"中国在城市更新方面的努力，是为对抗空气污染和实现净零排放(reach net zero)而奋斗的故事"③。《纽约时报》点赞其为"最引人注目的场地"，④澳大利亚国际广播公司亦给予高度肯定"本届奥运会最壮观的场馆之一，堪称城市复兴的一个例子"⑤。SupChina 表示："围绕废弃钢厂建造的工业园区首钢滑雪大跳台是城市转型的符号。"这是近年来国际舆论中少数对中国城市更新与环保工作的肯定性评价。事实上，不只是首钢滑雪大跳台可以讲述这一故事，我国工业遗产保护更新实践中，有无数这样的故事，将这些故事汇集起来，完全可以向世界呈现正面的环保大国形象。

因此，本书所涉及的 100 个工业遗产再利用案例，实际上集中构成了以工业化为主题的国家形象，而且不仅是在环保领域。其一，我国工业化渊源与人类第二次工业革命同步，可以说在后发国家中具有率先性。我国的"洋务运动工业遗产群"与入选世界遗产的"日本明治时期工业遗址群"是同时代的，而且规模、体量与目前完整程度，都不逊色于日本的工业遗产；其二，我国工业遗产是中国共产党领导国家现代化的产物。中国共产党领导国家现代化绝不是部分西方学者所认为的"军事工业化"，而是包括了国防工业在内的各工业门类，当中绝大多数都是

---

① STEVENSON F R, FEISS C. The planned community: A North American heritage[J]. Journal of the Society of Architectural Historians, 1949, 8(3/4): 17-26.

② Beijing Upcycles Abandoned Steel Mill Into Winter Olympic Paradise[EB/OL][2002-01-27]. https://www. bloomberg. com/news/articles/2022-01-28/skiers-snowboarders-soar-over-former-pollution-site-at-beijing-winter-olympics.

③ What the big air venue at Beijing Olympics says about China's smog problem[EB/OL]. [2022-02-12]. https://nationalpost. com/sports/olympics/what-the-big-air-venue-at-beijing-olympics-says-about-chinas-smog-problem.

④ About those cooling towers next to the big air events …[EB/OL]. [2022-02-07]https://www. nytimes. com/2022/02/07/sports/olympics/cooling-towers-big-air-skiing. html.

⑤ 聚焦北京冬奥：首钢大跳台是怎样炼成的[EB/OL]. [2022-02-10]https://www. abc. net. au/chinese/2022-02-10/most-iconic-olympic-venues-big-air-shougang-beijing-winter-games/100819510.

服务于民生、改善人民生活水平的产业，如纺织工业、造纸工业、电子工业，等等，我们用一百多年的时间建成了目前世界规模最大的全门类工业生产体系，这可以说是人类发展史上的奇迹；其三，我国工业遗产见证了我国工业化从技术转移到自主创新这一特色完整的过程，既具有中国风格、中国气派，又具有后发国家普遍特征。由是可知，我国工业遗产保护更新注重对工业遗产整体价值体系的的挖掘与建立，这是我国工业遗产保护更新过程中形成的一个非常重要的认识，并且已经逐渐成为工业遗产再利用并弘扬其价值的重要目的。

三

从我国工业遗产保护更新的现实意义来看，"美好生活"理念贯穿我国工业遗产改造工作，强调工业遗产美学属性，推动日常生活美学实践与城市更新相结合，满足人民群众对美好生活的追求，形成了具有中国特色的工业遗产美学。

工业遗产美学是一个事关工业遗产再利用的"元问题"，也是工业遗产被呈现的价值维度之一。无论西方与中国关于工业遗产保护更新的起源有何不同，关于工业遗产的价值判断大体相似，即遵循三个原则：一是历史价值，二是区位价值，三是审美价值。而审美价值在当中又有着不可忽视的地位。

从审美机制的生成来看，工业遗产审美源自"废墟美学"。这是一个根源于现代性的产物，古希腊、古罗马乃至东方世界的"废墟"在 17 世纪之后的地理大发现年代，特别是 18、19 世纪通过考古学得到了逐渐的挖掘、再现，如古埃及胡夫金字塔遗址、古印度的摩亨佐·达罗遗址、古希腊的克里特岛遗址、古罗马的庞贝古城遗址、古代中国的殷墟遗址与古代中南半岛的吴哥窟遗址，等等。对这些遗址的考古，一方面拼凑出了人类古代文明的样貌，另一方面为刚进入"现代"的人们勾勒出了"废墟"这一独特的审美景观。正如西方艺术史学家保罗·祖克(Paul Zucker)所言："我们这个时代有关废墟的流行观念都是 18、19 世纪卢梭、霍勒斯·沃皮尔等人的浪漫主义的产物。"[1]

---

① Paul Zucker，"Ruins—An Aesthetic Hybrid"，The Journal of Aesthetics and Art Criticism (1961)，转引自巫鸿. 废墟的故事：中国美术和视觉文化中的"在场"与"缺席"[M]. 肖铁，译. 上海：上海人民出版社，2017.

“废墟”作为客观存在的景观，构成了连接历史与当下的荒凉之美，这是一种事关崇高的历史退场之后，所遗留下来的寂静与沧桑，这既是浪漫主义的产物，也与现代考古学的发展息息相关。工业遗产作为工业化的见证，它与“废墟美学”能够产生联系，很大程度上得益于两个名词的普及，一个是“工业景观”，另一个则是“后工业景观”。

工业景观，目前学界尚无明确定论。我认为，工业景观主要指的是人类因为工业活动而形成的独特景观。人类最早出现的工业景观是英国第一次工业革命后出现的畜力铁轨、烟囱、熔炉、磨坊、蒸汽机车与铁桥，与第二次工业革命后出现的电气化设备、飞机场与摩天大楼，以及第三次工业革命后出现的高速公路、高速铁路、科学城等。工业景观是人类改造自然与利用自然的证明，是人类科学、技术与意识形态变革的历史物证。

而“后工业景观”则是一个带有“后学”显著特征的概念，其理论基础源自美国社会学家丹尼尔·贝尔(Daniel Bell)所提出的“后工业社会”理论。贝尔认为，人类社会的发展分为前工业社会、工业社会和后工业社会三个阶段。后工业社会的一个主要特征是“服务业超过制造业在经济结构中居于主导地位”。因此，后工业景观主要指因为人类产业结构转型升级而生成的工业景观，这类景观以废弃的工业建筑物、构筑物为主，是人类因为技术进步而形成的工业废墟。这一概念被提出的目的是用景观设计的方法对工业废弃地进行改造、重组与再生，使之成为具有全新功能和场所精神的新景观。

“工业景观”与“后工业景观”概念的提出与普及，明确了工业遗产具有“废墟美学”的价值，这一价值基于三重审美心态而存在：一是怀旧美学，即对于过去场景的追忆，包括对一些逝去的人和事的怀念；二是技术美学，这是人类进入工业时代以来，因技术崇拜而形成的一种审美机制，同时又被设计美学赋予了审美内涵，是建构在现代性观念之上的审美；三是城市美学，今天世界版图上的城市皆因三次工业革命而兴，既包括工业风景，也包括后工业风景(如罗杰·特兰西克所言之“失落空间”)。因此，工业遗产的美，很大程度上由我们所建构起的城市美学促成。

这三重审美心态决定了工业遗产被再利用之前，遗产本体要经历两个过程：一是工业空间的遗产化(heritagization)过程，原有的产业退出或部分退出，将空间作为文化遗产；二是遗产化之后审美化的过程，即将遗产本体建构为审美对象。而这两个过程的最终目的，是将遗产本体嵌入城市更新的进程当中，使之成为城市生活美学的一部分。

工业遗产的美学价值得到广泛认可，反映了日常生活美学实践与城市更新相结合的成功，将工业遗产改造纳入城市空间美化的进程，本身是一种美学实践。黑格尔（G. W. Hegel）在《美学》中指出“审美”是一种实践，实际上“创造美”也是一种实践，而且在一定程度上还构成了审美实践的前提。就我国城市更新的诉求而言，工业遗产保护更新不只是简单意义上的合理再利用，还蕴含了美化城市环境、保护城市文脉、构筑城市风景的重要目的，这当然是“创造美”的具体实践。

本书调研的100个工业遗产项目有一个非常重要的共性，就是备受访客青睐，有些已经成为“小红书”“豆瓣”“Instagram”等平台上主推的“网红打卡点”，其中甚至还包括一些被改造过的背街小巷、老旧社区。以上海杨浦区的“NICE 2035”社区为例，它本是上海最早的工人村之一，曾经一度是当地房价最低的地区。2018年，我带队广东省委宣传部文化创意人才培训班调研上海文创产业，初访此地时，当地居民盛传此地将要拆迁，甚至许多居民都在讨论如何争取获得更多的拆迁补助。2021年我再度调研此地时，该街区已经被同济大学改造为“NICE 2035”创意街区，这一改造当然不只是单纯的外立面改造，同时也包括了旧城改造中应当去实现的地下管网、消防通道、供水供气与垃圾分类等基础设施的改造更新，之前一些“脏乱差”卫生死角也荡然无存。整条街区成为上海非常重要的文创主题街区，世界名车阿斯顿·马丁的旗舰店也入驻该区。可以说，这是由“日常生活审美化实践＋城市更新”介入工业遗产保护更新的最佳范例，这样涉及几千户家庭的老旧小区的成功改造，在全世界范围都具有重要的示范意义。

四

从我国工业遗产保护更新的历史影响来看，中国二十余年的工业遗产再利用实践，关注对象是“大环境”而非“小空间”，因此是一个源自顶层设计、调动社会参与、不断改善人居环境、优化国家产业结构的时代工程，反映了我国在环境治理、节能减排、实现“两碳”领域的大国担当，以实践证明了“绿水青山就是金山银山”

这一重要论断的科学性。

前文已经述及，西方重视工业遗产，乃是基于保护、研究国家历史的考量，更准确地说，是20世纪中叶的英国，面对本国失去第二次、第三次工业革命的优势造成工业国际地位的下降时，以“建构历史地位来寻求自信与居于中心的合法性”，①这是西方工业考古学发生、兴盛之根由，与我国倡导工业遗产保护更新，并不是一回事。我国工业遗产保护更新事业，更多的是环境保护需要、产业结构转型倒逼的结果。因此我国工业遗产再利用实践坚持的是科学发展本位原则。

不言而喻，我国工业遗产保护更新工作的一个重要特征是关注对象是“大环境”而非“小空间”。或者说，将工业遗产保护更新视作产业结构调整的重要杠杆，这与我国经济发展所倡导的“退二进三”具有共通性，即将部分耗能高、产能低、污染大的第二产业，转型为第三产业。就此而言，我国工业遗产保护更新更看重实效。

我们在调研中发现，目前国内所有的工业遗产保护更新都趋向于“再利用”绩效，即考虑经济效益，这与一般意义上的文物保护差别甚大。本研究所选的100个案例都是可以直接产生经济效益、优化产业结构、改善人居环境的工业遗产保护更新项目，这应当是我国工业遗产再利用工作给予世界的重要经验。

从我国工业发展史的角度看，我国的产业结构与西方国家有着本质差异。

一方面，我国人口基数大、负担重、底子薄，因此在中华人民共和国成立后很长的一段时间里，采取重工业先行的战略。如“156项”工程与“一五规划”“二五规划”项目中，多侧重能源、钢铁、机械、化工等重工业行业，这些行业占地面积大、需要劳动力多，往往造成“一个厂占一座城”的情况，如鞍山、大庆、攀枝花、酒泉、克拉玛依等。在特大型城市，一些企业（或一个企业群）则常占一个区，如上海的宝山区、武汉的青山区、齐齐哈尔的富拉尔基区、沈阳的铁西区等。这样庞大的规模，在西方发达国家都很少见。因此，我国的工业遗产保护更新，往往与城市更新同步。换言之，我国的工业遗产既不可能像一些西方国家一样，实施“静态保护”“全域封存”，更不可能动辄废弃某一片工业遗产，使之沦为“锈带”。

---

① CASELLA E C，SYMONDS J. Industrial archaeology：future directions[M]. Springer Science & Business Media，2005.

另一方面，我国曾长期实行“企业办社会”制度，而且许多企业建厂时间不过五六十年，部分厂矿仍在使用或停产不久，厂矿所在地现有大量常住居民，其中不少是城镇困难职工。而西方国家工业遗产当中极少数是“公司镇”（Company Town），多数是只有生产区而无生活区的空间，因此我国的工业遗产与西方国家废弃的“鬼城”有着天壤之别。在这种情况下，我国的工业遗产保护更新工作，除了转换空间功能，更多还涉及居民生活质量的提高、居住环境乃至就业方式的转变，这是一个在工作量与复杂程度上远远超过工业遗产保护更新的系统工程。

这既需要将“自我绅士化”作为我们的工作标准，也需要将工业遗产作为社会的有机体来看待。社会发展绝不只是空间职能的改变，它包括一整套运行秩序的优化，其核心是人的价值不断得到提升。因此，我们的工业遗产保护更新所谋求的效益是多方面的。它不只是“小空间”的转型，更多的是包括大环境在内的整个社会的良性运转。这和西方发达国家的工业遗产改造工作有着本质区别。

我国工业遗产保护更新，从目的上看不只是单纯地为了社会教育、传承城市文脉或弘扬劳模精神、工匠精神。催人奋进或感人至深的故事固然重要，但更重要的是提升整个社会、自然的总体发展效益，以实现大环境的转变，这可以认为是我国工业遗产改造更新的“初心”，当然也是我们工业遗产研究者应当思考的地方。

在本书研究的100个工业遗产保护更新项目中，我们可以看到，所有项目都是造福一方的民心工程，均体现了追求社会效益与追求经济效益的良性互动，推动了大环境的良性发展。如江苏省南京市的“民国首都电厂旧址公园”就是一个很具代表性的范例。一方面，这个园区为这座城市留下了大量的工业建筑，并将第三产业的空间改造为第二产业的空间，实现了空间的转型。另一方面，该项目促进了周边居民就业、改善周围环境、推动社区更新等，让附近居民在生活质量上有提升，并产生了获得感，形成了与遗产本体良性互促的关系。这当然可以认为是“自我绅士化”，也顺应了南京这座城市未来的发展趋势。

从宏观的层面来讲，该项目所在城区乃至所在区域、城市因为这些工业遗产保护更新，总体呈现高碳汇、绿色经济与低碳社会的走向。我们调研发现，在这100个工业改造项目中，没有一处工业遗产项目破坏了原有的绿化景观，而是普遍将原有绿化景观当中的树木、草坪乃至水景都予以保留，并新增了大量的绿化，特别是一些矿区的棕地复绿工作取得了令人瞩目的成就。统计显示，在 100 处工业遗产中，所保留的高龄（20 年以上）的树木累计 3 万多棵，棕地复绿面积超过 10000 公顷。如果将全国所有的工业遗产保护更新的绿化成就进行集中测算的话，可以这样说，近 20 年来，遍布全国的工业遗产保护更新的绿化成就可能超过 20 万公顷。

五

在这里，我们主要探讨评价体系构建这个问题。

正如前文所言，我国工业遗产保护更新是一个注重“大环境”的系统性工程，因此，其评价指标构建显然是多方面的。根据目前我国工业遗产保护更新的具体情况，以及我们通过调研所了解到的现实问题，按照我国工业遗产保护更新的目的与再利用绩效，分为五个内部各自独立、分值平均的评价体系。

一是社会效益指标。在我国工业遗产保护更新中，社会效益应居于首位。社会效益主要分为两个部分。一是社会影响，即这个项目完成之后，是否产生了正向的社会反响，这主要通过公众舆论体现。我们调研发现，个别工业遗产在保护更新过程中，竟出现了意料之外的负面社会反响，其中一个关键原因就是当地居民对遗产本体的态度。如湖北某地“一五”规划期间兴建的工厂，该工厂主体建筑属当地红色工业遗产，因为长期是“老（厂矿）、（污染）大、（困）难（职工多）”的企业，周边群众苦其久矣，被戏称为当地“公害”之一，我们访谈了 30 余位市民，竟无一人认为该厂矿主体建筑应得到保护，以至于部分遗产本体至今未能得到有效开发。可见要产生好的社会影响，则必须要重视群众的观念与诉求。

社会效益的另一方面就是宣传教育，特别是国家形象塑造以及传播价值是否得到应有的彰显。可以这样说，所有的工业遗产都是“有故事的空间”，但这个故事如何讲、如何能让人喜闻乐见，则是关键所在。如本书收录的湖北宜昌“809”小镇案例，本是“三线”工程 809 厂旧址，经过保护更新之后，现在成为全国首屈一指的工业旅游小镇，除了保留建筑物与构筑物的标志，其中专设了三线文化涂鸦墙、三线文化陈列厅等展示空间，成为我国工业遗产再利用项目中“讲好三线故事”的范例。

二是环境效益指标。从工业遗产形成的过程来看，它本身是人类从高碳排放生产向低碳排放生产转化的产物，因此周围自然环境是否得到有效改善，是衡量工业遗产改造更新绩效的一个重要标准。相关情况前文已经有详细介绍，此处不再赘述。在方法上，我们主要采取环境经济学的相关理论，借助对环境（包括气候）变化指数的测定来阐释经济发展指标，主要以城市（或大型城区）为单位进行观察研究，主要目的是考察多个工业遗产或重大工业遗产的改造更新对一座城市环境的正向影响程度。在数据采集方面，我们通过当地环保部门的采样记录进行对比，有条件就自行采样比对。具体而言，根据不同遗产本体的特征，采取不同的测定方式：一是测量再利用后的绿化面积是否减少，如果增加，那么增加量有多大？二是测量再利用前后所在地区总体空气或土壤质量情况如何？是否有显著改观？当然后者主要针对少数大型工业特别是矿冶遗址或矿冶社区。以黄石大冶铁矿矿区为例，2015 年，在再利用之初，我们用原子荧光光谱法对当地土壤采样测定后显示，土壤中铅、砷、汞三种重金属都超过了 2mg/1kg，显然远远高于国家标准。2021 年我们在同样的位置二度采样测定时，发现三种重金属全部在 1 mg/1 kg 左右，超过了我们的预期目标（1.2～1.5 mg/kg）。在对大冶铁矿矿区附近的黄石胜利社区、黄石大塘社区等不同的工业遗产社区土壤的测定中，有同样的变化。这是我们认为黄石地区工业遗产保护更新取得阶段性成绩的重要标准。

除了自然环境，人文环境也不可忽视。在人文环境这个议题上，我们更关注遗产本体环境与周边环境之间的关系。这里借用了克里斯托夫·崔德（Christopher Tweed）关于贝尔法斯特维多利亚广场重建的研究，[①]他认为建筑遗产与周边环境的关系具有复杂性，而这一复杂性由两者的二元关系反映。即遗产本体对于周边的环境有正向促进作用，还是负向作用？同样，周边环境对遗产本体的价值与作用是积极的？还是消极的？这些都是工业遗产再利用工作中不得不考虑的议题。

举例而言，台湾高雄炼油厂社区曾是台湾最大的工人村之一，迄今已经有百余年历史，它的去留长期受到当地社会各界的关注。2020 年，高雄市有关部门在

---

① TWEED C，SUTHERLAND M. Built cultural heritage and sustainable urban development[J]. Landscape and urban planning，2007，83(1)：62-69.

评估最终方案时，主要考量该社区与高雄市未来发展的关系。在交流会上，多数与会专家认为，该社区是高雄重要的工业文脉，是高雄城市现代化的见证，存在百余年来并未给高雄市带来什么负面影响，因此应当予以保留。

社会效益还集中体现在遗产本体所发挥的社会功能上。唐山的唐胥铁修理厂曾是一个有着百年历史的大型国有企业，1976 年唐山大地震时，该厂毁于一旦，多位职工遇难，厂区只剩断壁残垣，成为唐山大地震给唐山地区带来巨大灾难的重要物证。唐山市政府将旧址保护起来并新建唐山地震遗址纪念公园，与日本广岛和平纪念公园、美国纽约 911 国家纪念广场被世界媒体共称为“世界三大灾难纪念地”，是当中唯一的自然灾害纪念地，也是人类历史上第一个依托工业遗产改建的灾难纪念地，产生了巨大的社会效益。

三是文化效益指标。按照联合国教科文组织的标准，人类遗产分为自然遗产和文化遗产。工业遗产显然属于文化遗产，因此工业遗产在中国也被称为工业文化遗产。就此而言，工业遗产保护更新的文化效益，即对文脉的赓续水平、对文化价值的彰显程度以及对文化层次的追求高度，理应被看作一个重要指标。

毋庸讳言，目前我国许多工业遗产保护更新项目“千篇一律”，如盲目追求“美式工业风”“工业朋克风”等，或改造为文创园、商业街、美术馆等。实质上，全世界没有两个完全一样的工业遗产。作为文化遗产，它理应具备遗产本体的唯一性。因此，工业遗产保护更新之后，其文化属性是否得以彰显、城市文脉是否得以传承，是衡量其文化效益的重要标尺。

举例而言，本书收录的潮州电机厂旧址，位于潮州古城千年文脉之源——府学旧地。此地既是工业遗址，也是文化遗产。该遗址在改造过程中，一方面保留了工业建筑的框架结构，另一方面以“府学旧地”命名，体现了与潮州古城浑然一体的一面，展现出了对于潮州本土文化的赓续，成为“潮学”与改革开放精神相融合的范例，整个遗产保护更新项目将工业文化、城市文脉有机地整合，体现了文化效益最大化原则。

四是经济效益指标。世界上所有工业遗产再利用都有一个共同的特点，就是对生产空间经济价值的延续。工业遗产与人类在农耕时代（或西方所言的古典时代）遗留下来的文化遗产不同。我们不会对古罗马废弃的市民广场抱有任何功能再利用的期待，也不会幻想中国的长城对未来可能发生的战争起着多大的防御作用。但人类长久地处于工业化进程中，在诉求于产业结构转型的同时，也会诉求于工业遗产空间走向生产功能的转型——当然除了一些从前工业时代延续过来的空间（如波兰维奇利卡盐矿）或第一次工业革命时的物证（如珍妮纺纱机），大量的工业遗产其实由工业建筑物构成。这些工业建筑物大多数仍在安全使用期，具有较强的再利用价值，加上我国大多数工业遗产处于市区，在区位上具有较高的再利用价值。更关键在于，追求经济效益也有利于调动社区参与的积极性，最大可能地改善遗产本体周边地区的产业结构与总体环境。

本书所收录的100个工业遗产保护更新项目，基本上都直接或间接创造了经济效益，有些是通过改造为文创园、金融园等实现，有的是通过改造为历史文化街区或通过社区内部经济结构转型来实现。类似例证太多，仅举一例，即中山岐江公园。2007年，我随中国戏剧文学家代表团（团长魏明伦先生）赴中山采风，接待我们的是当时的中山市政府副秘书长方炳焯同志，他主动为我们介绍了落成不足五年的岐江公园，称赞这是我国第一个工业遗产改造为城市公园的项目，周边从以往的"脏乱差"已经改造为中山市的宜居地区，今后仍有望产生巨大改变。2018年，我随南方科技大学党委书记李凤亮教授（时任深圳大学文化产业研究院院长）再赴中山调研当地文化发展"十四五"规划起草工作时，接待我们的又是方炳焯同志，其时他已经调任中山市委宣传部副部长。他又一次向我们介绍了岐江公园为中山市经济发展带来的巨大正向效应，特别是周围大量优质业态的崛起，感慨这真是一个"变废为宝的民心工程"，称赞公园设计师、北京大学俞孔坚教授"为中山人民做了一件大好事"。这类通过工业遗产保护更新间接推动地方经济发展的代表性项目，显然值得进一步深入研究。

五是审美效益指标。正如前文所言，工业遗产保护更新的目的是重塑工业遗产的审美价值。后工业化时代的人类，有能力欣赏"废墟之美"，这是审美能力的进步，但这是有条件的，并不是所有的废墟都具有审美价值，更不是把日常生活废墟化，而是应当将包括废墟在内的日常生活审美化，这也是工业遗产保护更新的初衷。

就此而言，我们将审美效益纳入衡量工业遗产保护更新绩效的指标体系中。近年来，我国不少工业遗产再利用项目在审美上都已经成熟，甚至部分项目因为过于成熟，反而走向僵化、模式化。本书所收录的100个工业遗产再利用项目，普遍都具有较高的审美水平。当然，审美有大小之分，一些项目提升了全市乃至整个大都会区的“大审美”水平与城市规划格局，这是一种最高层次的审美效益。当中，广州钢铁厂旧址这一案例，尤其值得思考。

截至我们交稿前，广州钢铁厂项目仍处于“在建”状态，2022 年 1 月，我们团队再度调研了广钢中央公园的工地，并参阅了相关设计方案与效果图，了解了工程进度，认同这是一个极具想象力且对广州乃至未来广州大都会区格局产生巨大影响的项目。在调研过程中，我们调阅了广州地区工业遗产相关档案，并结合 GIS 电子地图与无人机低空成像的影像资料分析，最终综合判断：广钢中央公园之于广州，应如纽约中央公园之于纽约，它在未来将推动广州城市中心的第四次转移，并促进广州大都会区的形成。

清代以来，广州城市中心经过了四次转移。第一次是康熙年间设立粤海关至 1948 年，以“上下九”街区为城市中心逐渐形成，奠定了广州作为我国重要对外贸易港口城市的基础；第二次是 1949—2010 年的 60 余年间，因为工业生产与经济发展，广州先后形成了越秀（越秀公园—纪念堂—人民公园地段）与天河北路（1987 年建成的广州 CBD）的双中心格局；2010 年以后，随着珠江新城——海心沙新区的迅速中心化——特别是地标建筑广州塔的落成，广州也逐渐从工业商贸中心转变为科技创新与国际金融中心，即从“中心化”走向“枢纽化”，这是广州第三次城市中心的迁移。

我们认为，广钢中央公园将促进广州城市中心的第四次迁移，即形成以芳村大道、花地大道与环城高速三角带为中心的“后工业时代”广州城市新中心，促使广州从一个不断挖掘自身存量的传统工商业城市走向与周围城市深度融合并构建“大广州都会区”，最终使得整个广州市区转变为“大广州都会区”中的核心枢纽，从而推动广州成为真正的国际化都会。而这一切，需要一个巨大的公园来推动——如 1873 年完工的中央公园之于未来整个纽约都会区的形成——1873 年之后的 100 年时间里，纽约中央公园在影响力上虽然有起有落，但大的趋势却是通过其“中心化”推动包括布鲁克林与布朗克斯在内的地区融入纽约大都会区域发展，使纽约成为世界上最壮丽的城市之一。而这，恰是广钢中央公园未来审美效益的最大体现。

六

本书所收录的100个工业遗产再利用项目，遍及我国24个省份（含特别行政区），既包括矿山、码头，也包括社区、车间，既有洋务运动时期的百年建筑，也包括属于改革开放工业遗产的建筑物与构筑物。这100个工业遗产案例，向世界呈现了一个令人充满期待的“中国方案”。

我将其命名为“中国方案”，并非心血来潮或自设概念，既然命名为方案，那么它首先必定是一整套理论与实践相结合的体系。这100个工业遗产案例就是从实践到理论的基础，集中反映了中国工业遗产保护更新20年来所取得的经验。按照路径，将100个项目分为四种类型：社区参与、城市更新、场景再造与文化创新。

一是社区参与。社区参与是本书所提出的一个关于工业遗产保护更新的概念，更准确地说是社区居民参与。在立场上，我们首先考虑到了中国工业遗产的社区属性与城市属地属性，因此在路径上借用了《托莱多城市发展宣言》（*Toledo Declaration on Urban Development*）提及“居民-遗产本体”关系的PIEE原则，即在遗产保护中居民要投入（participation）、介入（involvement）、参与（engagement）并赋权（empowerment），相关理论框架则部分借鉴了艾玛·沃特顿（Emma Waterton）关于遗产与社区参与关系的理论。①

正如英国历史学家阿诺德·汤因比（Arnold J. Toynbee）在《变动的城市》中所说，城市并非仅是建筑物的聚合体、封闭的定居点，它在本质上包括如下三个维度：市民必须在事实上组成一个社会；他们需要具备特定的城市精神状态；城市必须存在某种有组织的集体生活。因此，在汤因比看来，城市的核心是人以及人所组成的社区。

不宁唯是，社区参与指的是工业遗产保护更新过程中调动社区居民参与的一种再利用路径，当中多为工业遗产社区。居民在参与的过程中，既成为遗产再利用的获益者，同时也是遗产本体改造的重要主体。2014年我在美国工作时，曾参

---

① WATERTON E. Heritage and community engagement[J]. The Ethics of Cultural Heritage, 2015:53-67.

观过离我所在学校北卡罗来纳大学教堂山分校不远的美国烟草公司历史风貌区，这被誉为西方工业遗产社区化改造的典范。这个项目确实有值得称道的地方，可以说它彻底挽救了一个濒临荒弃的街区，这也是美国工业遗产再利用领域最为自豪的案例。但事实上，我国当时也启动了工业遗产社区化改造，而且在最近短短几年内，已取得了超越西方国家的成绩。

前面我们讲到过，中国工业遗产更新的最大问题是对“土地依恋”这一特有空间伦理的处理。空间伦理不等于空间政治，它是超越空间政治权力的一种人际关系或者人地关系，它包括家庭、个人、社区、邻里、单位等不同社区主体之间以及各自内部错综复杂关系的处理。这种处理看似千头万绪，但是有一个非常重要的核心，就是以人民利益为本，关注居民生活条件、居住环境等系列因素的改善，巩固居民与遗产本体的黏合性，这也是社区参与的关键所在。

二是城市更新。工业遗产与城市更新密切相关，这已经逐渐成为许多国家的共识。我国工业遗产本体大多数是城市的一部分，它的保护更新实际上也成为城市更新的一部分。本书所言之城市更新路径，则更多考量工业遗产保护更新如何服务工业城市（或城市工业生产区域）转型。

从人类城市发展史的维度看，这一转型可以看作世界城市化的一次总体性发展，在拉丁文中，“城市”（civitas）的词根“civis”构成了“文明”一词的词源，这里指的是罗马的城市公民，同时也指出了城市化实际上是一个文明化的过程。马克思（Karl Marx）也指出了城乡分离是一种具有现代性意义的标志，而其中最重要的一环是稳定形成了农业与工业的差异化。18 世纪中期，英国乡村开始出现早期工业生产，并因此而形成利兹、伯明翰、阿伯丁等城市，这是人类现代意义上的第一次城市化运动。时至今日，我国仍然处于工业化、城市化与现代化的进程中，从“工业化”走向“后工业化”的城市更新也应被视作城市化进程的一部分。

100 余年来，我国城市化发展基本与世界同步，纽约、上海、香港、悉尼等第二次工业革命城市几乎是在同一时期崛起的，特别是第三次工业革命所形成的智力密集型新兴工业新城。以我国长三角、珠三角为代表的城市群，以深圳为代表的新兴都会，与日本筑波、美国圣何塞与以色列特拉维夫一起，成为世界新兴都会区的一极。因此，我国传统工业城市的城市更新，当然也具有世界性的启发意义。

在本书所收录的案例中，城市更新项目是重要组成部分，主要是传统工业城市的内部更新。两个上海的案例给我的印象尤其深刻，一个是上海佘山世茂酒店，另一处是上海辰山植物园。这两个项目如今已经成为世界性的棕地复绿地标，是各地游客到上海必去的景点。上海作为我国重要的经济中心，在城市化的过程中，遗留下了许多采石场。这些采石场多半位于松江区，它们为上海乃至整个长三角地区的基础设施建设提供了大量的原材料。随着人类从"水泥城市"向"智慧城市"的发展演进，这些污染重、棕地化严重、耗能高的矿坑，如何转型、转向何处，备受社会各界关注。

上海佘山世茂酒店与辰山植物园先前都是上海市松江区的采石矿坑，但经过复绿改造之后，前者成为独具一格的高级"深坑酒店"，后者则被打造为具有设计感与科研价值的植物园。这是"锈带"向"秀带"变化的完美写照，两者所展现的全新业态也与上海这座国际都会的"调性"高度吻合。我们调研发现，目前这两个工业遗产地的绿化总面积比之前增加了 42 倍，可以说为世界城市内矿坑的复绿改造提供了重要的思路与方向。

三是场景再造。工业遗产前身是工业生产空间，这是一个生产场景，之所以形成工业遗产，是因为部分或全部生产功能退出，工业生产空间转变为非工业生产空间。而非生产空间则有多重选择，它包括生活空间、公共文化空间、文化创意空间与商业空间等，甚至还可以重新利用成为另一种生产空间。场景再造这一路径在这个过程中具有重要意义。

事实上，许多工业遗产再利用都与场景再造有密切关系，但是本书所言的场景再造，主要指的是通过营造一个新的场景，来更新先前的工业生产场景，这种再造是场景规划的一种形式。就我们的调研形式而言，场景再造一般有三种路径：工业遗产特色小镇建设、工业博物馆建设和当代艺术馆建设。其中，当代艺术馆建设尤其值得关注。

我国当代艺术总体发展水平不高，这与我国作为文明古国、艺术大国与文化强国的身份不相符合。从历史的维度看，以"后现代"为核心的当代艺术很大程度上由"后工业"体现。在玛格丽特·劳斯(Margaret A. Rose)看来，"后现代"与"后工业"共同构成了当代艺术呈现的两大核心。[①] 比如，西方当代艺术重镇正是著名

---

① ROSE M A. The post-modern and the post-industrial: A critical analysis[M]. Cambridge University Press, 1991.

工业遗产社区——纽约苏荷(Soho)区。

近年来，我国在工业遗产再利用过程中，先后依托工业遗产北京“798厂”建设了劳伦斯美术馆、依托上海南市发电厂建设了上海当代艺术中心、依托景德镇“陶溪川”工业遗产地建设了陶溪川当代艺术馆，依托拉萨水泥厂改造的西藏自治区美术馆正在建设中。短短十余年时间，上述当代艺术机构有力地弥补了我国当代艺术展示陈列、交易与创作在空间上的短板，在全世界形成了重要影响，甚至成为亚洲当代艺术的重要枢纽，促进了我国当代艺术界的国际交流，培养了一大批优秀的青年当代艺术家与策展人。上述案例均为本书所收录并研究，它们共同构成了我国工业遗产场景再造的重要范例。

四是文化创新。文化创新指的是以文化介入工业遗产保护更新，通过挖掘工业文脉、弘扬工业文化等文化赋权的方式，促使空间与产业结构双转型。这一路径在世界范围内的工业遗产保护更新工作中均得到了广泛应用。其中有一个重要组成部分，就是工业遗产创意园的普及化发展，即从“厂区”向“园区”的过渡。

文化创新介入工业遗产保护更新，最先当属纽约苏荷区。苏荷区原本是第二次工业革命遗留在纽约市的仓库与工厂。随着20世纪50至60年代第三次工业革命浪潮的兴起，这些工厂被淘汰，一批年轻艺术家基于低租金的需求，主动在苏荷区开办工作室，这里很快成为纽约年轻艺术家们的聚集地，促成了工业生产空间的文化创新。

我国工业遗产多为“厂区+社区”的“两区”模式，土地属性上属于大面积工业用地与居民生活用地。厂区与社区的更新路径是不同的，厂区属于封闭空间，天然具有园区属性，文化创意产业介入之后形成创意园，显然是最优选择。但最大特点在于，我国工业遗产的文化创新路径，属于规划设计之后的有意为之。

本书收录了国内十余个工业遗产保护更新的文化创新案例，这些案例较好地代表了我国工业遗产再利用所取得的成就，综合反映了我国文化创意产业近年来发展的综合成绩，其中最具代表性的是深圳华侨城创意园。我在深圳大学工作期间，曾多次到访此地，好几次是参加“深圳读书月”的活动，这里本是深圳东部工业园区，是代表“三来一补”的改革开放工业遗产。20年前，深圳推动经济转型时，这个工业空间的“保”与“拆”引起了深圳市民的热议，正是生前曾客居深圳的画家陈逸飞先生向深圳市政府建言对此地进行保护更新，才为我们留下了珍贵的改革开放工业遗产与深圳首屈一指的文化创意园区，成为延续深圳城市文化重要的文脉地。

需要说明的是，社区参与、城市更新、场景再造与文化创新四条不同的改造路径，彼此之间并不排斥，也非各自独立，只是各有侧重。因此，任何工业遗产本体保护更新，绝非一条路径可以完成。在改造更新的过程中，必须对于不同遗产本体采取因地制宜、具体分析的策略，将工业遗产保护更新工作落在实处。工业遗产保护更新本身是一项内容复杂的系统工程，它涉及社会方方面面，因此其实现依赖于全面调研、科学决策与综合判断。

结语

与西方发达国家相比，我国工业遗产保护更新只经历了20余年的历史，却打造了世界上规模最大的工业遗产再利用体系，形成了从实践到理论的“中国方案”，并且初步构建了长江中游工业遗产群、东北地区工业遗产群、长三角工业遗产群、环渤海工业遗产群与珠三角工业遗产群等规模庞大的工业遗产群，就体量而言，当中不少规模已经超过美国匹兹堡工业遗产群与德国鲁尔工业遗产群等世界级的工业遗产群。就其内涵而言，目前我国的红色工业遗产体系已经形成，洋务运动工业遗产、三线工业遗产群与“156项”工业遗产群相关改造更新项目，不断吸引着世界建筑界、城市规划界的目光，令人欣喜。许多项目获得了国内建筑、设计、遗产保护与城市更新奖项，甚至代表中国工业遗产领域领军世界——如亚太区室内设计大奖、西尔维娅·哈里斯奖、美国景观设计师协会年度荣誉设计奖、迪拜国际改善居住环境最佳范例奖、亚太地区文化遗产保护荣誉奖、Ahead Global国际酒店设计大奖与英国皇家建筑师学会国际杰出建筑奖等各大奖项均花落中国工业遗产界，可以说在世界工业遗产领域呈现独树一帜的“中国奇迹”，来自中国的工业遗产故事，没有理由不被期待。

本书所讲述的100个工业遗产故事，当然无法涵盖目前我国工业遗产体系的全部，它们只是那些精彩故事当中最引人入胜的一部分。但可以确定的是，这些工业遗产，正以各种让大家喜闻乐见的形式，散落在中国的广袤大地上，无声地改变着今天以及未来的中国。

而且，这 100 个工业遗产故事，不但记叙着我们这个民族现代化征程中永不消逝的过往，也属于充满无限期待的将来。

韩晗

2023 年 1 月 21 日

于武汉寓所

第一章

社区参与

1. NICE 2035 未来生活原型街
（上海市杨浦区老工厂社区）

NICE 2035 未来生活原型街位于上海市杨浦区四平路，是由同济大学设计创意学院联合"CREATER 创邑"工作室面向 2035 年打造的创新、创业、创造"三创"社区，前身是位于鞍山五村与公交新村之间的工厂社区，属于曾经"鞍山新村"的一部分。

2018 年起，同济大学设计创意学院与街道联手，对小餐饮、五金配件等居民投诉多、业态能级低的店家实施"微更新"改造。"NICE 2035 未来生活原型街"以面向 2035 年生活方式为理念，通过整体规划，引进一批以创新设计为龙头、涵盖未来生活各个领域的创意实验室。

"NICE 2035"中的 N 是指 neighborhood（邻里或社区），I 是 innovation（创新），C 是 creativity（创意），而 E 则是 entrepreneurial（创业）。不言而喻，其定位是面向 2035 年的创意、创新和创业街区。这个项目的目标是，充分利用大学的知识溢出效应，通过打造未来社会原型，倒逼科技转化，从而把社区作为大学创新转化和创业孵化的策源地，形成大学发展与城市更新互动的局面。

2015 年，同济大学设计创意学院就与四平街道启动了"四平创生"活动，发挥师生的创造力，收集了利益相关者的诉求，推动了城市风貌的改变。在改造方面采取以下措施：在道路上增加了不少趣味性、实用性与艺术性相结合的街道家具，以"创意家具＋导览"的形式为主，提升了街区的基础设施，满足了老龄化人群的需求，设计团队设置了狮子椅、热气球椅、SIPING 字母座椅，升级了街区的基础设施；还运用地贴、趣味导览丝巾、道旗、导览地图等形式，形成完整的导览体系。同济大学设计创意学院还牵头改造了 1028 弄街区，在保留原有绿化面积的基础上，增加绿化区域公共座椅；开发出街区墙面的多种应用方式，为儿童增加攀岩、涂鸦等多种游戏场所；根据现有生活场景，增设一些公共阅读箱、集中晾晒区等生活节点。原本基础设施落后的小区、背街小巷与破损建筑经过改造更新后，环境质量大为提升，居民生活满意度大大提高。

从收效上看，NICE 2035 未来生活原型街不只是传统意义上的风貌整治工程，更是支撑上海“四新经济”和“四大品牌”的城市名片，它以社区参与为路径，从创新链和产业链的末端走向源头，并成为创业创新的发生器，对于促进上海地区高新科技应用具有重要的意义。

在对社区进行初步改造后，同济大学设计创意学院还有意识地在社区开设实验室，其中最著名的是从废品收购站转型而来的同济-MIT（麻省理工学院）城市设计实验室。从 2018 年开始，同济大学利用四平路 1028 弄改造，结合社区需求，将整条弄堂打造为一个面向 2035 年生活方式的未来生活原型实验室集群，在满足当地需求的同时，转化大学的研究创新，推动创新创业，使之成为通过“用户驱动的创新”“自下而上”地聚焦需求侧并改革供给侧的一个重要阵地。如今，NICE 2035 未来生活原型街拥有包括 NoCC 时尚实验室、Neuni 材料实验室、FABO 中国数制工坊、食物实验室、感知机械臂实验室、声音实验室、Hiwork 办公实验室等多个实验室项目。这些科学实验室以“设计”为主题，涵盖未来生活的材料、食物、办公、家具、装饰品等各个领域。

NICE 2035 未来生活原型街除了有各种类型的实验室，还有诸多有特色的空间。“Nice 好公社”是重点打造空间，由意大利设计师阿多·赛比克（Aldo Cibic）设计，于 2020 年 5 月启用。空间内部集共享厨房、精品咖啡、展示长廊和创意办公于一体，旨在通过将外部社群的新事物与社区居民的生活和文化相结合，是社区中最有创意和温度的社交场所。由赛比克设计的中国“小窝”，原本只是工人新村仅占 34 平方米的“老破小”，改造后采用孟菲斯风格，并登上世界知名的意大利室内设计杂志 *Living*。

NICE 2035 未来生活原型街也在不断吸收新的业态入驻，给社区带来更多活力。由 NICE 公社、听介传媒合作建立的“挺 NICE”媒介空间，将搭建“城市新声”影像共创平台，通过线上共创与线下空间联动的方式，传递分享优秀创作者们关于城市的真实声音，与社区共创美好未来生活原型。此外，社区壁画共创墙吸引了街头壁画创作者。2018 年，由阿斯顿·马丁汽车公司和同济大学合作的设计实验项目阿斯顿·马丁创新空间也在此地落户。2019 年底，两位来自加拿大的壁画艺术家，用黑白风格壁画将小笼包、象棋、麻将桌、葱油拌面等元素引入了上海老弄堂，使老弄堂充满活力。

作为工业遗产更新改造的重要范例，NICE 2035 未来生活原型街最大的特点就是社区参与。社区内部的实验室对社区居民开放，社区居民在此不仅可以了解设计师和研究人员在做些什么，还可以与科学家、艺术家共同参与创新实践。四平路街道和同济大学设计创意学院共同开展的“四平空间创生行动”中设计的“红楼梯”(The Red Stairs)，在2018年全球设计奖中荣获西尔维娅·哈里斯奖(Sylvia Harris Award)和荣誉奖两大奖项。获奖的原因就在于用简单、经济但充满关怀的方式激活了一个被遗忘的空间，改善了人们的日常体验，促进了社区参与，激发了社区活力。

目前，NICE 2035未来生活原型街成为上海地区重要的网红打卡地之一，截至2021年，“谷歌”搜索中已经有27万条相关记录，在“小红书”“马蜂窝”、微博等社交媒体平台上也经常出现，已经快速形成文旅融合的聚集效应。而且，NICE 2035未来生活原型街也是当下对工业遗产保护更新的新模式。同济大学设计创意学院院长娄永琪指出，该街区将营造一种可信的、安全的、有温度、有创意的社交新空间，来适应社群交互的新趋势。这为当下工业遗产保护更新提供了借鉴的路径。

不言而喻，NICE 2035未来生活原型街作为一个探索未来的“生活实验室”，其成功源于同济大学设计创意学院师生的创意实践。借助于大学的设计力来对社区进行改造和提升，这一过程并非一蹴而就，而是在社区居民和师生的共同协作

NICE 2035 未来生活原型街

下形成的。因此，其他城市在工业改造过程中也要充分利用城市内的智力资源，在给予青年学子参与城市更新和改造机会的同时，促进工业遗产的合理更新和城市的可持续发展。

2. 涧西工业遗产街区
（洛阳市涧西区涧河以南地区）

涧西工业遗产街区位于河南省洛阳市涧西区涧河以南，面积约 60 平方千米。该区域总体结构清晰，是 20 世纪 50 年代按照苏联模式规划设计的。该区包含多处洛阳市"一五"规划期间的重点建设项目及配套生活区和科研单位，是典型的具有中华人民共和国成立初期苏联工业建筑风格的集中区。

涧西工业遗产街区沿着中州西路与建设路分布，按"南宅北厂"进行布局，自北向南依次为工业区、绿化隔离带、居住区、商业区和科研教育区，形成了较为完整的工业生产与生活布局体系。街区背面主要为工业生产区，包含厂房、厂区办公楼、厂前广场等工业空间。其中以中国第一拖拉机制造厂（中国一拖集团）为中心，重点布局了洛阳铜加工厂、洛阳轴承集团、中信重工机械股份有限公司、河南柴油机重工集团、耐火材料厂等企业。街区南面为生活区，主要以街坊式进行布局，多为四层红砖房，包含了居民街坊和教育科研配套服务设施。在居住区和生产区中间有一块长 5.6 千米的中央绿地。整个中央绿地呈带状分布，既将生产区和生活区连接起来，又使两个区域形成鲜明的对比。

2011 年，涧西工业遗产街区成功入选第三届中国历史文化名街。同时，为了实现涧西工业遗产街区的再利用，洛阳市委市政府加强顶层设计，组织编制了《洛阳涧西苏式建筑群整体修缮保护设计方案》《洛阳涧西老工业区整体搬迁改造实施方案（2013—2020）》等规划文本。在实施方案的指导下，洛阳市开始对涧西工业遗产街区进行保护和开发，重点打造"一轴一带三区四节点"，即中州西路历史风貌轴、大明渠生态景观廊道、三大特色街坊区和四大观赏节点。重点保护开发 2 号街坊、10 号街坊、11 号街坊三个区域以及洛阳铜加工厂、洛阳轴承集团、第一拖拉机制造厂、中信重工机械股份有限公司四个大厂的厂前广场格局，区域范围总占地面积为 3520 亩。其改造方案如下：

首先，中州西路区域通过保护和翻新，形成了具有苏联建筑特色风貌的街区。该街区人口密度大，房屋质量差，环境质量不高，建筑混杂，与历史街区的整体风貌不符合。该区域在改造中将主要作为风貌协调区来加以规范，重点控制厂前节点区域，将轴线两侧房地产开发作为地区主导经济的重要组成部分，推进工业区旧城改造工作。中州西路沿线北侧将确定合理开发强度，调整工业用地使用功能，以居住功能为主，在原有房屋面积基础上建设中小户型，用于保护区范围内居住人群的合理安置。

其次，将中州西路与建设路之间的大明渠水系及其两侧的公共绿地改造为生态景观廊道。由于历史原因和发展需要，该区域建有大量建筑，大部分建筑是20世纪70年代以后建设的。按照合理开发、整体协调、景观优化、功能提升原则，该区域将充分展示和利用物质遗产和非物质文化遗产，重点打造体现新中国成立初期工业化建设时期风貌特征的沿渠公园——涧西水街。同时，提升大明渠周边环境，增加商业、休闲设施，完善旅游购物、聚会、亲子等功能，为发展工业旅游创造条件。

再次，对街区内历史价值较高的2号街坊、10号街坊、11号街坊进行改造。2号街坊以苏（苏联）式居住生活展示为主题，打造成展示观光区；10号街坊打造成以特色综合商业、旅游纪念品购物、苏式风格旅馆体验为主题的商业区；11号街坊以洛阳特色美食、异地特色小吃、苏联式风格高档酒店为主题，打造成休闲体验区。

最后，将建设路沿线的洛阳铜加工厂、洛阳轴承集团、第一拖拉机制造厂、中信重工机械股份有限公司四个大厂办公楼、厂前广场打造成具有历史特色的观赏节点；结合涧西水街的建设，突出打造厂前区域，增加四个广场的历史内涵和文化气息；在广场设置具有工业代表的雕塑，如铜产品、拖拉机、轴承、矿山设备等“一五”规划时期产品；增设介绍牌、指示牌、工业历史说明等辅助设施，介绍工业发展历史、工艺沿革、产品发展有中国特色等，打造文化旅游、人文风貌、景观雕塑的集中活动区域。

随着涧西工业遗产街区的不断发展，文化创意类产业也纷纷入驻。中国一拖（洛阳）建筑工业机械厂被更新为东方文创园。该园是一个集文化创意、创新创业、文化广场、运动中心、主题酒店、餐饮休闲、配套服务等多功能为一体的文化创意园区。此外，电竞未来乐园也项目落户涧西。根据规划，该项目将结合涧西工业建筑风貌和历史文化印记，对工业遗产进行 VR、AR、全息影像等创新科技改造，规划电竞赛事主题新业态，打造具有全国影响力的工业文化流行符号。与此同时，涧西区还积极与邓亚萍体育产业投资基金会、清华大学建筑学院等机构和团队交流对接，为大唐洛阳热电公司、洛铜加工厂厂区改造利用项目寻找创新发展模式。

不仅如此，涧西区还通过深挖辖区内丰富的工业文化遗产资源，依托“东方红”农耕博物馆、焦裕禄事迹展览馆发展红色旅游，依托中国一拖集团、中信重工、洛阳耐火材料集团等有着红色传统与悠久历史的厂矿企业发展工业研学游，开设“东方红农耕博物馆”“走进共和国的 156 苏式建筑群”“亚洲最先进的拖拉机生产线”等精品工业游线路，形成了“东方红工业游”龙头品牌。同时，涧西区通过创新夜游产品，丰富夜游、夜购、夜宵、夜娱等消费业态，开展夜间灯光造景，做好街景打造、装饰照明、标识指引等，营造了良好的夜间消费氛围。此外，还积极开展大型文化活动，如举行“河南省文化旅游消费季”“追梦音乐嘉年华”“新型农机博览嘉年华音乐节”等大型文旅活动，形成了集聚消费效应，吸引了大量游客，也提升了涧西工业遗产的社会影响力。

洛阳涧西工业遗产街区是我国重要的历史文化名街，也是此项目评选以来首个入选的工业遗产街道。洛阳涧西工业遗产街区的保护更新获得了成功，对于其他大型工业遗产群改造具有借鉴价值。

3. 湖南株洲石峰村

（田心街道）

湖南省株洲市田心街道石峰村是株洲最大的厂矿社区，原为“三线”工程的株洲铸造厂、株洲氮气厂与株洲啤酒厂所在地，俗称石峰村。随着石峰村老工业企业全面搬、停、改制，该街道留下大量厂矿小区。据统计，仅 22 家大型央属、省属企业就有近 100 个生活区，这些大多始建于 20 世纪 70 年代的小区正处于加速老化中。

为了改善老旧小区人居环境、提高居民生活品质，2019 年以来，石峰村以国家新型城镇化综合试点为契机，按照“拆除新建一批、翻新整治一批、分离改造一批”的思路，有序推进石峰村老旧小区改造，树牢城市更新理念，坚持拆违、改造、物业管理、公共服务“四位一体”原则，统筹“三供一业”和老旧小区改造、加装电梯、油烟治理等工作，构建“大旧改”工作格局。

石峰村的保护更新有其鲜明特征。从实施范围上看，明确对建成于 2000 年以前、公共设施落后、影响居民基本生活，及群众改造意愿强烈的住宅小区进行改造及更新。从效果上看，除零星楼栋外，该地区划分了石峰头、湘氮、南峰村、水泥管厂和塑料厂、林化厂和啤酒厂 5 个集中片区，改造工作区级领导牵头，一居一方案，一区一特色，打造民生样板工程。其中，独栋或零星分散的小区，以满足老百姓基本需求为重点，比如修缮建筑物、增设停车场等；集中成片的小区，则增加了景观休闲、文体活动等内容，如井墈小区利用物业用房，改造成井墈社区株化博物馆，而田心地区则将机车文化元素融入小区道路、广场和绿化的改造建设中。

推进过程中，石峰村按照“先基础后提升、先地下后地上、先功能后景观”的原则，既重点解决水、电、路、气、网等功能性缺失问题，又统筹考虑“文、体、老、幼、购”等公共服务配套，绘好“一张蓝图”。同时，建立“基层党组织＋业主委员会＋物业服务管理公司”的多主体小区治理体系，推动无物业老旧小区的治理模式从“靠社区管”向“自治共管”转变，真正改善环境、赢得民心。

我们走访调研时了解到，石峰村旧改最初的目的是方便社区居民特别是高龄人群的生活，如拆除小区的违章建筑，改造升级绿地，安装电梯，增设停车位、非机动车充电车棚，对家庭餐厨油烟进行净化治理，把传统的排风扇更换成具有抽取、净化及净排功能的油烟净化机等。在对老旧小区改造过程中，石峰村明确要求运用市场手段，通过挖掘企业文化内涵，打造活动空间，盘活厂矿社区的闲置资产。譬如，啤酒厂小区把原本废弃的职工澡堂改成“睦邻吧”；职工食堂则被建成日间照料中心、居民活动中心；井墈小区利用原厂区老生产设备、老物件建成社区博物馆。氮气厂宿舍的苏式门楼则予以修缮保留。该区还盘活了 20 余处厂矿小区闲置资产，打造出各种生活新空间。

在改造过程中，石峰村逐渐发现了工业遗产的价值，因此逐渐加强了对工业遗产的保护力度。2017 年，株洲市文体广新局开始对石峰村老工业区的工业遗产摸排调查，共调查登录 118 处工业遗产，初步筛选出了 104 处具有重要历史、科技、艺术和旅游开发价值的工业遗产。调查认为，清水塘老工业区的“株冶”“株化”“智成化工”三大老厂集中连片分布，工业遗存类型多样，空间要素完整，是株洲珍贵的文化遗产资源。它们见证了株洲城市发展的历史，同时也是城市精神的重要载体。在调查的基础上，部分工业遗产已经得到了一定程度的保护，例如株洲洗煤厂专家楼和清水塘乘降所旧址被列入市级文保单位进行保护。

石峰村的改造是社区参与工业遗产保护更新的典范，也是问计于民的结果，在对新建村进行改造时，运用惠民资金“票决制”，广泛征求小区居民意见，主动保护工业文脉，维护特有的空间伦理，因此特意将一间废弃多年的公共澡堂改造为“睦邻吧”，成为支部活动阵地、居民议事场所，小区怎么改、钱从哪里来等关系居民切身利益的决定，都要在这里讨论。石峰村的工业空间转型还促进了当地新兴业态的发展，如出现了一些咖啡厅、服装店，推动了当地经济的转型，并在小区内成立了议事会等机构以服务社区建设。

在未来，石峰村将进一步开展对工业遗产的保护更新工作。首先，利用有历史文化价值的老建筑建成清水塘博物馆群，打造湖南工业博物馆名片，包括主题馆、名人名企馆、轨道交通馆、通用航空馆、冶金馆、汽车馆、陶瓷馆、机电馆、重装馆、未来馆十个工业主题馆和综合大厅、临时大厅等，并配套相应的服务用房和设施，展示湖南工业的发展历史，通过文化遗产的展示，浓缩湖南工业文化发展史，并与相关科研机构合作成立株洲艺术与科学创新研究院，借助其文化软实力开展文化产品研究，探索文化创意与产业、资本相结合的新路径，积极发展文创经济，把株洲“文化谷”打造成具有影响力的文化地标。此外，还利用湖南工业大学科研优势申请联合开办特设专业——工业遗产保护管理工程专业，利用株洲职教城培养工业遗产保护的专业技工人才。政府配套制定出台文创、设计、艺术人才的特殊政策、优惠政策和奖励政策，大力引进文化界特别是株洲籍名人，建立株洲文化工作室、艺术家工作村等，并成立株洲工业文化创意企业，复活工业老手艺，开发创意衍生品，让工业文化活起来。成立株洲工业文化研究会，征集石峰村各种文物，编写文史资料，以推动石峰村成为株洲乃至全国工业遗产社区参与保护更新的样本。

4. 马尾船政文化园区

（福州船政）

福州船政即马尾船政局，为近代中国第一个专业机器造船厂，也是近代中国海军工业的摇篮，其核心是马尾船政遗址群。

2004年、2006年，省、市、区各级政府先后共投入1.56亿元启动马尾船政遗址群一期、二期工程建设，建成了中国船政文化博物馆、马江海战纪念馆等21个场馆，2008年，国家文物局提出福州船政、江南造船厂、大沽船坞联合申报世界遗产。《福州市城市总体规划(2001—2020年)》及《福州市“十四五”文化和旅游发展专项规划》中拟以福州船政为核心，结合丰富的船政文化旅游资源形成船政文化大景区，即马尾船政文化园区。2010年以来，又投入7000万元，建设船政文化古街区，修复闽安文化古街区与闽安协台衙门，完善船政滨江廊道建设，使遗址群基础设施更趋完善；2016年，马尾船政文化遗址群入选“全国红色旅游景点景区名录”，同年，有百年历史的福州船政核心区——马尾造船厂整体搬迁至连江县粗芦岛。因该厂拥有战争遗产、教育遗产、建筑遗产、工业遗产、名人文化以及外侨遗存等诸多类型的遗产资源，将其转型改造为集文化创意、休闲旅游为一体的城市文化休闲区具有可行性。

虽然福州船政的转型升级仍在进行中，马尾船政文化园区整体改造尚未彻底完成，但是其作为一个社区参与工业遗产保护更新的典型备受关注。马尾船政文化园区的意义在于，它将传统的工业技术遗产本体与城市居民的休闲娱乐生活结合，既形成了文脉的一脉相承，也重新塑造并定义了遗产本体周边的社区环境，因此具有社区参与的典范价值。

我们调研发现，由于福州船政用地较为局促，景点缺乏整合，船政文化资源分散于马尾各处，短期内难以统一开发建设。但其特色与区位优势在全国独一无二，具有巨大的长板效应。因此在对福州船政开发前，当地政府率先于2014年将工厂停产并全面搬迁。目前福州船政的改造升级已经取得了显著的成果，在福州市最新出炉的城市规划文件中，计划扎实推进船政文化城建设、船政工业遗产申遗、创国家5A级旅游景区等工作。保护和修复船政文化遗址群，建设“双创”基地。以打造海峡两岸特色文创品牌为重点，开设船政特色“文创集市”，依托船政书局、船政电报、船政观影等特色载体，吸引文创企业、孵化中心等新业态入驻，打造“印象船政”品牌，力促文化与经济实现双赢，以提高周边社区居民的物质生活和精神生活水平，实现积极有效的保护更新目标。

福州船政主体改造主要分为三部分：一部分是尽可能保留福州船政作为造船生产功能地块的场地肌理，以体现基地的原有特质；另一部分是依据福州船政局丰富的遗产资源和优越的自然资源，将地块划分为遗址工业展览区、创意产业园区、商业旅游休闲区、公园绿地及马限山公园五大主要功能区；最后一部分是完善交通组织等基础设施，为园区的进一步开发提供更大的可能性。在新发展理念的引导下，整个项目对工业遗产重新开发利用，为将福州船政打造成宜人的生态社区提供了全新的契机。

首先，在最大程度尊重基地的文脉和工业轨迹的基础上，将基地上附着的临时建筑拆除，地块北部区域多为历史建筑，呈块面状肌理分布，中部为船台、塔吊，呈线型肌理分布，马限山建筑依山就势，呈点状肌理分布。新的建筑和开放空间的植入顺应了原有的场地肌理，将历史脉络与现代功能进行无缝连接。通过整合马尾造船厂、中国船政文化博物馆、马江海战纪念馆等船政文化要素，构建适宜参观与体验的历史街区。通过表皮更新、内部分割、连接成组、新老共建、保留结构等对旧建构筑物的更新改造利用，有效彰显船政文化特色，工业元素成为重要的标志及活的纪念碑，最终形成独具特色的空间环境。

其次，规划分区上，将地块分为遗址工业展览区、创意产业园区、商业旅游休闲区、公园绿地区及马限山公园五大主要功能区。其中，遗址工业展览区集中了钟楼、绘事院、轮机车间、官厅池等主要文物保护建筑，是整个地块的历史核心价值所在。创意产业区位于遗址工业展览区以西至闽江岸边，由新建的建筑和滨水码头区构成，最大限度地体现地块创意产业文化与船政文化、滨水文化的结合。商业旅游休闲区的水上餐厅、船台影院、水上演艺中心及商业综合体，都尽可能保留现有的船台、船坞、龙门吊等工业遗产，并加以利用改造，体现地块特有的船厂特色。公园绿地区及马限山公园的设置则体现了规划动静分区的理念。绿地公园给市民提供放松休闲的场所，又将从地块东侧穿越的江滨大道以绿化的形式围合起来，减少其对地块的干扰。这样在空间结构以创意产业园区和商业旅游休闲区为主体的滨水发展新轴和以遗址工业展览区和马限山公园为主的船政文化旧轴得以确立，完善了地块的空间布局。

最后，交通组织上，保留穿越地块东侧的城市高架道路，用车行路将地块的五大功能区块分割。结合车行线路，在西北、东北、南端及中部设地下停车场和地面停车场各一处，进入地块的车辆尽可能停在地下，减少交通干扰。沿闽江在南北岸线各设小型游船码头和大型游轮码头一处，满足游客滨水旅游的需求。一方面通过对基地内江滨东大道的改造，将原本高架的道路进行平交处理，加强与城市道路网络的衔接度，变阻隔为便利。另一方面，在现有道路网基础上，进行内部交通网络的修补，打通各个功能片区间的交通联系，构建以慢行系统为主、机动车交通为辅的复合式交通网络，提升地段的交通便捷性、开放性以及舒适性。

马尾船政文化园区具有良好的区位条件，将福州船政改造为集文物保护、城市休闲旅游、创意产业和商业为一体的城市级滨水互动型文化再生社区，这在一定程度上是以马尾良好的生态环境和自然环境作为基础的。马尾滨水生态保护良好，空气质量高，植被生态质量在国内同类区域名列前茅，优良的生态环境有助

马尾船政园区修复后的建筑

于各类社区的集聚，同时也减轻了后期复绿与环境治理的工作量。

尽管福州市、马尾区两级政府在对马尾的功能定位和政策给予了大力支持，但是我们也应注意到，现阶段的福州船政升级改造中反复谈及的“再利用”，还是指对建筑物或建筑空间的再利用。马尾船政文化园区坐拥深厚的船政文化，应加以活态化利用而不是简单地复制其他工业遗产再利用的模式，这样才能走出有马尾船政文化园区特色的发展道路。

从路径上看，福州船政的保护更新属于社区参与，即将工业遗产保护利用、街区改造与城市更新“三结合”，体现出了蕴含历史文化的老工业厂区如何通过社区参与来实现自我突破的可能。与其他工业街区改造相比，福州船政局更是对洋务运动以来近代工业文化的活态利用，体现了以工业遗产保护更新传承城市文脉的实践向度。

目前，福州市政府仍在继续出台相关规划来推动马尾船政文化园区持续健康发展，因此建议在对园区统一规划建设的基础上，应尽可能地采纳多方意见，整合多套方案，以继承和稳固历史文化为主体，以多元场景建设推动社区建设，使马尾成为今后船政文化建设、新概念社区发展的新高地。

5. 高雄炼油厂社区

高雄炼油厂社区是位于台湾省高雄市楠梓区的工人社区，也是我国规模大、历史悠久的炼油工业社区。该社区位于台湾岛西岸，面对台湾海峡，与广东省汕头市隔海相望，地处高雄世运大道与西部滨海公路相交要冲。其核心是台湾著名历史建筑群——高雄炼油厂宿舍群。2013 年 8 月，高雄市古迹历史建筑聚落文化景观审议会决议将高雄炼油厂宿舍群作为“文化景观”，并于 2015 年 8 月正式公告登录为“文化景观”。

高雄炼油厂 2015 年正式关闭，之前属于台湾省重要地方企业，因此目前其社区仍以原企业员工为主。在原有宿舍群旁还设有高雄市立油厂子弟小学(现由台湾中山小学代管)，是著名学者孙康宜的母校，此外还设有社区菜市场、医院(现为台湾左营医院)等。

高雄炼油厂社区是台湾较大的工人社区，与寿山森林公园、高雄体育场及中油高尔夫球场毗邻。该社区坐拥莲池潭，靠海依山，离西部滨海公路较近，占尽高雄地理优势位置，风景绝佳。随着炼油厂宿舍群的兴建，高雄炼油厂目前既是高雄地区的观光旅游目的地，也是社区参与工业遗产保护更新的重要典范。我们调研之后发现，其经验在于如下几点。

一是严格勘定保护区与居民区，基础设施建设相对先进。目前，高雄炼油厂宿舍群作为地方文物保护区，属于红线内受到保护的建筑群。居民居住区散布在保护区周围，形成了稳定、良好的人居生态，地方政府在绿化、道路硬化等工作上跟进及时，如社区旁的世运大道与西部滨海公路是台湾省质量较好的市内公路与省道。就目前所见而言，高雄炼油厂社区也是一个具有较强生命力与发展空间的社区，相关基础设施工作为文物保护工作、遗产开发再利用打下非常好的基础。

二是该社区背靠大型运动场与自然风景区，地势开阔，规划合理。该社区既与高雄都会区保持一定的距离，成为“天际线之外”的城区，捷运高雄世运站又设在附近，交通极为便捷，而且西部滨海公路与社区有人行道与绿化带间隔，具有半封闭性，因此该社区具备开发为文化旅游园区的潜质。目前此地虽然属于文化遗迹，但并不是热门景点，可以从未来园区建设的角度切入此方案。

三是该社区民风淳朴、环境和谐，人地关系密切，社区认同度高，有自觉保护工业遗产的文化传统。如高雄炼油厂社区中心、宏南训练教室等长期处于使用状

高雄炼油厂社区活动中心外景

态，当地社区文化氛围浓厚，气氛和睦，犯罪率、失业率总体较低，是高雄地区治安较好的区域，形成了稳定的共同文化与社区精神。社区有保护工业遗产的志愿者服务队，可见当地工业遗产保护的社区参与具有可持续发展的动力。

四是当地工业资源有转换为文旅资源的基础。如社区出售的“中油冰棒”，原是炼油厂工人的降温食品，如今已经成为“网红冰棒”，先前的食堂被改为“宏南福利餐厅”，成为高雄地方菜名店。2021 年，高雄市政府计划提出此地改造方案，希望打造“循环经济研发中心及人才培育场域”“建构北高雄文创游憩中心”等。

随着高雄地区的发展，特别是以“台积电”为代表的大型企业宣布投资高雄，楠梓、桥头一带房价飙升，高雄炼油厂社区千余户居民只拥有房屋使用权，而所有权隶属中油公司，“绅士化”现象日后恐难避免。这将严重破坏当地的文化生态，也不利于今后工业遗产的有效再利用，这是当地政府今后在施政过程中尤其需要警惕的事情。

6. 香港牛棚艺术村

牛棚艺术村位于香港九龙土瓜湾马头角道 63 号，毗邻十三街旧楼群。牛棚艺术村是出租给艺术家作为艺术工作室的一个场地。艺术村核心地段的前身是马头角牲畜检疫站，是牛只的中央屠宰厂，建于 1908 年，于 1999 年 8 月停业。当时，正值香港岛北角的油街艺术村即将被当局收回，村内的艺术家需要另觅创作空间，艺术家们只需从北角搭乘十分钟的轮渡到九龙城码头即可，而且船费仅为 7.5 港元。于是部分艺术家于 2001 年将工作室迁到这座旧屠房里，经过香港艺术团体争取，政府耗资 2600 万港币，对这个几乎荒废的地方进行重修，并分拆成几个单位，租给本地艺术创作家做工作室，艺术家们将这个落脚点取名“牛棚艺术村”。2015 年，九龙城区议会利用政府社区重点项目计划的一次性 1 亿元拨款，将艺术村东南方近新山道一边占地 6000 平方米的土地，活化和发展为牛棚艺术公园，在 2019 年 9 月 8 日开幕。

牛棚艺术村占地 1.7 公顷，为铺瓦尖顶的红砖单层平房建筑。由红砖建成的马头角牛房，很有西方 20 世纪初的市集特色，是香港仅存的此类历史建筑群，被古物古迹办事处列为香港三级历史建筑，2009 年 12 月 18 日升为二级历史建筑。

该艺术村有着独具特色的红色砖建一层平房建筑，中庭空地被矮墙围起，墙边是一条条喂牛的食槽和铁链、铁环。屋顶采用瓦片铺砌，门框和窗框采用铁栏装饰，每一间红砖屋内的横梁都是木头结构，还有砖砌烟囱等。

牛棚艺术村的旧建筑改造以修复为主。例如在对墙面修复时，主要通过排除损害建筑物装饰面层的水溶盐，为耐久性修复清水砖墙面提供新技术。室内则去除旧涂层，在旧砌体表面薄涂二层新石灰膏，显现原有砌体凹凸不平的肌理感。

改造后的牛棚艺术村已有多个艺术工作者和艺术团体驻场，其中包括“录映太奇”“1a 空间”（1a space）、“前进进”（Videotage）与“蛙王”等。“录映太奇”成立于1986 年，是放映实验录像艺术作品并将本地新媒体作品存档的工作室；“1a 空间”专注于当代视觉艺术，范围非常广泛，包括录像和涂鸦，也会不定期举办讲座及演出等活动；“前进进”是以创意剧场作品为主的民间剧团，于 2002 年进驻牛棚艺术村，自设有小剧场，这座小剧场可以容纳 60～80 人，曾经举办过戏剧表演、音乐会、时装表演、录像播放、研讨会、工作坊，以及演员排练等活动，而“蛙王”则是艺术家郭孟浩的工作室。

牛棚艺术村以往由政府产业署管理，偶尔对外开放，只限招待获邀请的团体或者行内人士参观，2011 年 4 月改由香港艺术发展局接管后对外开放，公众可以于每日早上 10 时至晚上 10 时入内参观，而且可以在公共区域拍照。

香港牛棚艺术村最大的特色在于它是非营利的纯粹艺术原创基地，没有商业元素的嵌入，可以体现浓烈的艺术氛围。因为牛棚艺术村由香港特区政府部门管理，艺术工作者及团体所付的租金很低，日常维护管理经费也由香港特区政府艺术发展局资助，港府还配备专人负责清洁和安保工作。进驻的艺术家们只需每年向该局“汇报工作”，便能获得继续租用的资格。

牛棚艺术村的成功与其介入社群与群体展开了良好互动分不开。香港牛棚艺术村中的艺术家和艺术团体来自民间，经过良性互动，带动了整个社群对艺术的参与及理解，甚至影响到了整个香港的艺术社群和当代艺术氛围。例如，从2003 年开始的牛棚艺术节，2004—2006 年的牛棚书展，形成浓郁的民间艺术气氛。活动内容从征集民间珍藏善本到古籍、社区、环保，到诗歌与音乐的交流、市民自由书市及创意地摊等，无所不包。媒体人梁文道曾主持牛棚艺术村的“牛棚书院”活动，他谈到，“牛棚”之所以被称为“牛棚”，除了保留其历史意义，还有将文化艺术等一向予人高不可攀的形象打破，将之重新拉回民间、融入生活，从而使牛棚艺术村在社会上产生了一定的影响力。

此外，香港牛棚艺术村的艺术家们为了坚持民间主导的艺术社区，多位艺术家、5个艺术团体联合起来组成了一个G5(Group of 5)的骨干艺术组织，积极争取与地方政府机构的合作，使艺术村通过与大学、行业学会、企业、地方政府结合形成一种共存相生的产业集群关系，促进其健康发展。

但是我们也需要认识到，香港发展文化创意产业，相对于内地的优势在于国际视野、专业服务和国际推广能力。但是，香港特区政府对文化产业所能提供的政策和资金有限，加上香港本地文化创意产业市场规模较小，客观上造成了香港文化创意产业发展落后于内地的情况。目前，国家正在大力支持深圳前海、珠海横琴等地区通过建设文化产业园区享受特殊优惠政策，这也为承接香港文化创意产业部分业态向内地转移，满足香港文化创意产业在生产、制作等环节上的需求创造了条件。未来，两地在文化创意产业的合作上可以重点整合研发、设计、生产、专业服务等环节，建立灵活有效的分工合作模式，以结合双方的核心能力和竞争优势。因此，牛棚艺术村应在今后注意其IP赋权与品牌经验输出，使之深度融入大湾区文化创意体系。

7. 怀柔科学城

（怀柔水泥厂旧址）

怀柔水泥厂包括怀北石灰石矿和怀北水泥厂，1985年改名为兴发水泥厂，截至2020年，该企业原有地块由金隅地产集团北京公司托管。

2015年，为贯彻落实京津冀协同发展战略，加快推动非首都功能疏解，落实北京市清洁空气行动计划，该水泥厂停产。该厂停产后开始寻找开发利用的途径，向全世界征集“北京金隅兴发水泥地块转型项目概念规划设计方案”，位于德国杜塞尔多夫的世界著名建筑事务所HPP联合北京市建筑设计研究院有限公司在方案征集中胜出。

该厂距离雁栖湖生态发展示范区和中国科学院大学雁栖湖校区较近，因而具有改造为科技园区的可行性。目前，怀柔水泥厂已经对1600多亩的矿区实施生态修复，经过初步改造，由丘成桐教授领衔的北京雁栖湖应用数学研究院正式入驻怀柔科学城。

虽然怀柔水泥厂的改造仍在进行中，整体建设尚未完成，但是其作为一个社区参与工业遗产再利用的典型案例有着不可忽视的价值。我们认为，怀柔科学城的意义在于，它将传统的工业技术遗产本体与先进科学技术研发机构结合，既形成了文脉的对接，也重新塑造并定义了遗产本体周边的社区环境，因此具有社区参与的典范意义。

怀柔水泥厂包括矿山和厂区，长期的水泥生产导致厂区内环境污染严重，因此在对怀柔水泥厂开发前，率先对其进行生态修复。2017 年，整个区域规划编制完成后随即开展了相关工作，2018 年完成了矿区首开区 5.2 万平方米的生态修复任务。目前，厂区周边景观已经完成了相应的转型改造，矿区全部复绿并保留了开采过的岩石结构，转型为矿山公园。尾矿改造为景观墙，还新增了耐候钢搭建的观景亭，建成后将成为科研工作者和市民假日休憩处。

怀柔水泥厂的更新改造保留了厂区内的大量工业建筑，保留建筑规模约 5.7 万平方米，包括水泥筒仓、空中管廊、红砖外墙厂房等 54 处建筑。粗碎车间的改造已经于 2019 年完成。规划之初，设计团队便将基地现状与所有需求一体化考虑。在功能上，园区改造完成后将包括五大功能区域，北京雁栖湖应用数学研究院、综合管理服务区、高等研究院、专家工作室与孵化器办公区。其中，北京雁栖湖应用数学研究院是五大功能组团中最大的功能片区，该片区主要包括教学科研区、科学大讲堂、实验室区、文体休闲区及其他科研基础设施，我们调研发现，主要改造方案如下：

园区改造主要分为两部分：一部分在保留工业文化的基础上，对旧建筑进行改造；另一部分根据园区的需求，按照园区的统一风格设计了部分新建筑。在构建新发展格局的要求下，整个项目对工业遗产重新进行开发利用，为怀柔水泥厂改造为科技园区提供良好的外部环境。

首先，园区规划改造充分尊重工业文化的历史轨迹，依托贯通场地的南北铁轨，形成整个基地的景观历史轴线。在保留老建筑的工业特征和历史信息的基础上，按照需要在原建筑内部进行改造，植入新的功能以赋予空间新生命。在设计手法上，最大限度保留原始地形，以生态景观微的形式嵌入教学科研楼，并结合古典园林的景观设计手法，为使用者打造一个舒适、人性化的科研办公场所。如计划将水泥袋装站台改造为科学档案馆，将十八仓改造为专家公寓，将皮带廊改造为专家科研楼，将石灰石均化库改造为大型试验室等。其中具有代表性的粗碎车间的改造已经在2019年初步完成，重达500吨的破碎机完全保留下来，成为整个园区重要的陈列性景观。

其次，在建设新建筑过程中，围绕着科技聚集地的功能定位进行规划建设，并根据入驻专家和科研机构的需求改造建立配套设施。如在规划中新增了图书馆、大讲堂和数学家体育馆等。新建筑的设计理念适应园区的整体风格，如新建的科学大讲堂的设计理念为“长城脚下的矿石”，图书馆的改造理念为“叠石连山”，使园区风格协调一致。

改造后的怀柔水泥厂将打造一个高等研究机构聚集区。整个项目将于2023年建成并投入使用，将吸引科技研发、应用研究、高精尖产业入园发展，实现产城融合与基础设施建设平衡。

怀柔科学城的开发和改造具备良好的区位优势，将怀柔水泥厂改造为高等研究机构聚集区是以怀柔良好的生态环境和自然环境作为基础的，怀柔的空气质量好，植被生态质量位于北京市第一。此外，怀柔地处北京市饮用水源保护区，水环境质量高。优良的生态环境有助于科研院所及配套社区的集聚。

最后，怀柔科学城附近分布着雁栖湖国际会议中心和中国科学院大学，前者将能够为信息交流和发展融合提供平台，促进怀柔生态与科技的融合发展，而后者能够输送优质人才、提供相关科研服务工作，为怀柔科学城的建设提供智力支持。此外，怀柔科学城所在地区周边多为乡村，改造成功之后，也能够促进城镇化与乡村振兴工作，推动相关产业发展。不言而喻，未来怀柔水泥厂的改造将会成为工业遗产保护更新的典范。

尽管北京市政府、怀柔区政府在对怀柔的功能定位和政策上提供了支持，但是我们也应注意到，怀柔的科技基础和财政基础相对薄弱，“候鸟式”通勤给广大科研工作者（尤其是高度依赖实验室工作的理工科技术人员）带来极大不便，如每天中国科学院大学的教师、科研人员从中关村北京园区到怀柔科技园的通勤时间为4小时，这是怀柔吸引科技人才的阻碍，也是目前中国科学院大学等怀柔高新科技机构人才建设的瓶颈。因此，应当利用怀柔空间开阔的优势，新建人才保障

2020 年正在改造中的怀柔科学城(北京雁栖湖应用数学研究院)

性住房、商业业态与配套医疗教育机构,使之成为高效率的高科技聚集社区。

目前,怀柔科学城尚在建设中,因此建议在对园区统一规划建设的基础上,须尽可能地从北京海淀中关村科技园区的建设中吸取经验和教训,以保障民生为主体,以科技机构建设推动社区建设,使怀柔成为今后中国科学研究的新高地。

8. 太古新蕾幼儿园

(诚志堂货仓旧址)

诚志堂货仓旧址地处广州市海珠区,建于清末,于民国时期重建。至今货仓大门墙上仍嵌有石碑,上刻有“此是众墙当时倾倒危险至民国廿四年(1935 年)三月由诚志堂自行出资拆卸重回此记”,是广州市重要的工业遗产。

诚志堂货仓曾作为海关仓库,后改名为桂皮仓,1949 年后仓库划归广东省土产进出口公司,先后作为工厂、大排档等,十余年前开始空置。2014 年公布为广州市第一批历史建筑。2016 年广州太古新蕾发展教育发展有限公司租用该建筑 20 年,计划将其改造为幼儿园,2017 年正式启动设计。

诚志堂货仓旧址所在的珠江后航道遗存了大量的仓库厂房等工业建筑,如太古仓、大阪仓、亚细亚花地仓、日清仓、渣甸仓等。在“退二进三”的政策引导下,周边的工业建筑先后被改造为文创园、餐饮城、商业设施等新兴业态空间。

在改造前，诚志堂货仓旧址的用途也曾被再三斟酌，原计划是将其改造为酒店。经过考察后发现，周边工业遗产在保护更新过程中忽视了所在地区的公共服务，没有考虑到与当地居民切实相关的需求。这是将诚志堂货仓旧址改造为幼儿园的创意起始，也是工业遗产保护更新与社区参与相结合的重要案例，但事实上这项工作在操作中也面临着许多意想不到的困难。

首先是产权问题，由于诚志堂产权属于广东省土产进出口集团，在改造期间，仓库每层高达 6.6 米，将其改造为幼儿园需要增加面积，需要办理房屋性质变更相关手续，但是由于在规划、住建、消防等法律法规对活化利用的支持力度不足，变更手续办理进度缓慢。2016 年，为了鼓励历史建筑的活化利用，《广州市历史文化名城保护条例》出台，明确规定："历史建筑实际使用用途与权属登记中房屋用途不一致的，无须经城乡规划行政主管部门和房屋行政管理部门批准。"该办法的出台为诚志堂的活化利用提供了重要的依据，推动了诚志堂的保护更新工作。

其次在修缮过程中面临着安全隐患排除与文保规范相冲突等现实问题。历史建筑外立面不能挂空调机，因此幼儿园须将二十多台空调机全部放在仓库屋顶。在消防上，过去建筑难以达到新《消防法》的需要，导致幼儿园一直无法开园。直至 2021 年 2 月，在按照要求进行建筑防火、消防救援的技术改造后，太古新蕾幼儿园才拿到了海珠区住建局下发的《特殊建设工程消防验收意见书》。

改造后的幼儿园将原本两层的诚志堂隔成四层，增加了使用面积，贴合幼儿园的实际需要。修缮一新的幼儿园门口是一座船屋，相关负责人解释："船代表着远航，这艘'船'的'船头'是朝里的，寓意着这里是将世界带回广州的地方。"这座幼儿园的教育理念也与世界接轨，园内实行的是走班制，孩子们是在不同主题的教室上课，园内提供了二十个主题场馆为孩子们提供不同的学习和生活场景，如"粤广园"主题，幼儿能够学习粤剧以及粤绣等具有岭南特色的文化技艺。

诚志堂货仓旧址在活化利用后成为太古新蕾幼儿园，补全了周边小区幼儿教育服务不足的短板，成为区域重要的公共服务设施幼儿园。幼儿园每年提供幼儿学位 120 个，解决就业岗位 100 个，缴纳税收 400 万元，成为利用历史建筑改善老旧社区公共服务水平的重要范例。

诚志堂货仓旧址在改造过程也不断推动广州市历史建筑更新改造相关法律

法规的完善，如一度阻碍诚志堂更新改造的消防问题，在改造中探索出历史建筑消防问题“一案一议”的方式。在幼儿园增加房屋面积难以获得变更手续的情况下，广州市将诚志堂货仓旧址改造中关于多功能使用、增加使用面积的试点工作经验，于2020年纳入广州市人民政府办公厅印发的《广州市促进历史建筑合理利用实施办法》，成为其他城市考察学习的样板。

诚志堂货仓旧址保护更新是社区参与的重要代表，其改造方向是基于社区的需要。将工业遗产以社区配套的形式进行开发利用，以满足社区居民的需要为目的，促进居民与工业遗产的积极互动，实现工业遗产再利用与居民生活的共赢。此外，将工业遗产改造为幼儿园突破了当前工业遗产再利用思路的局限性，能够促进城市工业遗产再利用的多样化，避免同质化竞争。同时，工业遗产保护更新与社区参与相结合，增强了居民对工业遗产保护的重视程度，提高了社区居民在工业遗产改造更新方向上的参与性。

但是需要注意的是，诚志堂货仓旧址的保护更新具有不可忽视独特性，一方面广州市出台了一系列促进历史建筑和工业遗产保护更新的政策，在政策利好的情况下，诚志堂货仓旧址才能够较为顺利地进行改造。另一方面，诚志堂货仓旧址的承租方是一家专业的幼儿教育机构。因此，其他地区要通过社区参与的方式保护更新工业遗产，还需要结合社区需求，充分了解社区居民的意愿，确定再利用方向，才能够实现社区参与工业遗产保护更新的可持续性发展。

9. 三邻桥社区公园

（日硝保温瓶胆厂旧址）

三邻桥社区公园位于上海市宝山、虹口、普陀三区的交界处。这里是曾经的日硝保温瓶胆厂，始建于1995年。由于经济转型和用地结构的调整，该保温瓶胆厂在2005年闲置停产。由于该地处于三区交汇之处，交通不便，如何对其进行改造成为一个难题。

2017年，上海市政府有关部门将该项目交给“8号桥”运营管理团队“启客威新”，上半年三邻桥社区公园项目启动，投资2亿，总建筑面积大约36000平方米，有14栋厂房，历时一年半的时间改建，2018年底竣工。改造后的三邻桥社区公园定位为社区生活中心，打造集工作、生活、休闲于一体，即服务园区企业与服务周边居民的以文体休闲为特色的知识型产业复合社区。2019 年 5 月 25 日正式开园，开园时园区入驻率达到 90%，其中有 20 多家体育项目，还有商业、餐饮等配套设施。

在对该地块正式改造前，团队通过近两年深入调研，走访了近 2 万家住户，了解到附近三千米范围内聚集了近 75 万人口，以 30～40 岁的年轻家庭为主，整体教育水平较高，大部分为工薪阶层家庭。调查后发现，原计划采用的 ToB 的商业模式行不通。经过对居民需求的调研，结合国家扶持的大方向产业，最后该团队决定将日硝保温瓶胆厂旧址改造为以体育文化为主题的产业园。

三邻桥社区公园的名字别有深意。"三邻"指的是园区地处宝山、虹口、静安三区相邻处，有三区为"邻"的寓意。"邻"表达了园区的理念——为周边居民打造舒适便利的邻里生活中心，而"桥"沿袭了"8 号桥"的文化理念，以"桥"为介，连接工业遗产与未来生活，也连接了体育产业与消费市场。

三邻桥社区公园的改造是在保留部分工业遗存的基础上，进行体育新功能的植入。由于体育产业对空间的要求差异性很大，为了保留老建筑，同时满足体育产业对空间的要求，应对建筑物内部进行改造，如将改造为篮球场馆的建筑向下挖掘，从而获取足够的室内空间。而且，为了满足室外空间的需要，还特意拆掉一个厂房，腾出来作为户外运动的广场。在户外区域，三邻桥社区公园设置了 400 米环形跑道，还有乒乓桌、蹦床、平衡荡桥、康体漫步机、独木桥等多个体育设施。

此外，三邻桥社区公园根据产业园区的地域规划及人口特性，重点引入了一些相对小众的体育项目。例如攀岩、潜水、搏击、射箭等，这些项目占地空间较小，却能够很好地服务周边居民。园区对入驻体育商户的筛选十分严格，要求企业必须承担社区公共体育服务工作。

不仅如此，三邻桥社区公园大力开展体育文化活动，每周、每月、每季根据实际情况，推出风格不同、形式多样的活动。如根据节气设置的园区主题活动、引入资源的演艺活动、周末常设的市集活动，还有跟各政府部门及社会组织合作举办的以科普体育、科普文化为主题的特色活动，如业余篮球联赛等。这些活动让邻里之间更多的人参与运动，大众身心健康，才能更好地推动体育产业发展。

三邻桥社区公园以体育产业为主题，园区却不局限于体育功能，首开了多元共建创业社区的先河，实现了生态低密度园区、文体产业集聚、社区邻里社交等社区交互元素的有机耦合。园区做了合理的商业配套，包括市集、便利店、咖啡店、饭店、运动品牌集合店等，从消费链上提升了访客的黏合度。

此外，该项目还委托JWDK品牌设计公司打造“三邻桥”品牌。经过设计后的三邻桥社区公园，整个园区以亮橙色为主调，墙面刷上跳跃的色彩，十分明朗，色彩斑斓的色温系统不仅是对前身保温瓶胆厂的致敬，也通过颜色的变化来区分厂区内的区域。为了与当地社区建立联系，JWDK还创造了一个可爱的吉祥物，取名Pingping，外形为保温瓶胆的形状，并开发出很多文创产品。JWDK为三邻桥所创建的品牌在2019年亚太地区品牌变革奖（Transform Awards APAC）中获得了极大认可，囊获三项大奖，包括“最佳场所或地区品牌奖”“最佳物业、建筑和设施管理部门类别视觉品牌奖”和“最佳导视系统”奖，此外还斩获了“全场最佳整体视觉识别”奖。

我们调研发现，该项目的改造过程中面临着亟须解决的现实问题：交通不便，轨道交通站点位于2千米外；区域里没有产业集聚氛围，缺乏商务办公氛围；老厂

三邻桥社区公园夜景

房建筑由于年代久远和结构问题，改造难度相当大。改造团队能够从该项目不利的区位因素中找到优势，不拘泥于从办公等传统模式中找出路，不满足于以往的成功和经验，而是从民众的需求出发，紧紧围绕消费做文章；该项目改造成功的关键在于项目的定位准确，其改造模式是在经过细致的市场调查和分析后得出的，在再利用过程中增强了自身的比较优势，这也给其他工业遗产的保护更新方向提供了新的思路。

10. 天津万科水晶城

（天津玻璃厂旧址）

天津万科水晶城（简称“水晶城”）是在天津玻璃厂旧址的基础上更新而成的新兴社区，位于天津市区南部，梅江南生态居住区的卫津河东岸，总用地面积 51 公顷，建筑面积 38 万平方米。2003 年，天津玻璃厂顺应天津市的总体发展战略迁址东移后，万科集团获得了天津玻璃厂所在地的开发权。由于该地距城市中心区较远，开发商将其开发为房地产居住区，改造定位是“大城市中心区外围低容积率，环境优美的大型高品质社区”。在房屋设计上，户型采用了层层退台式“情景洋房”专利房型，在室外环境上，决定保留原址玻璃厂的工业遗存，并对其改造再利用，将工业遗存融入社区环境中。

万科水晶城项目在筹建伊始，就不断接到厂区原址上兴建居住区的设计建议，不论城市的原住民、新住民还是开发单位，都呼吁把已经失去真实性的厂区某些元素转化为具有工业遗产属性的社区符号。因此，万科在开发居住区的同时，部分天津玻璃厂的工业遗存也用于社区建设。但是，如何将工业遗存融入社区建设困难重重，设计过程中面临着容积率与优美景观之间的冲突，建筑组合布局与绿化之间的冲突，经历了多次讨论、修改，在边建边调整中设计方案终于成型。

社区整体呈“Y”字形布局，通过游龙形的水轴、步行街将东入口的售楼中心、西北入口的重要水景、社区会所和城市水系卫津河连接在一起。社区中心位置是核心广场，紧邻核心广场是万科水晶城社区中心位置的原吊装车间，被改造为社区的会所，成为社区居民运动的公共空间。

为了保护厂区的 600 多棵树木，社区的主要道路和出入口保持了原厂区的格局。铁轨和水塔则渗透在景观规划中，社区内还遍布20世纪50—60年代的卷扬机、消火栓、站台钢架等物品，保留下来的带有旧枕木的铁轨被改造为步行街，与周围的环境融为一体。在步行街沿途布置了相互关联的可参与性雕塑作品，邻近的铁轨上也设置作品。这些工业元素与城市社区结合，赋予了水晶城与众不同的历史文化内涵，使得社区有强烈的可识别性，增强了社区本身的价值与吸引力，提升了业主对水晶城这一居住地的认可度。经过改造后形成的空间构成了水晶城社区的公共活动空间，同时也形成了水晶城的独特魅力。

水晶城在开发中注重对特色工业文化的传承与发扬，在工业遗产保护更新中大量使用了"玻璃"这一元素。如将玻璃厂原来的老厂大门去掉顶板和部分水泥柱，保留了其中的4根柱体，包上透明玻璃，成为新社区的入口标志。位于小区入口的售楼中心，也通过玻璃的通透感和其本身白色实体部分的处理，与其他建筑形成十分鲜明的对比。社区会所也尽可能地大量使用玻璃材质，在旧建筑上勾勒出现代建筑的精美感和时代气息，点明了"玻璃"的意象主题。

在水晶城的整体规划中，非常注重绿化以及水景的设计。水晶城内部有一条"U"形水轴贯穿社区内部，并与社区西部的卫津河相互勾连，串联起水晶城内部的主要功能场所。为了充分利用玻璃厂区内的大树，将其纳入规划中，按照厂区原有的布局进行设计，虽然增加了工作难度，但是从效果来看，这些大树有效地提升了社区的环境质量，形成了宜居的景观效果。

水晶城的改造方向是作为居住空间的社区。天津玻璃厂遗留下来的建筑在功用上并不符合居住空间的需求，因此全部保留并不现实，将部分工业遗存进行了保留和开发，通过给居住者遗留下一丝记忆，来延伸旧建筑的生命力。在设计上，水晶城的整体规划和每个单体建筑的设计都符合社区整体的环境，并且富有逻辑性和人文色彩。对于业主来说，新旧建筑的对比与交融，不仅有助于老一辈人对工厂生活的回忆，更有助于对青年少年进行科技、历史知识的普及，增强了社区与人的互动性。在住宅的设计上，水晶城重视邻里空间建设，通过建筑的层层退台，在空间设计上增加了人与人之间交流、沟通的机会。

从微观层面看，水晶城赓续了天津玻璃厂的历史空间及记忆，而从宏观层面看，水晶城的改造更新也延续了天津的城市文脉与工业记忆，为后世保留了天津作为工业重镇的城市精神品格。

水晶城是我国较早以保留工业时代历史遗迹为主题的大型社区，是社区参与工业遗产保护更新的代表。水晶城能够保留天津玻璃厂的工业遗存，源于有关部门与开发机构对于工业遗产价值的正确认识，也来自居民和有识之士对工业遗产重要性的认知，正是在双方共同的努力下，才有了今天的格局，这对于其他工业遗产的保护更新而言，具有不可忽视的借鉴价值。

11. 云南沙溪白族书局（北龙利食品加工站旧址）

云南沙溪白族书局是先锋书店旗下一个由食品加工站保护更新而成的乡村书局，属于农村工业遗产改造。书局坐落于云南沙溪古镇黑潓江东岸的北龙村，占地面积1000多平方米，由书店、咖啡馆、诗歌塔组成，是目前先锋书店品牌所有分店中面积最大、书籍种类最多的一家。

沙溪白族书局于2016年开始筹划，最先发现并提议这一创意的是著名诗人北岛，先锋书店创始人钱小华曾在北岛的推荐下来到沙溪考察，选择沙溪北龙村食品加工站为场地，而后特邀中国人民解放军海军诞生地纪念馆的设计师黄印武负责改造。该项目是中瑞合作项目——沙溪复兴工程的一部分。从策划打造乡村书店到实际落地，设计团队一共花了3年时间。整个项目的施工坚持追求在地化原则，就连原始材料都取材于当地，书局于2020年8月开始营业。

书局所在的主体建筑是昔日粮仓，建筑师以“修旧如旧”的设计理念，沿袭原有建筑的形态，在外观上仍然保持着粮仓时的旧模样及标准的对称格局，但却又巧妙地打破了老旧建筑的局限。书局内部空间格外开阔，四周的书架上，整齐地排布着琳琅满目的书籍。在700平方米的空间内，还有一座独立的咖啡馆。由烤烟塔改造而成的诗歌塔位于书店的另一侧。设计师以简单的层板作为材料，将扇形层板旋转式叠放成阶梯状，像一本本书籍堆叠而上，形成层层叠叠的视觉效果。诗歌塔上面，钢丝悬吊着的中外诗人们的影像，诗歌抄本遍布周边。

书局的书籍具有云南地方特色，有在云南生活创作的作家及云南本土作家的作品，有白族历史、文化、民俗风情等相关的书册，还有其他少数民族民族语言类的图书等，尤其以云南本地风情的专区最为显眼，其中以“滇”“茶马古道”“大理”

“甲马”“白族”等十三个主题关键类别进行分区陈列，而有关白族的所有资料被陈列在专柜。此外，书局还有根据沙溪本土文化所打造的文创产品，如以沙溪民间艺术的典型代表“甲马”意象设计的帆布包、明信片、笔记本，以寓意吉祥的白族吉祥物“瓦猫”设计的手工陶瓷摆件、胸针、冰箱贴等。

书局所在的沙溪古镇，历史悠久，地处大理、丽江、香格里拉三大热门旅游区之间。沙溪曾是“茶马古道”上重要的贸易集散地，目前仍保留古道上唯一幸存的古集市。因其地理位置优越，加上先锋书店“最美书店”的IP效应，书局成为沙溪古镇的一个文化地标。自2020年8月开业以来，来店里读书的人从早到晚络绎不绝，不少游客都曾是先锋书局多年的读者，专门来此打卡。此外，附近的老人和儿童也会来书店里看书、写作业，形成了一个公共文化区。

该项目是工业遗产保护更新助力乡村振兴的一次有益尝试。钱小华认为：“乡村最需要的就是公共秩序和公共空间的重建。我们觉得要把书店开到乡村去，希望能寻找和发掘新的美、新的价值。”先锋书店意图通过该书局项目，实现“燃亮乡村阅读之灯”的愿景，推动乡村文化振兴。该书局售卖大量的云南特色的书籍，以及通过挖掘当地文化制作的文创产品，都有助于以文化引领提升沙溪地区的文化影响力。此外，书局还经常创办艺术沙龙、作者分享会，通过书局的创办实现顾客引流，从而推动当地文旅产业、餐饮业、民宿业的发展，以创意带动乡村产业升级，促进当地经济的良性循环。

筒仓类工业遗产改造是目前我国工业遗产改造所面临的难题，因为大量筒仓结构特殊、改造难度大，尤其是分布在郊区或乡镇的筒仓遗产，多数处于荒弃状态。该项目巧妙地利用了筒仓遗产在结构上的特殊性，以“万里茶道”上的沙溪枢纽作为区位杠杆，以书店这一业态介入，形成了筒仓遗产改造的绝佳范例。但与此同时我们也应注意到，书店并非筒仓遗产改造最优选择，这必须要根据遗产本体的区位及其文化内涵来综合考虑。

从路径上看，该书局是社区参与工业遗产保护更新的典型代表，即通过工业遗产保护更新，鼓励社区居民参与，推动社区振兴，从而实现社区的高质量发展。长期以来，社区参与保护更新多是对传统工业老旧小区的整改，较少涉及乡村振兴层面。但现实问题在于，我国乡村地区分布大量的农村工业遗产，就此而言，社区参与工业遗产保护更新之于乡村振兴，亦大有可为，该书局可以说走出了一个可资借鉴的样本。

该书局的目标是成为沙溪社区公共文化中心，打造乡村文化交流的实体场所。在营业期间，读者来到书局阅读书籍，书局给他们提供了一个公共阅读空间，形成了优质的乡村文化空间，起到了连接游客与村民的作用，村民在与游客的交流中，对自身的文化有了进一步认识，提升了乡村地区的文化自信，而游客了解沙溪文化，也有助于促进当地文化的传播。

但是也需要注意的是，该书局的成功既来自先锋书店的品牌价值和选址的优越性，也源于名人效应。先锋书店早在创办前，就已经受到了许多人的关注，除了北岛，2019 年诗人宋琳同作家阿乙、诗人陈东东、梁小曼和音乐人钟立风一行专程探访了书局的现场，梁小曼当天就写下了《沙溪歌谣》；韩国著名的 indecom 纪录片团队还拍摄了正在建设中的沙溪书局。前期的名人效应与宣传，让沙溪书局“未开先火”。书局开业当天，先锋书局邀请了二十多位作家、诗人、建筑师、艺术家、学者来参加书局开业典礼。虽然该书局是农村工业遗产保护更新的典范，但其经验难以复制，其他地区想要通过商业公共阅读空间来更新农村公共遗产还需要进一步挖掘地区优势和吸引力，具有天时地利人和等因素，才能实现农村工业遗产更新的可持续性发展。

12. 杭州良渚矿坑探险公园
（太璞山遗留矿山旧址）

杭州良渚矿坑探险公园是在良渚文化村太璞山遗留矿山旧址上设计的工业遗产公园。良渚矿坑探险公园占地超过 10 万平方米，以“回归土地本源”为设计主旨，规划建有百亩花海、超大草坪、茶园、儿童探险中心等，意在用时尚环保的方式演绎“后工业”文明风尚，提供健康可持续的生活方式。

良渚矿坑探险公园不同于传统的以山水景观为主的公园，而是集中展现了矿山及铁矿悠久的采矿历史和深厚的文化底蕴，利用原开挖铁矿石留下的矿坑聚集天然水，对原矿山作业面进行复垦植树并对原矿道进行整治平整，因地制宜以锈钢板墙、毛石荒料等后工业景观设计手法表现所在的地方曾经历过的工业时代气息。其重要的组成部分如下：由生态岩壁和可容纳 7000 人的超大草坪围合而成的岩壁音乐谷，可组织露天音乐会、野外露营、自助烧烤等各种活动，成为岩壁上的“伊甸园”；占地近100亩的花卉带“春田花花”，大面积种植紫云英和油菜花形成花海，以矿坑公园嶙峋的石壁为背景，营造一种烂漫与粗犷交融的独特风情。此外还有面积近4000平方米的有机农场，供社区居民种菜种花，感受当代城市农耕生活。

公园的改造工程对地形的整理较为严格，遵循大自然的原生态，营造地势高低的变化，配合合理的树种，选择不同的规格，从高度与树冠大小上来营造空间的深邃感和层次感。在植物选择中尽可能选用乡土树种如香樟、朴树、杜英榔榆、鹅掌楸、乌桕等姿态优美的苗木，在植物种植和配置上，结合地形的起伏、小品、园路等，用不同层次的配置方法，做好障景，对空间进行有机的划分，达到“山重水复疑无路，柳暗花明又一村”的曲径通幽的效果，并将采石场的遗存经过艺术化加工，将残留凸起的奇特岩石作为背景，同时可以眺望下面的田野和花园，重新搭建了居民、游客之间的桥梁。

良渚矿坑探险公园作为良渚文化村的组成部分，有着良好的区位优势。良渚文化村内有由安藤忠雄设计的良渚文化艺术中心，大卫·齐普菲尔德操刀的“良渚博物院”和“白鹭郡东”，以及大卫·泰勒设计的御天御地(CTCD)童玩中心，此外还有卡洛斯·卡斯坦涅拉设计的村民食堂，津岛晓生设计的美丽洲堂等。良渚文化村还不断引进文化创意产业机构，建立创业孵化服务平台，设立业主创业基金，吸引知识型人才集聚。我们调研发现，目前良渚文化村已拥有浓厚、稳定的文化氛围和文艺气息，形成了“聚集-吸附-黏合”效应。

2006年，万科接手良渚文化村后，沿着原有的脉络继续开发，对其进行开发建设。2009年，良渚文化村迎来重要转折点，万科开始对村子里的配套设施进行系统性建设，菜市场、幼儿园、小学、购物中心等配套相继落地，并引进了城市公交线，这在社区参与中尚属率先之举。如今，良渚文化村村民自发成立社团超30个，并发展出各类志愿者组织、民间社团和活动，如有来自台湾的退休夫妇创立的亲子棒球社，早在2011年便在文化村推广“垃圾分类”，村民日、“村晚”等活动也越办越热闹，小到几十人的邻居聚会，大到上千人的大型活动，层出不穷的文化活动甚至吸引了全国各地的访客参加。

从项目内在结构来看，良渚矿坑探险公园服务于良渚文化村的社区建设和生态建设，矿坑公园是文化村的主要绿化空间之一，将对生态环境破坏性大的矿山遗址改造为公园，满足了社区对公共绿地的需求，改善了原始地景与人居环境，还为周边居民提供健身、锻炼、休闲的好场所，造价不高，效果良好，深受居民青睐，基本实现了将良渚文化村打造为一个环境优美功能齐全的大型社区的愿景。

13.“融创武汉·1890”
（汉阳铁厂旧址）

汉阳铁厂旧址位于湖北省武汉市汉阳区琴台大道以南，汉丹铁路以北，月湖西南部，面积40公顷。该铁厂1890年由晚清重臣张之洞创办，是中国近代史上第一家，也是最大的钢铁联合企业。1938年日军入侵武汉，当时的汉阳铁厂搬至重庆大渡口，而留下来的厂房全部被炸毁。新中国成立后，在原汉阳火药厂的遗址上重建汉阳铁厂。2007年汉阳铁厂搬迁，如今汉阳铁厂旧址已经停止生产，厂区内20世纪的厂房遗址和机器遗存都保存良好。2019年4月，融创集团耗资约79.5亿总价拿下汉阳铁厂地块，意图以工业遗产改造为基底，结合原有建筑遗址、文化记忆，进行这一工业地域的改造，即“融创武汉·1890”项目。

“融创武汉·1890”项目是在汉阳铁厂旧址的基础上打造的集数字科技、活力运动、创新文娱、新兴文化于一体的工业遗产社区，园区涵盖艺术馆、博物馆、商业街以及住宅社区等，总体量约131万平方米，其中涵盖了34处工业遗址群落，以及建筑面积约76万平方米的商业地块。汉阳铁厂工业遗址群落的整体改造初步计划于2026年底完成。

在改造前，武汉市汉阳区规划部门也对该片区的工业遗址进行了录入和归类，对工业遗产建筑物改造提出了详细的分级管控总则，三级、二级工业遗产的保护利用原则稍有差异。三级工业遗产厂房，以利用为主，通过结构加固，外墙面重新设计，增加幕墙和钢结构具有工业风格的材质，进行新功能的植入。二级工业遗产则重在保护，主要是对风貌完好的外墙进行修缮，内部空间重新划分利用。目前已经建成的“拾光艺术馆”、棒材厂和“张之洞与武汉博物馆”三大建筑构成了项目先导示范区。

该项目是将工业遗产保护更新融入社区中的典范，在其改造前就已经有了明确的定位，即“国家工业文化保护样板区”和“武汉文创艺术商业核心区”。前期“融创武汉·1890”项目首先建立工业遗址示范区并开放，由“张之洞武汉博物馆”与之相望的两座厂房组成。示范区建面约4019平方米，只占整个项目(约130万平方米)的千分之三，这两座具有独特体量与时代特色的厂房，应成为连接新旧时代的纽带，重塑“汉阳造”精神，保留独特的城市文化记忆。

该项目所在的售楼部是首个改造的样本，命名为“拾光艺术馆”，作为三级工业遗址，历时一年，通过多种修复策略和手段，对外立面和内部进行修缮改造，墙体结构加固，多层空间加建，成为一个生活美学体验场。自2020年6月开放以来，该馆备受市民青睐，已举办多场文化艺术展、读书会，吸引众多市民游客参与。拾光艺术馆还利用自有的书店，建设了“政协委员之家”。

张之洞与武汉博物馆坐落在原汉阳铁厂旧址，占地7240平方米，其设计的初衷是回顾城市工业历史，展望未来。建筑由几何状的钢板包覆，呈现反重力的观感，犹如一座弧形的方舟漂浮在附近的广场之上。由钢和玻璃构成的两个支撑结构容纳了入口大厅、主楼梯、博物馆商店、图书馆和行政办公室等空间。在展陈方面，丰富展陈内容，增加多媒体互动、大型造景、壁画长卷、沙盘雕塑等展陈形式，重新设计科学流畅的观展动线；在运营方面，按照国际标准，打造社教研学、文创商店、咖啡轻食、会议接待等多种空间。

棒材厂全长约500米、宽约55米、挑高约24米，是亚洲最大的工业遗址单体建筑之一。目前，这座棒材厂的展示区已完成改造面积约1万平方米，成为各大品牌发布、国际会展、会议论坛的举办之地，目前棒材厂已经成功举办了第六届武汉设计双年展。

目前，整个社区内部形成了博物馆、住宅区、公共绿地与商业街等不同空间共生的局面，可以说社区生态已经基本形成，曾经的工业生产区已经彻底完成了功能转换。未来，该区域还将结合原有建筑遗址、文化进行商业化的改造。以已开放营业中的“张之洞与武汉博物馆”为起点，划分为四大功能分区，分别为艺术活力区、设计创意区、智慧商务区、工业艺术馆。

但需要注意的是，该社区目前商业业态(如书店)仍然很薄弱，商业业态的特色不强，相关工业文化的主题建设也相对较为缺乏，尤其是社区的软实力建设仍在路上，离社会期许有着较大距离，这都是今后该社区重点发展的方向。

"融创武汉·1890"内部时光艺术馆(政协委员之家)

14. 杨浦滨江公共空间
(杨浦滨江船厂至时尚中心段)

杨浦滨江公共空间位于上海市黄浦江畔,全长 45 千米,从杨浦滨江船厂至时尚中心段,将沿岸工业遗产通过杨浦江连起来,通过整体规划,实现遗产保护、文化创新、公共空间服务、生态优化等功能。

杨浦滨江沿岸的工业遗产价值十分优越,被誉为"中国近代工业文明长廊",拥有中国工业史上多个"工业之最",还被联合国教科文组织誉为"世界仅存最大滨江工业带"。

由上海市委市政府颁布的《黄浦江两岸地区发展"十三五"规划》对杨浦滨江进行了规划,确定其发展目标:传承和发扬中国近代工业摇篮的历史文脉,将杨浦滨江建设成为杨浦区创新驱动发展、经济转型升级的动力引擎,打造成示范引领杨浦创新创业平台服务、产业与城市融合发展、历史与现代互补共生、科技与生态高度集约的国际化滨水区域。我们调研发现，其成效主要在于如下几方面。

首先对杨浦滨江的工业遗产点进行保护更新，如通过激活场所点辐射带动虚空间进行连接。如将毛麻仓库改造为毛麻仓库展馆，上海烟草厂改造为“绿之丘”，船厂大小船坞改造为船坞剧场与展示馆，电厂辅机厂改造为工业展览馆，杨树浦发电厂改造为杨树浦发电厂遗迹公园，等等。在遗产点之间规划跑步道、漫步道和自行车道将原有空置地带改造为休闲活动空间，并将遗产点连接起来。

在杨浦滨江公共空间的规划中，尤为注意工业元素的使用。整个空间被置于工业审美中，对工业构件进行艺术的改造与重塑，将工业构建改造为基础设施、娱乐设备和艺术装置，起到场地标识的作用，如将工业生产互动中常用的机械吊车与植被结合在一起打造成特色的生态花园。在改造过程中，为了实现了场地的协调，选择同类型或相同的材质来打造艺术品或基础设施，空间中大量使用铜材打造廊桥和凉亭装饰河岸线，并供公共休憩使用，打造具有工业特色的休闲座凳、路灯、垃圾桶等基础设施，如杨浦滨江最具特色的自来水管道灯光设计，利用杨树浦发电厂的输水管道，采用以蓝色为主、黄色为辅的灯光设计，试图将水管中自来水流动的景象通过灯光进行具象的外部展示，从而唤醒公众对水厂的记忆。

杨浦滨江公共空间在建设时不得不面对的问题就是要满足滨水沿岸防汛要求的同时，还要具有公共休憩的功能。基于现状，滨水公园在改造时采用了“看台与舞台”的构想，将原来单一的防洪墙改造成两级系统。第一级墙顶部降低到与现状高桩码头地面高度相同，形成连续的场地空间，成为融合于旧有遗存中承载城市生活的舞台，以留白的方式鼓励多元化的使用，同时亦满足百年一遇的防汛要求；第二级墙采用千年一遇的标准，位置后退20～30米，形成6%坡度的临江休憩空间，转化为融入景观地形和种植的看台，服务游客和市民。

杨浦滨江公共空间还非常重视基础设施的建设，为了满足交通通达性的需求，建成了秦皇岛路公交枢纽站，开通了观光电瓶车，联合企业推出了“杨浦滨江 I LOVE 游”定制单车。此外还在滨江沿岸建设了八个滨江党群服务站，让公众能够享受到舒适、便捷、智能的配套服务。为着力提升商业和生活服务配套水平，延长游客和居民的停留时间，还引进、植入了精品零售、特色餐饮、休闲娱乐等功能，推出更多商旅文体融合的活动和体验。

杨浦滨江公共空间体现出“人民城市”的理念，在其建设过程中呈现多元主体参与的特点，例如公共空间中广泛布置了建议征求点位，积极听取公众意见，还通过建立“杨浦区滨江治理联合会”将不同领域的单位联合起来参与杨浦区滨江的治理中，激发起市场主体的热情。同时，还积极促进杨浦区内的高校智力资源流动到滨水空间的建设中。而且杨浦滨江公共空间还建立60多个睦邻空间，满足居民的社交需求。

2019年举办的上海城市空间艺术季，就以整个杨浦滨江南段5.5千米的公共空间作为展场，搭建了一个主展场，两个分驿馆，四个新增服务点，十三条城市通道，形成了滨水展示带的空间构架和交流平台。该活动大大提高了杨浦滨江公共空间的知名度，使之成为滨水空间改造的典范，也探索出杨浦滨水公共空间改造的多种可能。

杨浦滨江公共空间的改造走在了城市滨水区工业遗产再利用的前沿，成为一种具有典型意义的范例，不仅为城市滨水区工业遗产的改造提供了可借鉴性的经验，而且有助于突破过去城市滨水区建设的传统模式，在我国乃至世界都有一定的借鉴意义。

15. 深圳沙井村民大厅（岗头柴油发电厂旧址）

深圳沙井村民大厅又名蚝乡文创馆，其前身是建成于20世纪80年代的岗头柴油发电厂。它紧邻深圳沙井古墟，作为沙井岗头村办工业区的一部分，改革开放之初，该电厂为沙井村和相邻城中村供应电力，见证了改革开放工业遗产当中一个重要的特色组成——村办工业区遗产。随着深圳全市电力供应被国家电网完全覆盖，该电厂于21世纪初被废弃。由于年久失修，电厂废墟已经成为危房。

为了建设宝安蚝乡湖公园，电厂废墟以及周边建筑物曾被列入“完全拆除”的规划，深圳本土设计团队趣城工作室（AR City Office）提出在设计方案中将电厂废墟改造成“沙井村民大厅”（Shajing Village Hall），将废墟作为工业遗产进行保护和活化，使其获得新的价值，这一方案得到了宝安区政府的支持，其具体再利用方案如下：

再利用方案提出，一方面最大限度保留旧的废墟实体、结构和细微痕迹，废墟的混凝土结构经过加固后全部被循环利用；另一方面，新的钢结构和玻璃等材料和体块，或插入，或包裹旧废墟，它们相互编织、交融在一起，模糊新与旧的界限，使得整个建筑成为连续生长的有机体，犹如老树发新芽，“新”从“旧”中自然萌发、自然生长出来。

更新的目的指向：一方面，作为向沙井村民和深圳市民开放的公共空间，改造后的沙井村民大厅将提供创意、休闲、服务等功能；另一方面，沙井村的各种具有地方特色的传统文化活动可以在此汇聚，包括村史展览、民俗仪式、祖先追忆、家族议事、文化交流等。

沙井村民大厅的主要设计构思是基于可持续设计的理念和方法，吸收在地空间文化特征，通过抽象化的转换，把旧工厂转变为新祠堂——具有更广泛市民性的新公共空间。因为考虑到村民大厅与传统祠堂在功能上的相似之处，决定以广东地区祠堂结构来改造村民大厅，以实现传统文化与工业文化的对接。

典型的广东地区传统祠堂一般包含了七种空间要素单元：影壁、门楼、前院、正厅、后院（花园）、房舍、廊庑。这些空间要素单元在平面上大致遵循从前向后的序列分布，廊庑环绕周边。设计者试图将上述传统祠堂的空间结构运用到电厂废墟改造设计之中，由于电厂的尺度较大，不能简单套用祠堂的形式，需要在三维空间上进行巧妙的衍化与变形。最终，沙井村民大厅呈现出来的是一种介于祠堂和工厂之间的中间状态。

正厅是祠堂最主要的活动区域，也是最具有精神性的场所。电厂大厅的高度最高达到了 17 米，为了创造适合于该尺度的空间氛围，也为了增加采光量，并且加强室内外视线的通透感，设计团队在大厅和后院之间设置了一个直径 9 米的玻璃月洞门。月洞门是广东本地最具认知感的建筑元素之一，在住宅、园林等日常生活空间中被普遍使用。月洞门大厅中，所有消防管线、空调管线和设备等均予以明装，有利于检修并降低造价。设计师与水电工程师合作，将大厅中裸露的红色消防喷淋管设计成阵列效果，大厅内部南北两侧的工字钢柱形成两道平行柱廊，上述方法使得大厅产生了类似传统祠堂中所特有的仪式感。

改造中最大程度地保留了电厂废墟的主体混凝土框架结构，包括基础、梁柱和南北两侧的砖墙体。由于年久失修，这栋建筑已经成为危房，需要对所有保留部分实施加固。混凝土梁柱系统的加固方法，主要采取植筋法，用新增钢筋混凝土包裹旧基础和旧梁柱，放大基础和梁柱截面，提高力学性能。屋顶旧钢桁架拆卸下来，翻新后部分被重新利用，同时还参照原桁架选型新增了钢桁架屋顶。

因为电厂的东西两侧山墙和屋顶局部先前已被拆除，设计师顺势而为，增加了前院和后院。前院名为"光影庭园"，是占据了一个柱跨空间的狭窄庭园，正午时分，当斑驳光影撒进院落，或许能引发人的怀古幽情；后院名为"废墟花园——墟园"，四边保留了部分废墟墙体和废墟梁架，围合成一个可以进入游览的有趣花园。由于结构需要，为了平衡大厅屋顶钢桁架的侧推力，同时也增强结构稳定性，一组由工字钢构成的梁架系统设置在废墟花园上空，非常类似中国传统木构建筑中的穿斗梁。设计师与结构工程师合作，使单纯结构系统呈现出文化意义。

建筑拆除过程中有许多遗弃的石块和砖块，它们被装进用粗钢筋编织的石笼网中，形成一组一组的石笼墙。这些石笼墙的宽度为80厘米，高度从1.2米到4.5米不等，它们三三两两地散布于废墟花园之中，并延伸到墟园之外的景观水池边。爬山虎和狼尾草自由地生长在石笼墙四周，将整个花园分隔成曲径探幽之境。

作为早期村办工业区的工业遗产，岗头柴油发电厂实际上是一个典型的"三无"建筑，既没有图纸档案，也没有精确的测绘资料，更没有先前的设计施工方提供顾问服务。设计团队需要在不到六个月的设计、施工周期中，结合施工状况实时修改设计。为了减少对废墟遗存的人为损坏，在施工过程中尽量减少作业面。采用吊装法将新增钢结构材料和玻璃幕墙等"插入"废墟之中。在插入过程中，对废墟痕迹的保护工作被放在首要地位。设计师在图纸和现场分别进行了废墟痕迹标注工作，并且在施工现场反复交底，确保每一处废墟状态被完整保留，避免它们受到施工过程的干扰和破坏。在结构检测和安全评估基础上，对原有废墟结构进行了分类处理，采用了多种多样的结构加固和再利用技术。

设计团队考虑到深圳地处亚热带气候区，常年高温、潮湿多雨，为了改善沙井村民大厅的局部微气候，调节气温，也为当地居民提供室外的亲水、戏水之地，设计师设计了一组景观水池，环绕于建筑周边。水池中的倒影，柔化了废墟的沉重感，也让整个建筑环境变得轻松和愉悦。而且，设计团队在完整的废墟体块上增加了许多小的破碎缺口，诸如内阳台、观景窗口、室外露台、半室外环廊等，这些缺口构成了一个温度被动调节系统，有利于引进自然通风，减少空调使用面积和使用时间，从而降低了建筑能耗和碳排放。

沙井村民大厅是我国改革开放工业遗产保护更新的重要典范，它为珠三角地区不计其数的村办工厂的未来指明了一条行之有效的路径，呈现出了工业遗产再利用、城市更新与“两碳”目标相向而行的特征。我们调研发现，仅在深圳一地，就有类似的村办工业建筑 200 余栋，其中大部分已经废置或被低效使用(如改造为临时仓库等)，总体上缺乏必要的统筹规划与成熟的改造策略(当然既包括产权原因，也包括图纸散佚等技术原因)。如何推动这类工业遗产有效再利用，在锚定“两碳”目标的同时推进城市化，显然是一个事关粤港澳大湾区高质量发展与空间合理利用的大问题。

沙井村民大厅外景

16. 曹家渡恒裕老年福利院

(上海市毛巾二厂旧址)

曹家渡恒裕老年福利院位于上海市静安区万航渡路 767 弄 43 号，是由静安区民政局开办，由恒裕养老服务(上海)有限公司运营的综合养老机构。主体建筑为上海市毛巾二厂旧址，由三栋建筑组成，基地用地面积约为 5200 平方米，总建筑面积近1.7万平方米，共设床位499张，内设自理、失能失智、残疾等多种个性化养护区域及日间照料中心、长者照护之家。

该旧址地处生活配套设施完善的曹家渡商圈，周边各类公共服务设施齐全，毗邻多家大型商业中心，静安区老年大学、曹家渡社区卫生服务中心等步行可达，此外，旧址周边医疗资源丰富，如华山医院、华东医院、静安中心医院、仁济医院等医疗机构分布周围，具备改造为养老院的基础。

该旧址虽然区位优势明显，但是厂区的基础条件差，周围环境复杂，对改变建筑性质的改造更新来说，是非常大的难题。当中一个问题就是厂区的交通便捷性差，建筑密度高，内部道路狭窄，不满足消防规范要求。此外，厂区内还存在大量违章搭建的房屋，造成诸多安全隐患。而且厂区面积狭小，在改造前绿化率几乎为零，也没有停车位等相关辅助设置。

因此，改造第一步是拆除园区内违法搭建的房屋，释放空间。对园区内空间序列进行梳理后，园区入口空间适当放宽，两侧建筑进行局部架空处理，利用此处灰空间组织仪式广场，符合养老机构交通需求并突出主题性，入口两侧建筑的一层局部架空，为入口的广场提供更多空间层次。

在地方政府的支持与指导下，项目方按照养老院的标准改建厂房。主体建筑原来由三栋体量不等的轻工业厂房组成，层高从2.5米到8米不等，与养老院的层高相差甚远。设计者就对层高较高的楼层采用一层变两层的加层改造方式，对层高不经济的楼层采用两层变三层的插层改造方式进行楼板移位的改造和加固，为保证居住功能，各层层高在3米以上。一号楼作为毛巾厂最大的厂房，原有进深超过34米，但对于养老院的小模块化标准单元布置来说非常不适用，给改造带来了很大难度。进深过大，导致中部无采光、无通风等问题，不能满足养老建筑的要求。设计师因地制宜，在2～6层中部增设5米宽的中庭，上下贯通，并在屋顶处开设采光天窗。

此外，因为养老院许多老人都是上海本地人，考虑到他们的念旧情怀，对室外里弄风格延续，在一层特别设置了一条“上海风情老街”，主要分为展示区、休憩区和多功能活动区。展示区陈列着老上海物件，为老人提供一个唤醒记忆回顾过去的场景。休憩区作为有自理能力的老人交流活动的场所，布置照片，让老人有家的温暖和场所的温存感。多功能活动区提供学习、舞蹈、活动等集中活动场地，使老人的活动不受天气条件的限制。老人还可以通过垂直交通与各层中部活动区域互相连接，每层的老年人不仅可以在室内活动，也可以在平层设置的特色室外花园活动。建筑与建筑之间、室内与室外之间采用全体系无障碍设计。室外平台、空中连廊及垂直交通构成了园区内安全、便捷、舒适的流线系统，同时也便于家属探视与参观。

改造后的空间不仅包括常规养老院的生活用房、公共活动用房、医疗保健用房及管理服务用房，同时结合时代的需求，对标最新国家标准《老年人照料设施建筑设计标准》，在对外交通相对便捷的三号楼设置了康复中心和社区日间照料所，兼顾对内服务和对外社区服务。将养老机构服务功能半径扩大，将康复医疗融入日常养老服务，真正达到了养老机构设施完善的目标。生活用房、公共活动用房、医疗保健用房及管理服务用房根据实际条件进行灵活组织，生活居住单元分为全自理与介助两类，根据需求集中布置在相对对立的楼栋及楼层，全部拥有自然采光通风的条件，公共活动用房结合居住单元逐层设置，营造宜静宜动、多样且舒适的活动空间，内设医疗机构及康复保健用房，邻近园区入口，便于使用。

为了丰富和方便老年人生活，园区无障碍设施全覆盖，配合播放一些鸟鸣作为背景声音，保持老年人对声音敏感的同时，为他们的户外互动提供舒适的条件。为了提高绿化面积，设计师还在园区内增设了多个大小错落的空中花园与活动场地，并利用屋顶布置了一个小型门球场与120米塑胶步道，设置了城市农场区域，丰富了老年人的休闲生活。

将工业建筑改造为养老用地满足了当地市民的养老需求，该园区成为社区参与工业遗产再利用的重要典范之一。上海市政府在提出“9073”的养老格局建设后，巨大的养老需求并没有带来城郊公园式的养老机构的“爆满”。上海和其他许多地域特征浓厚的大型城市一样，是一个有“乡愁”的现代都市，期盼住进养老机构的老年人不愿远离自己生活了几十年的街巷里弄，但是中心城区极其稀缺的土地资源大大制约了养老事业的发展。上海市毛巾二厂的改造对于唤醒中心城区沉睡的工业建筑、解决短缺的养老床位以及提升养老品质这三大难题，具有重要的意义。

但需要注意的是，目前我国养老事业刚刚起步，市场化过程中许多问题需要警惕，养老产业作为医养产业的一部分，不仅是“朝阳产业”，也是服务“夕阳红”的一项伟大事业。在发展符合中国国情的养老工作的过程中，我们不仅要提升硬件质量，更要在软实力上下功夫。我们调研发现，上海目前这类由工业遗产改造的养老院不止一家，但总体质量参差不齐，我国是一个有着“孝”文化传统的国家，又是人口老龄化问题较为突出的大国，尊老敬老既是中华民族优良传统，更事关社会稳定大局，养老工作兹事体大，因此更需慎重以待，尤其是民营资本介入养老工作，要尤其注意对其进行安全监督与风险控制。

17. 复地东湖国际社区

（武重旧址）

复地东湖国际社区是一个在武汉重型机床厂（简称武重）旧址基础上建立的住宅社区，紧邻武汉中央文化旅游区汉街，占地约 53 万平方米。武重是“156 项目”之一。2007 年 11 月 29 日，武重投资 20 亿元，在武汉市东湖新技术开发区佛祖岭产业园建设新厂区，2010 年 5 月建成。2011 年 10 月 25 日，武重并入中国兵器工业集团，重组后改称为中国兵器工业集团武汉重型机床集团公司。

2007 年，复地集团以总价 35.02 亿元、楼面地价 3290 元/平方米的价格竞得武重地块 790 亩的开发权，计划在该地块建造总建筑面积达 106 万平方米的各类建筑。为保留武重的工业遗迹，复地集团在初期规划中，就将工业遗产的历史存在感与住区景观环境品质和文化气质相结合，计划改造为具有工业气息的社区。

由于武重用地属性的转变，原有的场地结构已不再满足和适应新的居住及休闲活动的需求。对旧址场地布局的调整，对内要参考其转变功能属性后的具体使用需要，对外则要在宏观城市规划中进行整体考虑，如内外交通的设置，与周边业态的联系等。武重地理位置优越，位于“东沙连通工程”——楚河汉街畔，居于武昌区中心位置，其建设水平不但事关小区内环境，更与武昌文脉延续、城区总体风貌关系密切。

武重原址根据规划的要求目前已建成居民区，现名为复地东湖国际，其中一期、二期与三期已经交付使用，四期、五期也已经完成开发。复地东湖国际总占地面积 53 万平方米，净用地面积 465000 平方米，在所有土地利用类型中居住用地面积最大，其次为绿化用地、中小学教育用地、社区服务中心用地、商业建筑用地和物业用地，项目配套有约20000平方米的林荫公园，公园中保留了400多棵50年以上的原生树木，形成了工业建筑、原有绿化与新兴社区共存的场景。

该项目的特点是保留了旧址内的工业遗产并将其融入社区建设中。项目改造时首先保留了具有50年历史的斑驳的武重大门，使这一重要的厂址形象永久地展示在时代的蓝图中。在小区的外围公共区域设立文化墙，描绘机床厂的辉煌历史及城市的变迁过程，使其成为武汉人的集体回忆。由此该项目通过公共景观区域向城市的公共人群传达了该地的历史价值，形成了对文脉的延续。

此外，复地东湖国际还保留了厂址内2000多棵香樟、雪松、广玉兰、女贞等具有50多年树龄的名贵树种，改造成了一条直达东湖的社区内部路——香樟林荫道。充分利用武重历史记忆的原生景观体系，营造"花园中的城市、城市中的花园"的大树计划，打造独特的原生态园林。场地内的烟囱和桁架等构筑物也被保留下来，如火车头成为场地的重要标识，桁架恰到好处地矗立在网球场两边，形成虚隔的围合序列。这些构筑物的存在增加了场地内景观的层次，赋予场地独特的韵味。除此之外，旧址内的历史印迹还有很多，在项目改造中均结合具体的居民生活休闲需要，并已进行适当的保护更新，使之成为社区的内部景观。

除了保护更新外，在新建项目上，复地东湖国际也注意了与原来工业重镇性质的呼应。在一期建造时，就决定将住宅的外立面和景观环境的风格设计为20世纪30年代的装饰主义(Art deco)艺术风格，使其既能与近代工业文明所产生的工业美感相匹配，又可以增加其细部节点的设计品位图和整体立面的价值感。就建筑造型而言，该项目体现了一定的自然湖体元素与工业元素的结合。其中的商业街建筑就适度地将历史文化与建筑风格的传承结合起来，如红砖色的商业建筑色彩和造型透露出工业美的气息。

旧工业区改造和景观更新是城市发展的产物，在尊重旧有片区的历史文化价值、生态价值的基础上，还要考虑经济发展的需要。利用城市规划、建筑以及园林景观规划与设计等专业知识，并考虑公众在生态更新、美学和艺术以及多元化等方面的需求，使旧工业区改造达到多功能的再造及实现相适应的社会、环境及经济效益。武重旧址作为城市的文脉积淀和重要的记忆节点，在其改造和景观更新过程中体现出了更多的城市文化认同，展现出了社区参与介入工业遗产保护更新的魅力，因此具有一定的典范意义。

18. 黄石大塘社区

（东方钢铁厂老家属区）

大塘社区位于湖北省黄石市下陆区怡园路，靠近东方山和骆驼山公园，由大塘三村、东方花园和东方花苑三个小区组成，是东方钢铁厂（原下陆钢铁厂，简称下钢）的老家属区。下陆钢铁厂于1958年成立，是全国重点中小钢铁企业。1966年，"下钢"改名为"东方红钢铁厂"。1972年，恢复原名。1995年，太原钢铁厂兼并"下钢"，改名为"太钢集团公司东方钢铁厂"，简称"东钢"。2015年，"东钢"全面停产。2021年，下陆钢铁厂旧址（包括焦化厂、原料厂、连铸厂房、机组等生产区以及大塘三村、大塘四村等生活区）被纳入黄石第一批工业遗产名录。大塘社区作为东方钢铁厂的生活区，见证了黄石工业发展的历程，其保存的建筑肌理、社区形态、社会关系等集中体现了我国20世纪工业化建设的特征，为研究中国工业变革提供了范本和素材，是我国较有特色与价值的工业遗产社区。

大塘社区总面积168685平方米，截至2021年，该社区共有44栋住房，总户数2413户，常住居民近9000人。经过了几十年的使用，大塘社区基础设施老化，居住环境恶劣，并且人口老龄化问题突出，60岁以上的老龄人口占比高达40%，成为迫切需要改造的老旧社区。2020年6月22日，黄石市政府公布下陆幸福新区11个社区（共计42个小区）的老旧小区改造计划，大塘社区大塘三村小区入选第一批。我们调研发现，大塘社区的保护更新具有较为重要的意义与价值。

大塘社区改造首先解决物业问题。物业是行使小区经营、管理、维护、服务等职能的基本主体，东方钢铁厂关闭以后，原来由企业承担的物业也随之消失。此后大塘社区的物业公司频繁更换，由于老旧小区各种居住问题突出，物业公司难以有效解决问题，居民不愿缴纳物业管理费，物业公司更加懈怠，造成小区管理无序的恶性循环。直到2014年，物业公司退出，大塘社区因缺乏物业管理，陷入更严重的混乱状态。之后，大塘社区积极探索老旧小区物业管理方式，致力于打造一个"党委主导、党员带头、社会参与、群众认可"的红色物业管理品牌。2019年12月，大塘社区成立红石榴物业自治协会，负责小区内公共设施维护、卫生保洁、绿化维护、车位管理等物业自治服务。根据大塘社区三个小区的具体情况，分别成立了大塘三村自治委员会、东方花园自治委员会和东方花苑自治委员会，各委员会由1名会长、1名治安巡逻员、1名绿化维护员、1名水电维修员、1名矛盾调解员和1名文化宣传员组成。红石榴物业自治协会成立后，及时制订了红色物业联席会议制度、评议制度、联建制度、管理服务制度、有偿服务收费制度等，以实现自治物业管理模式制度化、规范化。同时，红石榴物业自治协会与社区党支部、社区居委会、业主自治委员会以及"爱家援"志愿者协会、"和塘悦社"协会等组织密切配合，建立多方联动机制，形成红色物业服务自治体系，带动居民参与社区自治，逐步完善适应居民需求的社区服务体系。小区党员、志愿者们带头参与社区自治管理，把社区当成自己的家一样爱护，极大地激发了社区居民自我管理与服务的热情，提高了小区居民整体的归属感和获得感，居民们受到影响和感染，开始积极主动地参与小区管理、支持社区建设。并且，大塘社区的改造方案均通过"居民坝坝会""入户走访"等形式广泛征求居民的意见，施工过程由党员、居民志愿者等义务监督员跟进，改造后的成果交由居民代表验收，形成了全民参与自治管理的良好氛围。大塘社区的这种红色物业自治管理模式围绕社区服务开展社区党建工作，创建了社区管理新模式，在改善社区治理、提高社区服务、增强社区凝聚力方面非常有效。

在具体的改造措施上，大塘社区主要从基础设施与居住环境层面实现小区由旧变新。一方面，采取房屋维修加固、屋顶防水改造、雨污管网改造、道路刷黑改造、增加绿化面积、加强安保措施等完善社区的基础服务设施，提高社区居住质量，建成基本满足生活需求的、功能齐全的、服务完备的现代化社区。另一方面，结合东钢特色，加强大塘社区的文化建设。改造后的大塘社区建有东钢历史文化长廊、东方之声大铜钟广场、工业文化小公园等公共文化空间，其中近百米的历史文化长廊以仿铜浮雕的形式记录了从"下钢"到"东钢"的变迁过程，也展示了黄石市华新水泥厂、大冶有色集团公司等工业企业的历史贡献；工业文化小公园内结合铁矿元素设计了亭台轩榭、中式复古路灯、莲花池等微型中式园林建筑，轮胎、铁桶等工业器材被改造成花盆、假山等公园景观。除此之外，考虑到大塘社区老龄化程度较深，社区内建造了一家集医疗、护理、保健、康复于一体的东钢养护院，还打造了健康公园、健身步道、乒乓球基地等运动场所，以满足居民的健身需求。

整体来看，大塘社区改造效果显著，得到各级政府的肯定，先后被授予"湖北省先进基层党组织”“黄石市十大和谐社区”与“黄石市卫生社区”等荣誉称号。作为工业遗产社区的大塘社区，其改造不仅提供了社区自治管理与红色物业的新模式，而且结合社区实际情况，在满足居民基础需求的基础上积极探索工业遗产与社区的融合，突出社区的工业遗产属性，充分营造社区工业记忆空间，兼顾社区物质改造与文化传承，保留了黄石的工业文脉，为国内其他地区同类工业遗产社区更新提供了参考价值。

19. 洪都老厂区

洪都老厂区即洪都工业区，位于江西省南昌市城南核心区，总占地面积 18.5 平方千米，占青云谱区面积的 38.9%。该区始创于 1951 年，是新中国的飞机制造中心，这里诞生了新中国第一架飞机、第一枚海防导弹、第一辆摩托车和第一辆轮式拖拉机，是国家在“一五”“二五”时期工业布局的重点区域。生产区内从 20 世纪 30—90 年代建造的核心工业生产厂房 63 栋，具有丰富的工业历史价值。

2019 年，洪都新区整体搬迁入驻南昌航空城。同年，随着“企业办社会”职能剥离改革的推进，江西省南昌市青云谱区洪都街道全面接管了洪都老厂区（包括生活区），并于 2018 年开启搬迁改造试点。其中包括 11 片配套居住区，占地面积 1.47 平方千米，住宅 612 栋，居住人口约 7.1 万人、2.37 万户，是江西省集中连片、面积最大的老旧小区改造区域之一。

当承载着中国航空工业发展史的工业老区嬗变为当代新城市生活的一部分时，如何通过设计来定位保护性改造策略，延续一个城市几代人的记忆与自豪感，同时提升群众的幸福指数，是青云谱区洪都街道更是数万居民关心的问题。

2019 年 7 月，南昌市有关部门委托北京清华同衡规划设计研究院有限公司启动了《南昌市洪都老厂区工业遗产保护与利用规划》编制工作，明确洪都老厂区作为青云谱核心区，成为新时期城市发展的新引擎，从传统工业区向城市综合功能区转型升级，以“铭记航空历史、引领科创未来、面向城市生活”作为发展定位，承载文化展示体验、创新科技发展、市民交往活动等城市功能。

总体规划以深入挖掘老厂区的价值为前提，精准保留厂区大量的物质遗存，划定保护底线，在此基础上明确保护控制措施，提出利用建议。保护的同时用发展的眼光，用城市发展的长远视角，筛选面向未来和市民生活的产业功能。一是从历史传承的角度，通过航空文化中心、标识景观塔、洪都史馆等一系列设计使洪都老厂区成为铭记航空历史、展示城市工业文化的窗口；二是从现实需求的角度，结合市民生活与实际需求，织补各类商业交往、公共服务、休闲活动、居住配套等功能，成为展现南昌生态人文家园的标杆。最后从未来的角度，积极拓展各类创新创智功能，融入科创办公、文化创意、共享办公等功能，通过文化挖掘、精准保护、面向发展、精细设计的一体化规划设计，从而使洪都老厂区成为全国工业遗产再利用的标杆，促进南青云谱老城区保护与复兴。

社区的改造也彰显了人民的智慧。在规划时，采用了座谈会、问卷调查、个体访谈等方式让公众参与社区的改造，营造了开放、平等的信息交流与沟通氛围。项目初期，通过问卷调查，了解居民对于更新改造的关键需求，聚焦停车、活动场地、公共服务设施、物业等实际问题，形成以问题为导向的改造目标和分项策略。设计阶段，协助社区组织方案宣讲会，向居民详细讲解改造方案，听取各方意见，针对性地进行方案调整优化。积极使用“路见”App、微信群等线上工具，广泛征集、及时沟通和回复居民意见，社区改造规划获94%居民的同意。实施阶段，采取“设计师驻场”模式，设计师团队深扎项目现场，面向改造过程中的突发问题和临时诉求等进行及时响应，应对特殊需求提供一对一帮扶，稳妥推进实施。

洪都老厂区是典型的“一厂一街”，生活区因种种历史原因长期处于无人管理状态，生活区违章建设成线连片、道路破损坑洼、设施陈旧老化、社区功能缺失，因此，老旧小区的改造从拆除违章建筑和改善民众的基本生活需要开始。改造中并没有盲目追求速度，而是坚持水电先改，尽量将对居民的影响降至最低，把资金投入群众最急需的水、电、路、气、消防设施、治安监控上，以实现人民城市的建设愿景。

2019年以来，青云谱区结合该区原有面貌和历史文化，按照“修旧如旧”原则，对该区两侧全市独有的百栋苏式文保建筑集群进行提升改造，除了嵌入“洪都精神堡垒”“钢琴键”等多处雕塑和公共艺术互动装置，还设置了洪都网红墙、宇航员雕塑展、立体墙绘等打卡点，全面提升社区生活品质。这条原本狭窄破旧的商住混杂老街区，在总投资6750万元进行转型升级后，成为了青云谱区的“青春街道”。我们调研发现，目前该街区日均人流量同比增加3000人/天。这条920米长的街区共有苏式文保建筑118栋(沿街23栋)、商铺113家。

为了延续洪都的航空文化和集体记忆,在社区更新中,精心设计打造了一批有着鲜明洪都工业风的特色景观,包括彰显新中国航空发展、洪都工业历史、洪都人生活记忆等属性的雕塑、墙绘。

之前的洪都老厂区是工业社区规划建设的代表,如今是南昌市工业文明与生态文明和谐发展的样板,作为江西省唯一的老工业区搬迁改造试点项目,它的保护与利用具有重要的现实意义。

20. 陶阳里御窑历史街区

陶阳里御窑历史街区位于景德镇老城中心,核心区占地面积超过1.6平方千米,是以御窑厂遗址为核心的国家4A级旅游景区。

明代,朝廷在景德镇创建御窑,清代改设御窑厂,清末民初设江西瓷业公司。该遗址是全国唯一能全面系统反映官窑陶瓷生产和文化信息的历史遗存。2006年,御窑厂遗址被公布为全国重点文物保护单位,2017年初被列入"中国世界文化遗产预备名录"。根据景德镇陶瓷文化传承创新试验区的规划目标,将以御窑厂遗址为核心,打造总建筑面积80万平方米,区域面积3.2平方千米的景德镇陶阳里历史街区。目前,已基本呈现珠山中路以北,东至莲社北路(西),西至沿江东路,北至风景路的景德镇历史上陶阳里中心区域的面貌。

"陶阳十三里,一百零八弄",街区完整地保留了"前街+后街"的陶瓷聚落空间格局和"窑房—坯房—民居"的聚落空间组织模式。自古以来,景德镇的工匠沿昌江建窑,人们沿窑聚居成弄,构成了景德镇老城区典型的城市布局。御窑厂周边数量众多的里弄四通八达,包括新老当铺弄、迎瑞弄、程家巷、詹家弄、彭家弄、毕家弄等,每一条里弄都有着自己的特色和故事。有的里弄与陶瓷加工销售有关,如程家巷、当铺弄;有的里弄与当地陶工和作坊主的姓氏有关,如詹家弄、彭家弄。这些里弄及其代表的里弄文化是一种独特的工业遗产体系。

经过长期的生产与改建,陶阳里御窑历史街区中的建筑风格已不复存在,建筑形体严重不协调。改造方对街区内的建筑进行修缮,将其恢复到原有的整体建筑风貌。这一修缮工作涵盖老城区域面积439.8亩,包含老房屋修缮932栋。修缮后的彭家弄、义思井、徐家窑、明清窑作群等区域，保留了景德镇“一两座窑集中烧，三五个作坊围着做，十来户人家边上围”的传统肌理格局，与保留下来的民窑、会馆、戏台一道，成为景德镇御窑历史街区的重要组成部分。

御窑历史街区以御窑厂为中心，以周边里弄为纵深，结合陶阳里独有的民俗、遗产、明清窑作的特点，重点打造吃、住、购、馆、玩、作六大业态，留住游客。

街区的东侧是中欧城市实验室和江西画院美术馆。中欧城市实验室于2018年落户景德镇，该实验室由法国莱布尼茨生态与区域发展研究所、中国城市规划设计研究院与景德镇市人民政府三方共建，旨在积极运用中欧科技与文化融合经验，促进在陶瓷文化传承创新、城市文化修补、城市生态修复、全域旅游发展、城市精细化治理等方面的有益作用。江西画院美术馆由景德镇建国瓷厂厂房改建而来，建筑造型及色彩本着尊重场地的原则，尽量保持老建筑风格，新体量与旧厂房和谐共生。美术馆新旧交融，呈现不同时代断面，与周边御窑厂、龙珠阁、御窑博物馆、历史街区形成时空对话，共同呈现多维度的历史记忆。

街区的西侧和南侧有文保建筑湖北会馆。湖北会馆在过去是所有襄阳的行商在景德镇的落脚地，后来成为晚清时期御窑厂的宫廷用瓷拣选地，也曾在会馆内开办过“湖北小学”，主体结构保存得比较完整。它与街区主题形成了相得益彰的互联互动关系，并为打造主题文旅街区提供了文化与物质基础。

此外，御窑历史街区还积极引进创意产业。御窑厂的陶瓷生产历史和方法给文化创意产业的发展留下了无限的空间，周边的历史街区又恰好是这类陶瓷创意产业的理想创作和生产场所。街区的陶瓷文化积淀可以为创意文化产业提供更多的创作素材，浓厚的陶瓷文化氛围可以为创意文化产业提供最佳的外部环境。为了更好地宣传御窑历史街区，2021年瓷博会期间，社区还举办了陶阳里旅游节活动。

御窑历史街区既保留了当初的陶瓷产业格局和陶瓷文化的历史发展形态，又保留了集陶瓷生产、陶瓷销售、陶瓷金融和陶工居所于一体的原生态聚落文化，体现了古代陶瓷生产的真实状况和以瓷为中心的工业文明。陶阳里御窑历史街区充分结合并利用了御窑周边的历史文化资源，丰富了御窑的历史记忆，也成为具有悠久历史的社区参与传统工业遗产再利用的典范。

21. 上海市京体育产业园
(上海市京工业园)

上海市京体育产业园前身为上海市京工业园，隶属于上海五角场集团(简称“五角场集团”)，位于上海市民京路 781 号，建筑面积约 9000 平方米，由 8 栋单体独栋厂房构成。随着周边多个居民区建成，原工业园已不再适合具有生产、加工功能的企业持续发展。2016 年，正在寻找转型之路的五角场集团与台州市祥鸣体育发展有限公司联合，开始一起探索老厂房转型为体育馆的可行之路。

《健康中国行动(2019—2030 年)》提出“全民健身”后，2019 年底，上海市体育局、杨浦区体育局、五角场街道等协调区市场监管局、消防部门、五角场集团等单位，不断优化方案，盘活存量资源，明确将上海市京工业园整体转型，打造一个体育综合体，让周边 40 万人口拥有“15 分钟体育生活圈”。在上海市体育局、杨浦区政府、杨浦区体育局等的大力支持下，五角场集团与祥鸣公司最终将上海市京工业园改造为一个集运动、休闲、时尚和趣味性于一体的体育文化休闲中心。

上海市京工业园 8 栋厂房单体面积均超 1000 平方米，层高超过 7 米，将其改建为体育场馆，具有天然的优势。同时，上海市京工业园处于人口密集区，周边有 12 个社区和 40 万居民，具有较大的体育运动市场需求。因此该项目首先建设了有较好群众基础的篮球馆与羽毛球馆。

篮球馆和羽毛球馆的改造取得了成功，场馆建成后得到周边居民的热烈欢迎，也让建设方看到了将园区整体转型升级为体育产业园的巨大潜力，于是二期和三期项目也逐渐开展。上海市京体育产业园自 2019 年起启动改建以来，已经完成三期改造工程，先后完成了篮球馆、羽毛球馆、游泳馆、武术馆、击剑馆、平衡车馆及室内高尔夫球馆、网球馆、乒乓球馆、体育舞蹈空间等体育场馆建设，现都已对外开放。整个园区的体育项目多达十几项，可以满足各个年龄段的运动需求。目前园区已先后挂牌成立了杨浦区篮球协会，上海市杨浦区青少年业余体育学校训练基地，上海体育学院实践教学基地等多个群团或机构。

上海市京体育产业园作为长海路街道市民健身中心一个重要地点，每星期都对市民开放不低于 56 小时的免费惠民公益时段。健身中心还计划环绕园区建设

1000 米的步道，让周边居民都能随时来此运动，成为家门口的健身乐园。除体育场馆外，上海市京体育产业园还积极吸收体育相关业态入驻，上海市杨浦分区的 KEEP 俱乐部篮球分部也入驻一号球馆。相关调研数据显示，该公司现每周训练大约为 25 个班次，学员总共约 2000 名。

上海市京工业园的改造得到了政府的支持。老厂房建筑用地原本是工业用地，改成体育场馆应如何审批，此前并无明确规定。受用地性质制约，改变用地性质手续也颇为繁琐，缺乏可以参考的案例和操作指南。针对这一难点，2019 年 11 月，杨浦区体育局针对该项目牵头协调会，组织了区市场监管局、消防部门、五角场集团等单位，共同对接，集思广益，对改造运动场馆的运行和管理进行规范化讨论，最终成功将工业园区转型升级为体育产业园。

上海市京工业园的全面转型是杨浦区践行“人民城市”重要理念、探索盘活城市疏解腾退空间与老旧厂房等“金角银边”，并让市民在家门口实现“全民健身”的一个缩影。在当前“双减”政策环境下，青少年体育技能培养有广泛的市场需求，鼓励园区内的体育培训机构积极与区体育和教育部门加强沟通与协作，为学校上体育课提供场地支持，弥补学校体育场地面积不足的短板，进一步提升园区体育场地的利用率，上海市京工业园成为新形势下社区参与工业遗产保护更新的重要范例。

22. 十鼓文化村
（仁德糖厂旧址）

十鼓文化村是由十鼓击乐团在台湾省台南市仁德区仁德糖厂旧址上建立的一座结合鼓乐艺术、工业遗产、人文故事、休闲娱乐与自然生态的鼓乐主题国际艺术村，属于十鼓仁糖文化园区的一部分。十鼓文化村原为仁德糖厂，1909 年成立，具有悠久的制糖文化历史。1969 年以后，该糖厂成为台湾地区制糖工业中心。后来随着产业转型，糖厂逐渐闲置。2000 年，一群喜爱传统打击乐的年轻人在台南成立十鼓击乐团，其发展理念是“传创台湾本土文化，发扬鼓乐艺术薪传”。该乐团团长谢十认为，“十”字代表鼓棒交叠，汇集十方的能量，因此取名为“十鼓”。

2005 年，十鼓击乐团迫于当地居民对排练噪声的投诉与现实经济压力，只好选择较为偏远的仁德糖厂为演出地，因此他们在仁德糖厂建立了十鼓文化村，在谢十与设计师刘国沧的精心设计后，于 2007 年正式对外开放运营。

十鼓文化村位于台南市和台南县的交界处，总面积约 8.1 公顷。内部有 16 座仓库建筑。2005 年 12 月，十鼓击乐团在仁德糖厂落脚后，随即在创意设计的指引下结合鼓乐发展需求和创意生活推动下，最大限度地保存了仁德糖厂的空间，经过一年多的建设，将这里打造成了传承老糖厂的糖文化和鼓乐文化的空间，并成为城市居民提供体验悠闲慢节奏生活的景点。

十鼓文化村对仁德糖厂的改造是出于生态、环保的考虑，通过植树绿化环境，充分利用糖厂的废水处理槽、冷却槽等，糖厂内最好的老烟囱变成了地标，蔗渣处理槽被改造为莲花生态池，废弃的处理槽变成了亲子草原；仓库走道变成了创意走廊；大的冷却槽变成了演艺剧场；原先杂草丛生的树林变成了亲近自然的森林；大片的荒地变成了南大草原。园区还保留了过去运送蔗糖的五分车以及轨道，民众可以搭乘五分车感受农业时代的生活。

十鼓文化村是一个以鼓文化为主题的文化村，它的兴盛与十鼓击乐队的知名度分不开。十鼓击乐团自 2003 年成立至今已经参与上百场国际表演艺术演出，2004 年以千人击鼓打破吉尼斯世界纪录；2005 年赴美国的拉斯维加斯、纽约、罗得岛与加拿大的温哥华等地巡演，同年，十鼓击乐团成为当地文化部门扶持的文艺团队。2009 年，十鼓击乐团录制的《鼓之岛》专辑，以当地“鹿耳门”为故事构架创作，入围第五十二届格莱美奖“最佳传统世界音乐专辑”提名，名扬中外。十鼓击乐团所创作曲目还获美国独立音乐奖、台湾金曲奖入围等殊荣，也曾与法国音乐 BUDA MUSIC 合作发行“十鼓”世界版，受邀至英国爱丁堡艺穗节等国际重要艺术节演出。

在十鼓文化村内，关于鼓乐文化的物品、场景、创作等都得到了很好的展示，而剧场演出是传播十鼓文化的主要途径。村内三个剧场（小剧场、水槽剧场、烟囱剧场）每天都安排两场鼓乐演出，满足了访客的需求，同时，世界著名的乐队被邀请到此演出，仅 2017 年就吸引高达 68 万游客到访。十鼓文化村还设计了属于十鼓的吉祥物，分别是十儿（Shih Er）和鼓娃（Gu Wa）。艺术村内设置了十鼓简介馆、鼓博馆，通过物品展示、文字资料等形式宣传台湾本土的鼓艺文化；设置了击鼓体验教室，由老师亲自教鼓乐，让游客参与体验，还能够了解制鼓技艺。

除传播鼓文化外，十鼓文化村还利用厂区的糖文化吸引艺术家入驻。在团队的不断努力下，十鼓文化村吸引了很多艺术家进驻并用创意传承糖文化，比如日本艺术家藤本壮介装置艺术进驻"蜜糖草原"，法国艺术家雅克连·德佩(Jacqueline Delpy)创作作品"甘蔗小巷"等。十鼓击乐团还成立了车路墘故事馆，通过对过去寻根，串联起旧糖厂的历史脉络，重现了糖厂聚落的旧貌和记忆。

为了增强艺术村的吸引力，十鼓文化村设置了大量的休闲娱乐设施。十鼓文化村内提供的设施主要有供游客祈愿的十鼓祈福馆、供小朋友玩乐的嘟嘟小火车、提供休闲养生食品的十鼓蔬苑餐厅以及纪念品馆。此外，村内还有森林呼吸步道、亲子草原等，能够让游客远离城市喧嚣，适合游人在这里休息、散步。园区内用天空步道串联三个蜜糖罐、五形圣树，邀请日本设计师在园区内打造"禅"的意境，形成既具有日式风格又具有工业风的文化场景。

十鼓文化村地处社区中央，背靠三爷官溪，旁边是台南都会公园，糖厂附近有2000余户居民，十鼓文化村的发展为当地居民提供了公共文化空间，而当地居民也成为文化活动的重要参与者。艺术与社区的互动，实现了老建筑的再生，并不断发展，使十鼓文创园区成为台湾鼓乐传承的发源地。

十鼓文化村以民间的力量，在工业文化资源中找到养分，从鼓乐文化中体现出本地文化特色，促进了文艺团体的发展，并成为崭新的文创热点，形成了社区参与的独特范式，这对同类工业遗产的保护更新有着重要的借鉴意义。

23. 黄石胜利社区
（原纺机小区）

黄石胜利社区位于湖北省黄石市下陆区，辖区范围包括纺机小区、铜材厂小区、黄石建设公司小区、黄石标准件厂小区、603地质队小区等多个小区。2011年5月，下陆区进行社区体制改革，现在的胜利社区由原胜利社区和原金星社区合并而成，其主体是原纺机小区。胜利社区辖区内拥有下陆火车站、大冶铁矿机修工人俱乐部两处市级历史建筑，以及黄石经纬纺织机械厂、冶金地质队、下陆中学等30多个企事业单位。2020年6月22日，黄石市政府公布下陆幸福新区11个社区(共计42个小区)的老旧小区改造计划，胜利社区纺机小区、胜利社区下陆中学家属楼入选第一批，胜利社区还有 3 个小区入选了第二批。如今，胜利社区原纺机小区已经基本完成改造，尤其是西康苑旧城改造区。

胜利社区的核心——原纺机小区是黄石纺织机械厂的职工家属区，属于工业遗产社区。1964 年，应“三线建设”的要求，原国家纺织工业部将上海印染机械厂第二金属加工车间整体内迁黄石，包括 72 台(套)生产设备、全部职工及其家属，在黄石组建新厂，命名为“国营黄石纺织机械厂”。1966 年 7 月 1 日，黄石纺织机械厂正式投产。作为中央直属企业，黄石纺织机械厂一直是制造印染机械的骨干企业。20 世纪 90 年代，黄石纺织机械厂在江苏昆山建立分厂，此后上海内迁的职工陆续调到昆山。进入 21 世纪，黄石纺织机械厂经营困难，几经周转，变为民营企业——“黄石经纬纺织机械厂”。曾经的黄石纺织机械厂成为一代人的“纺机记忆”。

原纺机小区的改造工程，不仅依靠党建引领与居民参与，完成路面硬化、线路调整、管道铺设等基础设施改造，而且走出了一条具有纺机文化特色的社区改造之路。一方面，由党员和居民组成社区旧改业委会，负责改造的策划、推进、监督、验收等具体工作。由社区党员首先发挥模范带头作用，调动居民、志愿者、企业等主体的力量，积极参与社区改造的建言献策，协调各方配合社区改造，建设共同的家园。在先锋党员的激励下，居民主动移除违规建筑、清扫地面垃圾、规范停车，推动了社区基建改造顺利进行。另一方面，结合社区文化特色，整个纺机小区西康苑旧城区被改造为呈现党建特色、工业记忆和上海韵味的“网红打卡地”。核心是党建公园，面积约 500 平方米，公园内摆设着姿态各异的红军雕塑，一列列整齐的剪影墙上展示了新中国“站起来”“富起来”“强起来”的伟大历程等党建知识以及胜利社区获得的荣誉与党员风采。在高大茂密的水杉树映衬下，党建公园不仅是党史教育的先进文化阵地，也成为居民茶余饭后休闲娱乐的公共空间。此外，社区内还设有较高标准的社区卫生服务中心与老年活动中心。

社区内还有一个重要景观是“沪芳园”，由手工竹子门楼和篱笆围成，院内有石板路、木制栈道、古典凉亭、休闲长椅等，是小区居民品茗、闲聊的最佳场所。一面布有黑色机械齿轮的红墙，是纺机记忆的集中体现，走过红墙，后面是露天的咖啡桌椅，搭配遮阳伞，代表了纺机人深深怀念的上海故土情，是当时上海纺织工业援助湖北的重要见证。

胜利社区曾获得“全省党建工作模范区”“湖北省和谐社区”等荣誉称号。该社区改造依靠群众，因地制宜，既保留工业特色，又突出社区文化底色，是社区参与介入工业遗产保护更新的优秀范例。

胜利社区老建筑外景

24. 沈阳铁西工人村历史文化街区

沈阳铁西工人村历史文化街区西邻辽宁省沈阳市西二环，原为“一五”时期随沈阳重工业项目计划建设的住宅区——“工人村”。铁西工人村包括 143 栋工业建筑，建筑面积 40 多万平方米，占地面积约 73 公顷。2003—2010 年，沈阳市政府对工人村地区实施改造工程，大部分原始住宅被现代住宅取代，保留了一期建设工程中的两个街坊，构成了现在的沈阳铁西工人村历史文化街区。2009 年，保留的两个街坊由《沈阳市历史文化名城保护条例》确定为“沈阳历史文化街区”，2015 年升级为“辽宁省历史文化街区”。目前，街区内保留了 32 栋 3 层的省、市级文物建筑，4 栋 20 世纪 80 年代插建的 6 层工人住宅，1 层环卫建筑和仓房等。

经过几十年的发展，铁西工人村在环境、公共基础设施以及局部布局都存在很多问题，例如公共服务设施类型单一，路网密度低，布局不合理，生活服务性设施相对缺乏等。而且因在过去服务于工业区的建设，路网密度低，内部交通联系不顺畅，内部居民居住环境质量较差，公共绿地面积小，居民使用率低。

在综合考虑上述不利因素的前提下，铁西工人村的改造路径确定为：在完成保护街区格局的基础上，逐步改善街区环境和设施，丰富街区功能，提升街区活力，使街区适应时代发展的需求。

首先，铁西工人村环境整治。第一步是对居住空间进行修复，工人村的居民楼经过了几十年，很多已经破败不堪，必须对旧建筑进行加固和修缮，修旧如旧，在保证房屋安全性的同时保证景区整体环境和风貌的协调。第二步是健全并维护公共基础设施，如对道路、绿化等进行恢复和建设，利用已经废弃的工厂、居民楼修复公共空间的绿地景观系统，建立绿地景观，增加景观节点和视觉廊道，营造良好的城市公共空间生态环境。改造后的街区内开敞空间占总用地 80%，建筑密度低，庭院空间绿化以高大乔木为主。

其次，充分挖掘铁西工人村的历史内涵。2007 年，铁西区政府为了调整产业结构和发展服务业，以铸造博物馆、工人村生活馆、铁西人物馆为依托开始进行工业旅游的尝试。沈阳工人生活馆占地面积 1.5 万平方米，由工人村生活馆和工人藏品博物馆组成，在保留原建筑风格的基础上，按照修旧如旧的文物保护原则，对工人村旧居 7 栋苏式建筑进行围合改造。工人生活馆建筑面积为 8300 平方米，馆中重现了 13 个家庭的往日情景，集中保存了 20 世纪 50—80 年代的整体记忆，其中展示了 200 多幅老照片和 5000 多件实物。工人藏品博物馆主要展示了铁西区老职工及其他收藏界人士捐赠的各种小型无人驾驶直升机、电话等物品。铁西工人村内还辟有人物馆，集中记录及宣传了劳模、先进工作者的历史事迹。

最后，铁西工人村保留了大部分建筑的居住功能，仅沿主要街道底层设有商铺，将原有的一部分居住功能转变为商业功能，如开设花店、养老院、幼儿园、宾馆、书屋等社区服务业态，从而满足历史文化街区的商业服务功能。另有工人村展示馆和育儿园等由文物建筑改造的公众建筑，满足了街区内部的公共文化空间需求。

铁西工人村历史街区是社区参与工业遗产保护更新的成功之作，在改造上满足了工人村老年人的情感需求，尤其是工人村生活馆的建设更是凝聚了老一辈建设者的劳动记忆。搬迁后的工人新村三社区还组织了“工人村文学社”，将发生在工人村的历史故事进行整理，丰富了工人村的历史文化内涵。同时，工人村对外交通便利，街区东侧邻近卫工街，处于由铸造博物馆、化工厂、劳工公园、卫工明渠等组成的旅游线路上，发展工业旅游的潜力巨大。

但是也需要注意到，目前工人村历史文化街区在吸引旅游、发展工业旅游上还存在一些不足。除了历史文化内涵的挖掘有待提升之外，还要加大对外宣传力度。作为一个旅游目的地，沈阳铁西工人村历史文化街区的游客量不足，接待的团队游客数量更是少之又少。沈阳市旅游业因“一宫两陵”申遗成功、世界园艺博览会、国际冰雪节、啤酒节等活动的举办而得到了快速发展。但沈阳的工业旅游在国内外的知名度仍比较低。我们调研发现，随着以双雪涛为代表的“铁西三剑客青年作家”在国内外的声名鹊起，铁西工人村完全有能力走出国门，成为不逊色于德国鲁尔区的“网红国际社区”，今后可以文艺作品扩大整个区域的知名度，并与沈阳其他工业遗产旅游地相连接，打造高品质工业旅游线路。

25. 长春第一汽车制造厂历史文化街区

长春第一汽车制造厂历史文化街区位于吉林省长春市汽车产业开发区，保护范围北起创业大街一汽宾馆用地北侧，南到长沈铁路，西起一汽厂区 9 号路，东至宽平大路，总用地面积约 176.2 公顷。核心保护范围面积约为 140.3 公顷，建设控制地带面积约为 35.9 公顷。该街区街巷格局和整体风貌保存完好，现有东风大街、昆仑一路等 11 条历史街巷，包括一汽厂区、文光社区、迎春社区、昆仑社区四个社区。街区内建筑包括全国重点文物保护单位——长春第一汽车制造厂早期建筑，共有厂房、住宅建筑 140 余座，规模巨大。2015 年 4 月 3 日，第一汽车制造厂历史文化街区入选第一批中国历史文化街区名单。

长春第一汽车制造厂历史文化街区具有独特的价值和特色，是新中国最大的工业区及配套居住区之一，也是规模最大的该类型历史文化街区之一，其规划策略在我国现代城市规划史中占有特殊位置。街区按照“一侧生产，一侧生活”原则布局，厂区位于西南方向，生活区位于东北方向，东风大街横穿厂区和生活区，两区既相互联系，又相互独立。此外，厂区、生活区都有大面积的绿地，工业区和生活区之间有绿化带进行分隔，道路两旁有绿化带，庭院之间有独自的绿地，还有公共的公园绿地，给人以花园城市之感。

第一汽车制造厂历史文化内涵丰富：是中国汽车工业发展的重要历史见证；是功能环境延续性良好的工业遗产聚集地；它的建立是新中国在努力实现工业化进程中的标志性历史事件；是新中国重大经济建设成就与社会主义时代精神风貌的集中体现。因此，其街区是具有鲜明中国特色的“单位大院”居住空间建设的典范。不仅如此，毛泽东主席挥毫题写的“第一汽车制造厂奠基纪念”奠基石矗立在1号门门前，承载了一汽峥嵘的光辉岁月，是我国重工业崛起的标志。

在改造前，街区内的建筑风貌已被破坏，居民建筑私搭乱建现象严重，严重影响街区的整体美观，部分临街建筑违章搭建，遮挡了建筑原有形态，破坏了历史风貌的整体韵味。街区内的基础设施老化陈旧，交通设施老化，地面铺装破损，景观设施未得到及时更新或翻修，不能满足居民的日常生活需求，街区活力逐渐丧失。作为一个历史文化街区，第一汽车制造厂内缺乏特色的交通导视系统，导致游客的体验感降低。

在《第一汽车制造厂历史文化街区保护规划》文件的指导下，相关部门开始对长春第一汽车制造厂历史文化街区进行保护更新。首先，对建筑外立面进行统一规划，拆除或复原改建扩建的建筑，修缮破损的房屋。其次，对街区环境进行优化，着重改善现有沿街绿地的整体质量，建设小型街头绿地，将户外空间打造成“城市客厅”，满足居民交流交往的需求。再次，将步行道铺装样式统一，行人通行便利安全。根据居民使用所需，结合街区内环境布置便民座椅，增设凉亭，统一配建，完善遮阳避雨等设施。最后，按照历史文化街区的特点，建设具有特色的交通导视系统。

在保护的基础上，总体更新方案以深度挖掘汽车工业历史文化内涵为主。一方面，在街区的改造中彰显汽车工业元素，展现工业文化内涵；另一方面，根据空间节点，合理分布了红旗博物馆、一汽展览馆、红旗荣誉中心等与汽车工业发展历史相关的旅游目的地，并规划建设“1958民俗大院”“活态博物馆大院”“汽车雕塑大院”，形成汽车文化文创服务体系和商业服务体系。例如长春第一汽车制造厂将长达9米的生产线进行公开展示，吸引了大量游人参观。建成的“红旗博物馆”是历史街区的核心项目，总投资3000万元，占地面积1万平方米，共涵盖三个展示区。红旗博物馆集实物展示、史料保护、会展经营为一体，既具有博物馆保护与展示的公益性，最大限度保护了工业遗产资料，使其得到集中展示宣传，同时也开发了场地的会展价值，物尽其用。博物馆第一层为各类实物车型展示，第二层为各类资料展示区，第三层则为二手车拍卖中心。

长春市第一汽车制造厂社区的保护更新具有自身的特点。第一汽车制造厂一直处在正常生产经营中，随着经济发展与产业结构调整、工艺技术的更新，从"一五"初建至今的工业建筑与工艺手段等确实已经退出历史舞台并成为工业遗产，在针对部分工业遗产的保护和开发利用方面，第一汽车制造厂取得了较为显著的经验，值得其他工业城市学习借鉴。

我们调研也发现，目前长春第一汽车制造厂历史文化街区确实也存在一些问题，最大的问题就是活力有限，无论是街区的保护修缮工作还是更新利用都比较迟缓，大量历史价值高的旅游资源亟待开发。街区内年轻职工和居民流失严重，现在居住的大多为老年人，如何通过优化人居环境，提升居民的物质生活条件和基础设施，才是实现历史文化街区可持续发展的重中之重。

26. 宜昌葛洲坝社区

宜昌葛洲坝社区位于湖北省宜昌市西陵区，曾经是中国葛洲坝集团宜昌总部所在地。2011 年 9 月 29 日，由经国务院批准，由中国葛洲坝集团公司、中国电力工程顾问集团公司(电力规划设计总院)和中国南方电网有限责任公司所属 15 个省(市、区)的电力勘察设计、施工和修造企业组成，并由国务院国有资产监督管理委员会直接管理的特大型能源建设集团——中国能源建设集团。葛洲坝社区成为中国能源建设集团中国葛洲坝公司的后方基地，在重组之初，中国能源建设集团专门设立了"宜昌基地管理局"负责葛洲坝社区居民生活安置事宜。

葛洲坝社区目前在行政上隶属于湖北省宜昌市西陵区，地处西陵区西北部，整个区域面积 9.6 平方千米，以葛洲坝船闸为中心。葛洲坝社区始建于 1970 年。1980 年 9 月，葛洲坝街道成立，初为葛洲坝工程局二级单位。1987 年 11 月，葛洲坝街道划归西陵区，2019 年，中国能源建设集团中国葛洲坝公司将葛洲坝社区的所有物业事宜移交至宜昌市西陵区，目前由葛洲坝街道、小溪塔街道、西坝街道、夜明珠街道等共同管辖。

从历史上看，葛洲坝社区因修筑“万里长江第一坝”——葛洲坝水利枢纽而形成，葛洲坝水利枢纽为该社区的重要组成部分。在兴建葛洲坝水利枢纽之前，该地为荒滩与农田。1970 年 12 月中旬，周恩来总理主持中共中央政治局会议，讨论了葛洲坝水利枢纽工程的有关问题。随后，毛泽东主席作出批示“赞成兴建此坝”。12 月 30 日，8 万军民举行葛洲坝水利枢纽工程开工大典，成立“330 水利工程局”(中国葛洲坝集团的前身)。经过四十余年的经营，葛洲坝社区目前成为宜昌市主城区中最重要的社区之一，可以说，此社区因葛洲坝水利工程而生、而发展。

葛洲坝社区之前长期以来是中国葛洲坝集团总部的驻地所在，葛洲坝集团下属的多个分公司(330 水利工程局之前下属的汽车分局、浇筑分局等)也在该社区内，此外还包括葛洲坝集团职工医院以及前社区内的法院、检察院、公安局、消防队、子弟小学、图书馆、礼堂(现已改建为中心广场)、少年宫、公园与广场等。该社区内除了国家工业遗产——葛洲坝水利枢纽，还包括兴建于 20 世纪 70 年代的 330 水利工程局工人宿舍、多个水利主题的文化广场、毗邻葛洲坝水利枢纽的葛洲坝公园、为兴建葛洲坝而修建的三江桥以及近年来新修并与宜昌市区沿江栈道连通的葛洲坝观江栈道及绿化带等。

葛洲坝社区是新中国水利工作者践行“红旗渠精神”的写照，是水利工作者们四海为家、就地安家的生活缩影，中国葛洲坝集团是三峡工程建设的主力军，闻名中外的三峡水利枢纽就在葛洲坝社区 20 千米之外的三斗坪。可以说，葛洲坝社区是我国重要的水利水电工人社区，具有重要的历史意义与研究价值。

葛洲坝社区之前长期以来由中国葛洲坝集团负责规划、管理与运营，集团自设园林公司，承担社区内部的绿化工作，同时葛洲坝集团下设的文旅公司也承担了社区的文旅策划工作(如葛洲坝旅游、葛洲坝环城马拉松跑步以及长江观光游轮等)。目前社区内绝大多数为葛洲坝集团退休职工以及宜昌有关二级部门的工作人员。作为一个大型企业社区，葛洲坝社区不但保留了大量重要的工业建筑，而且还增设了文化墙、文化广场等相关公共文化设施与“共享驿站”等新型社区服务空间。此外，还按照先前企业传统，在每年春节前后举办盛大的沿江灯会，是宜昌市文化旅游的一道盛景。此外，目前葛洲坝社区当中的“浇筑二分局”地块已经规划完毕。该地块位于黄柏河的一块半岛上，目前拟利用部分老工业建筑改造为一个文旅新城。

从历史发展的轨迹看，葛洲坝社区是我国重要的工业遗产社区，也是我国最大的水利水电企业社区，它是我国工业遗产社区的关键样本，体现了“企业办社会”的核心特征。一方面，作为一个大型施工企业，葛洲坝集团有能力在硬件上提升社区的绿化、硬化与建设水平；另一方面，作为一个现代企业，葛洲坝集团利用自设的文旅公司，也对社区内工业旅游等项目开展了一些有意义的尝试。

但需要指出的是，目前葛洲坝社区人口老龄化严重，人口结构严重不合理，导致产业升级缓慢，部分高质量的第三产业业态难以进驻，束缚了当地的产业结构转型，一些文旅项目难以得到有效落实，延缓了当地文旅产业发展的速度，造成了工业旅游资源的浪费。另外，当地与宜昌市其他优秀工业旅游资源（如809小镇）未形成工业旅游廊道效应，总体互动性较差，缺乏较强的游客吸附能力，这是今后尤其要注重提升的一个方面。

宜昌葛洲坝公园大门外景

第二章

城市更新

27. 杨树浦发电厂遗迹公园

（杨树浦发电厂旧址）

上海杨树浦发电厂位于上海市杨浦区杨树浦路 2800 号，用地面积约为 14 公顷，地段位于上海中环内。该电厂东侧紧邻国际时尚中心（原上海第十七棉纺厂，截至 2021 年已完成更新），西侧相邻的“121 街坊”待开发地块内有保留的杨树浦煤气厂旧址。杨树浦发电厂及周边区域，是杨浦滨江工业遗存集中分布的重点区域之一，也是杨浦滨江发展的重点地区。

杨树浦发电厂曾是我国近代最大的外商电业垄断企业，前身是建于 1882 年的英商上海电光公司，是中国第一家电气公司。中华人民共和国成立后，该厂于 1950 年收归国有，成为中央直属企业。1990 年成为上海最大的供热电厂。1998 年上海电力行业进行体制改革，资产重组之后的杨树浦发电厂归为上海电力股份有限公司管辖；2002 年，杨树浦发电厂跟随上海电力股份有限公司一并归属到中国电力投资集团公司管理；2010 年，为响应市政府节能减排的要求，杨树浦发电厂正式停产。2016 年，杨树浦发电厂被划入上海市风貌保护街坊内，包括小白楼、铁皮车间、循泵房等文物保护单位在内的历史工业建筑被整体保留并进行保护，180 米的锅炉烟囱、新机组等具有地域环境特征的标志性建筑和构筑物得以保留，形成滨江景观中独具特色的风貌，体现了上海百年市政变迁史。2019 年杨树浦发电厂遗迹公园落成开放。杨树浦发电厂遗迹公园位于原杨树浦发电厂旧址的滨水区域。该区域留存了大量超常规尺度的巨型工业设施设备和工业建筑。

杨树浦发电厂遗迹公园的改造主要包括公共系统的组织、生态系统的营造、智控系统的嵌入、公共艺术叠加等。从公共系统的组织来看，电厂的拆除工作结束后，场地上清晰地呈现出了百年时间作用下的场地脉络与肌理，之后所有的系统叠加与空间转换都在充分尊重原有脉络和肌理的原则下进行。

从生态系统的营造来看，杨树浦发电厂遗址公园的生态系统营造是一个将厂区进行生态化改造的过程。原有工业建筑和设备被部分拆除后，其基础暗示着过去繁忙的工业生产，成为电厂遗迹公园绿化景观构成中的重要元素。其中，原燃料车间的一组建筑地上部分被拆除后，设计依照原建筑轮廓将场地下挖，使埋在地下的基础与其一层的部分墙基、柱体连成整体，同时下挖处理为实现海绵城市的生态理念提供了可能。在地面植物配置方面，杨树浦发电厂遗址公园区别于常规的公园设计。依据踏勘时厂区内自由生长的蒿草和灌木，电厂再生的相关植物配置也致力于再现这种工业景观特有的风貌。秉承低维护、低冲击的在地性原则，具有野趣特质的植物与电厂原有的工业底色相互映衬，呈现别具工业特质的景观色彩。此外，保留原本的地貌状态，形成可以汇集雨水的低洼湿地。植物配植以原生草本植物和耐水乔木池杉为主，同时配以轻介入的钢结构景观构筑物。

从智控系统的嵌入来看，遗址设计还尝试将机械设施设备与智能化城市景观设施相结合。保留的机械设施中有 4 组抽水水泵，其巨大的体量在场地中构成了空间中重要的索引要素，同时也成为智能系统设施的重要载体，整合了广场照明和智能监控系统。在日常照明之外，电厂遗迹公园还设计了一组演绎性景观，在特定的时间或节假日带给江岸别样的氛围和色彩。

从公共艺术的叠加来看，2019 年“上海城市空间艺术季”在杨浦滨江公共空间南段 5.5 千米的滨水岸线上举办。杨树浦发电厂遗迹公园作为其室外展场之一，同期面向公众开放。空间艺术季邀请了 20 位国际知名艺术家在 5.5 千米的滨水岸线上创作了 20 个永久的公共艺术品，最终有 4 组艺术品在电厂遗迹公园落成。这些公共艺术品都有很强的在地性。公共艺术的叠加赋能在很大程度上强化了空间的互动性，将滨水空间整体转化为一个对话交流的平台，促使工业遗存进入公众思考探讨的范畴，以艺术的方式将历史记忆重新引入当下的语境与生活。

此外在对杨树浦发电厂项目进行前期策划的过程中，设计师还突破了项目的局限，将杨树浦发电厂及周边区域(杨树浦发电厂、国际时尚中心、杨树浦煤气厂以及相邻的开发地块)作为一个整体考虑，将该片区保留的工业遗产和城市开发相结合，致力于把杨树浦电厂及周边区域打造成为黄浦江滨江一处重要的公共活动节点。

整体上看，杨树浦发电厂遗迹公园的空间改造实践都围绕着新与旧的关系处理而展开，采用“内外新旧套叠”和“遗迹元素功能重置”等方式，使两者之间既清晰可辨，又相互关联。一方面通过新旧元素的空间套叠，使遗迹既保留历史感和价值感，又与新时代元素相融，焕发生机；另一方面通过遗迹元素的功能重置，完成了从废弃厂区到城市工业文化地景的转变。

杨树浦发电厂作为热、电联供和送变电兼备的企业，曾经为上海的电力与热力输送做出了重要贡献，并为全国电力行业输送了大量的人才，被誉为“中国电力摇篮”，是上海工业时代的象征。如今经过保护更新，历经几年的时间，杨树浦发电厂从污染严重、不对外开放的电力中枢转变为生态共享、艺术共赏的开放滨水公共岸线，无疑是城市更新介入工业遗产再利用的示范项目。

28. 原子城纪念馆
（原“221 厂”）

原子城纪念馆位于青海省海北州海晏县西海镇，属于原“221 厂”，总占地面积 12.2 公顷，是全国唯一全面、系统介绍我国原子能科学事业和核工业创建与发展历程、原子城特殊历史与辉煌成就的大型综合性专题纪念馆，也是集宣传教育、开发研究、收藏展示、旅游观光为一体的综合性红色旅游景区，还是我国重要的红色国防工业遗产。

1987 年，为了适应国际环境的变化，表明中国政府全面禁止核武器、维护世界和平的意愿，有关部门作出撤销“221 厂”的决定。1993 年，基地退役后移交地方政府，并经国务院和青海省人民政府批准，自治州首府由门源县浩门镇迁到原“211 厂”，并命名州府新址为西海镇。昔日的原子城成为自治州政治、经济、文化中心。2001 年，青海原子城被国务院列为全国重点文物保护单位，2005 年 11 月被确定为全国爱国主义教育示范基地，2009 年 5 月 26 日免费对外开放。

原子城纪念馆占地 9615 平方米，为乳白色半掩体结构。纪念馆前的“青海原子城国家级爱国主义教育示范基地”由张爱萍将军题写。纪念馆由纪念园的纪念广场、“596”之路、纪念墙、和平纪念广场、“中国第一个核武器研制基地”纪念碑等景观和建筑面积为 9615 平方米的集详细文字介绍、真实文物展示、形象互动装置、真实情景模拟、基地遗址复原等为一体的展馆组成，展出的内容包括文字介绍、真实文物展示、形象互动装置、真实情景模拟、基地遗址复原等。展馆全面地展示了我国第一颗原子弹和氢弹成功研制的伟大历程，内容涉及 1958 年以后我国所进行的 16 次核试验。其中的陈列包括“东风二甲”导弹、我国第一颗机载原子弹和第一颗机载氢弹在内的 200 件实物、模型、仪器设备以及一批珍贵的文献资料。

立足本馆自身资源优势和其中蕴含的精神宝藏，原子城纪念馆升级改造后为公众呈现的是“前厅”“东方巨响”“巍巍丰碑”“历史抉择”“激情岁月”“勇攀高峰”“伟大成就”“筑梦复兴”8个展厅。依托我国核武器研制事业的决策、建设、实验与生产的历史实践，这些展厅集中而又全面地反映了中华人民共和国成立初期，在极为严峻的国际环境和极为困难的国内条件下，科技工作者为维护国家安全舍家卫国、忘我拼搏、团结协作、自主创新的奋斗奉献精神和艰苦创业、铸造“两弹一星”精神的卓越过程。

此外，原子城纪念馆还将文化遗产保护与数字化结合起来，将馆内一条普通的过道改造成一条以互动媒体为主导的曲折的探索之路，展示中国原子弹研发过程中的关键过程节点和核能知识，反映中国老一辈科学家艰辛的探索历程和宝贵的精神财富。最具代表性的是原子城纪念馆互动走廊的互动大屏，屏幕把历史画面演播、互动科普阐释、互动叙事引导结合在一起，讲述“三结合科学攻关”“九次运算”“高塔爆炸与飞机投掷的争论”三个里程碑故事，最后观众可以模拟将中国第一颗原子弹送上百米高塔，再现其爆炸的震撼场面。这样将互动、演播、叙事引导巧妙地结合在一起，在小空间中呈现丰富的传播效果，也极大地提高了游客的体验感和科技的参与感。

作为工业遗产转型升级的典范，青海原子城与其他工业遗产相比有着自己的独特优势。作为中国第一个核武器研制基地，世界第一个对外开放的退役核武器基地，最具感召力的爱国主义教育基地和国防教育基地，青海原子城积极开发利用丰富的自身历史文化资源，实现了从废旧工厂矿区到新兴科技纪念地的转型升级，为青海省的红色旅游增添深刻的内涵，对进行爱国主义教育和弘扬“两弹一星”精神也有重要的现实意义和深远的历史意义。

青海原子城作为海西州政府驻地，体现了城市更新与城市建设相统一的构想，呈现了海西州“以国防工业而兴”的特殊使命，也是新中国许多工业城市“平地高楼、从无到有”的真实写照，是社区参与工业遗产保护更新的典型。但毋庸讳言，我们调研也发现青海城原子城纪念馆的改造仍然存在一些不足。首先，旅游项目相对单一，数千平方米的展馆全靠步行，只能看到多媒体视频、图片、建筑和模型，乐趣感略微欠缺。其中一个很大因素在于原子城本身庄严肃穆的主题不太适合开发过于娱乐化的互动项目，从而造成旅游产品较为单一的局面，但这并非无计可施，如完全可以依托沉浸式体验、虚拟现实等技术弥补。其次是旅游受众问题。原子城的展品多为“两弹一星”相关模型和图片等资料，多为专业知识，部分游客无法理解一些展示的内容，只能参观人像照片和建筑，缺少专门的解说和浅显易懂的实时引导。基于此，作为具有鲜明红色印迹和科技价值的原子城纪念馆仍需进一步挖掘自身IP内涵，延长文化旅游产业链，不断为自身转型发展注入新的活力，使之成为我国西北地区的工业旅游重镇。

29. 大庆油田

黑龙江省大庆市是一个中外闻名的油田城市，可谓因油田而生、而兴，因油而闻名遐迩。大庆油田自开发建设60多年来，形成了一批见证油田及大庆市发展历程、蕴含丰厚石油精神积淀的标志性工业遗址。大庆市在打造旅游产业时，重点将这些工业遗址作为创业和创新的符号来挖掘和塑造，经过一系列的挖掘整理、立碑保护和深度开发，重点打造了一大批既有市场价值，也有社会价值的工业旅游产品，形成了以石油石化、现代工业、高新技术产业为代表的、独特的工业旅游资源。

大庆油田面积广阔，在市区内就有9个采油厂，其中第一采油厂油水井总数达到10600口，占地面积161.25平方千米。长期的开采导致城区内出现了严重的环境污染，影响了居民的生活环境。20世纪80年代，第一采油厂首先提出了建设“水上花园”的理念。通过对转油站、注水站、污水处理站的关停并转，并改造流程、管道，采用先进的污水处理技术等一系列措施，自然环境得到了极大改善。21世纪初，大庆市政府又提出了“五湖治理”方案，迈出了城市建设与自然环境和谐发展的步伐。

大庆油田在建设初期条件艰苦，为了方便生产，采油指挥部和住宅区建设在一起，居民出楼就见抽油机。而采油指挥部一般设在所辖井、站的中心位置。以各级指挥部为中心，形成了生产矿区与住宅区交融的居民区，各居民区又相距甚远。随着生产矿区扩大，各种服务行业和人口激增，大庆油田与大庆市政府开始对城市布局重新调整，完善了城市道路交通系统，为住宅区与生产矿区的分开提供了交通保障。

20世纪90年代初，大庆市按“弱化中区、发展两端”规划城市空间。从东至西用双向八车道的世纪大道贯穿起来，辅以“三横四纵”的交通干线，使整个城市成为一个有机的整体。在市政府的中长期规划中，还将在市政中心建设会议和展览场馆、文体活动场馆等设施，逐步实现由资源型城市向多元化综合型城市的转化。

进入21世纪，工业遗产保护更新纳入城市建设议题，一些城市开始认识到工业遗产推动城市更新的功能。2007年，大庆市政府将“中四队”“五把铁锹”诞生地——创业庄、中区电话站、石油会战万人广场等18处工业遗产定为首批市级文物保护单位。2009年，大庆市政府又将“铁人回收队”、林4井、原气象站旧址、“三道岗子”遗址等57处工业遗产、文物遗址选入第二批工业遗产名录。2010年，大庆油田获原国土资源部批准，列全国33家矿山公园建设资格之首。公园地处松辽盆地北部腹地，地貌属于平原区，总面积249平方千米。2017年12月2日，大庆油田工业建筑群入选“第二批中国20世纪建筑遗产”。

与此同时，大庆油田也在不断依据工业遗产和工业文化，开展工业旅游建设。目前，大庆油田形成的工业旅游以游览工业城市、油田开采场景和场馆建设为主。大庆市建设了包括铁人纪念馆、大庆油田历史陈列馆、大庆油田科技馆、松基三井、“铁人”一口井等在内的记载大庆油田发展史的几十个文博场馆，让中外参观者得以了解大庆精神、“铁人”精神的由来及大庆油田为祖国经济发展作出的贡献。特别是大庆铁人纪念馆网上纪念馆的建设，其开发的智能虚拟参观、纪念馆直播间、VR体验馆、石油元素文创产品线上推广等项目受到了众多参观者好评。藏书40多万册的大庆油田图书馆打造的文化大讲堂、花蕾成长课堂、科学创意课堂等读书活动已成为当地知名品牌。文艺创作方面，电视剧《铁人》、舞台剧《地质师》、纪实文学《铁人传》、小说《月亮上的篝火》等作品获得众多省部级大奖。

在空间布局中，大庆市打造了红色工业旅游板块，将大庆石油会战誓师大会遗址、松基三井、东油库、西水源等多处石油工业遗址确定为大庆市工业遗产市级文物保护单位，整合纪念馆、创业遗址、工作现场、矿区新貌等，包装体验式、定制式旅游产品。大庆市还打造了大庆市石油旅游产品体系：以铁人第一口井采出的“一滴油”文创镇纸、“磕头机”（即抽油机）模型、油陶等为代表的石油纪念品；以工业版画、芦苇画、工业油画、工业剪纸为代表的工业创作题材艺术品；以我国首部工业题材舞蹈诗剧《大荒的太阳》和《石油欢乐秀》等为代表的大型演出；以会战1959、会战粗粮馆、油城第一锅等为代表的餐饮、美食；以“大庆老奶粉”等为代表的本地土特产品开始网上销售。这为今后开展工业旅游奠定了重要的基础。

此外，大庆油田通过文化向市场要效益，也取得了不小的成绩。如集内容生产、运营推广、软件开发、音视频制作、移动直播等业务为一体的大庆油田报捷公司，全方位与市场接轨，成为大庆油田文化产业建设标杆单位。当地精心打造并推出的大庆油田版画、大庆油陶、大庆芦苇画等文化产品已成为全国知名品牌。大庆油田同时在文旅融合方面做文章，通过开辟红色文化旅游线路、打造工业游、开发旅游纪念品、培养文旅人才等举措，在弘扬大庆精神、“铁人”精神独特魅力的同时，为大庆油田的多元化发展拓展空间。

工业遗产旅游不但提高了大庆的知名度，而且加快了大庆旅游产业的发展，使其成为撬动市场发展的金钥匙，从而助推大庆的经济结构合理转型，使工业油城大庆不仅实现品牌竞争，提升综合收益，成为促进大庆工业转型升级、培育新增长动力的重要力量，更是成为大庆人民美好生活新期待。

大庆油田的保护更新转型，实现了大庆从“油经济”向“游经济”的迭变，有力地促进了大庆市的城市更新。尽管如此，大庆市的工业旅游仍存在吸引力不够强、游客参与度不够、趣味性不强的问题。我们在百度、谷歌、“小红书”与“马蜂窝”等搜索引擎或生活方式平台上以“大庆”为关键词检索，发现在旅游领域其呈现度极低，甚至不如省内其他县域级城市，因此，大庆市还需要不断推进全域、全季、全产业链旅游，以东北工业旅游振兴为契机，提升旅游质量，推动城市转型，实现主客共享，使文化和旅游相互赋能，从而进一步提升大庆文旅产品的吸引力、辐射力、竞争力和影响力。

30. 黄石国家矿山公园
（大冶铁矿）

黄石国家矿山公园位于湖北省黄石市下陆区，是在大冶铁矿矿山基础上改造而成的国家矿山公园。大冶铁矿开采历史悠久，自公元226年开始开采，至今已有近1800年的开采历史。在20世纪末，随着自然资源的逐步枯竭，大冶铁矿矿区面临着经济结构转型和生态环境建设的双重压力，唯有寻求可持续发展的“突围”之路。2004 年底，黄石借助于铜绿山古铜矿遗址和挖掘大冶铁矿历史文化内涵，申报“黄石国家矿山公园”。2005 年，大冶铁矿成功跻身于国家第一批立项的矿山公园之列。2007 年 4 月 22 日，黄石国家矿山公园开园迎客，成为中国首家国家矿山公园。学界公认，黄石国家矿山公园走出了一条工业游与生态游双轮驱动的生态转型之路，是我国矿冶遗产保护更新的典范。

黄石国家矿山公园占地 23.2 平方千米，分设大冶铁矿主园区和铜绿山古矿遗址区，有张之洞广场、日出东方广场、全国首座铁矿博物馆——大冶铁矿博物馆、石海大绿洲、矿山博物馆、矿业博览园与矿冶大峡谷等景观。

黄石国家矿山公园转型之路的第一步是对矿山进行生态修复。生态修复激活了矿冶遗产资源的旅游功能，使棕地成为个性独特的旅游要素。长期的采矿冶炼，造成了千疮百孔的生态创伤，粗放的经济发展模式让黄石积累了太多的生态“欠账”：占地面积达 400 万平方米的废石场、400 多个开山塘口、150 多座尾矿库等。尤其是“矿冶大峡谷”，形如一只硕大的倒葫芦，它东西长 2200 米，南北宽 550 米，最大落差 444 米，坑口面积达 108 万平方米，相当于 150 个标准足球场，被誉为“亚洲第一天坑”。黄石国家矿山公园通过棕地治理，在挖掘矿坑堆成的岩石山上种植生态复垦林，形成了面积达 366 万平方米的刺槐林，实现了对黄石国家矿山公园的生态修复，同时还成为黄石国家矿山公园新的景观。2012 年起，黄石国家矿山公园每年都依赖刺槐林举办槐花旅游节。

其次，黄石通过深度挖掘矿冶文化，推进矿冶文化与旅游融合。铜绿山古铜矿遗址历史悠久，是目前国内规模最大、生产时间最长的一处古矿遗址。早在 1984 年，黄石市就在铜绿山古铜矿遗址的基础上，通过挖掘其历史文化，建立铜绿山古铜矿遗址博物馆。此外，大冶铁矿的发展历史波澜壮阔，历经洋务运动、抗日战争、新中国建设，蕴含着丰富的历史内涵。例如，景区内有“侵华日军碉堡残骸”“侵华日军炸药库遗址”两处红色文物保护景点，见证了日本军国主义对我国矿产资源的疯狂掠夺。此外，大冶铁矿还是毛泽东主席一生中唯一一次视察的铁矿山，依据该历史以“观壮景、怀伟人”为设计核心修建了“日出东方”广场和毛主席视察大冶矿手托矿石的巨型石雕像。

最后，黄石国家矿山公园开发矿山旅游资源，利用矿区特有的设备打造了各色景观场所。在物质形态方面，广场入口用大冶铁矿特有的中薄层大理岩形成的“千层饼”地质奇观建成了公园开放式的大门；将火车头放置在广场边缘的铁轨上，添加了公园的历史厚重感。园区还建造了矿业博览园，将矿山不同时期引进的代表当时先进生产工艺水平的勘、采、运、选等报废设备加以保护和展示，配合多处铁艺雕塑艺术品，形成了开展矿冶历史文化教育活动的新景观。此外，黄石国家矿山公园还建有以“吸引游客参与互动”为宗旨的“井下探幽”项目，游客能够通过 712 级台阶的斜坡道直达地层深处，可以零距离观看、参与现代化井下采矿过程。在非物质形态上，景区特别注重气氛的烘托和意境的营造，每一个景点因地制宜地确定了对应的主题，如“天坑飞索”“石海绿洲”等，既深化了主题，又能够让游客在游览过程中产生联想和共鸣。

黄石国家矿山公园的成功并非偶然，其转型非常注重矿冶文化这一主题，利用大冶铁矿矿山和铜绿山古铜矿遗址作为载体，逐渐使黄石国家矿山公园产业化，如举办“黄石市首届矿业文化周暨矿业文化论坛”等文化展示研究活动，结合矿山文化历史特点，制造了如岩石或紫铜浮雕、水晶制品、纪念邮册等文创产品，还根据季节特色开展“矿业文化寻根之旅”“武钢人游矿山”等主题旅游。此外，黄石国家矿山公园还积极申报成功了国家 4A 级景区，有效提升了黄石国家矿山公园的影响力。

工业遗产旅游开发促进了黄石的经济结构调整升级，黄石国家矿山公园的建设与城市转型结合在一起，黄石城市服务功能的不断完善和产业结构不断优化与黄石国家矿山公园转型同步发展。2009 年 3 月，黄石被国家列入第二批 32 个资源枯竭城市转型试点名单。2013 年 9 月，黄石确立了“生态立市、产业强市”战略，开始以“壮士断腕”的勇气推进城市结构转型。在黄石市委市政府的大力扶持下，以黄石国家矿山公园为代表的工业旅游模式将引领全域旅游行业，力争将黄石市打造成“最美工业城市”，促进城市产业结构调整优化，布局推进城市绿色转型发展。我们根据当地土壤污染情况取样对比，结果显示，当地土壤重金属沉积在之前过去的六年中有着本质的改变，已经基本符合国家规定标准。

与此同时，我们调研也发现，黄石国家矿山公园仍然存在一些不足。首先是旅游项目设施仍非常简陋，以“井下探幽”为例，数百米深的狭窄坑道全靠步行，体验感并不好，其中一个很重要的原因是并没有有影响力且专业的文旅公司介入黄石国家矿山公园文旅开发工作，从而造成旅游产品较为单一的局面，如日寇从事侵略活动的旧址基本处于荒弃局面，导致爱国主义教育资源的闲置与浪费。其次是矿山公园互动性较低，一是与黄石主城区有一定距离，二是园区内缺乏互动性强的设施，主要以观光为主，多为“一次性游览”，对武汉城市圈之外的游客吸引力不强。因此，作为矿冶城市的黄石仍需进一步挖掘城市文化内涵，从城市的历史中发掘旅游资源，形成与华新旧址、铜绿山遗址的工业旅游集群，延长黄石旅游的产业链，不断为大冶铁矿生态修复和可持续发展注入新的活力，从而实现黄石国家矿山公园的增值赋能。

俯瞰黄石大冶铁矿矿坑

31. 嘉阳国家矿山公园
（中福煤矿和嘉阳煤矿旧址）

嘉阳国家矿山公园位于四川省乐山市犍为县芭沟镇，前身是中福煤矿和嘉阳煤矿旧址，于 2010 年 5 月被授予国家矿山公园资格，是全国知名的重要矿业遗产。在岁月的流逝中，嘉阳煤矿沉积了丰厚的工业遗迹和人文历史。在完成了它的历史使命后，嘉阳煤矿实现了华丽转身，成为一个集工业遗产保护、工业文化旅游、知识传播、观光体验和生态环境恢复等功能为一体的国家矿山公园。

嘉阳国家矿山公园西起岷江边的石溪镇，东至芭蕉沟的黄村井，核心景观有抗战时期中英合资煤矿遗迹、芭蕉沟中外特色建筑群、嘉阳蒸汽小火车以及全国唯一的黄村井井下博物馆等。这里不仅是研究中国煤矿地质科学、煤矿工业技术的重要场所，也是开展爱国主义教育生动的实践基地。

嘉阳国家矿山公园以嘉阳小火车为主线，将沿线的自然景观和工业资源整合，游客可以乘坐嘉阳小火车观赏全线自然风光。嘉阳小火车本是早期客运列车，于1958年由石家庄市蒸汽机车车辆厂（即今日中车石家庄车辆有限公司）所生产，于次年7月12日落户四川省犍为县芭蕉沟，因权属嘉阳集团而得名。嘉阳小火车采用第一次工业革命的技术，至今保留着传统的燃煤式炉瞳门、人工手铲加煤、锅炉蒸汽传动、古典式汽笛、窄小的轮轴和铁轨，采用特殊的詹天佑“人”字形机车掉头方式，信号传递和搬道器也一直沿用传统的手动方式。轨距仅76厘米，是普通列车轨距的一半左右，被称为“寸轨”。嘉阳小火车曾一度险被停运，后因确实对山区群众出行有现实意义且有一定历史价值，从而得以被保存至今，成为一个独具特色的文化旅游产品。

芭蕉沟工业古镇浓缩了嘉阳煤矿80多年的发展历程，英式风格的生活住宅、苏式民居建筑群落，与川西南的小青瓦建筑包容并存。嘉阳矿山博物馆坐落在芭蕉沟工业古镇，由20世纪50年代嘉阳煤矿办公楼改建而成。博物馆采用文字、模型、实物、视频及多媒体等多种形式展示，既展示了嘉阳悠久独特的煤矿开采和矿工文化，融科普教育与娱乐性为一体，又宣传普及地质科学知识，直观地展现了百年嘉阳的历史人文风貌。其丰富的馆藏内容、多种展示方式以及创意互动项目将成为游客了解嘉阳的又一渠道。

当地政府在黄村井开放了下矿井体验活动，利用井巷工程中的立井、斜井、中央风井等相关附属巷道，还原采矿原貌，并通过屏幕放映、宣传单发放等方式多方位立体展示煤炭地质结构，提高黑暗逼仄矿井的观赏性，又不失时机向游玩者科普。游客可以到达46米地层深处参观煤炭形成历史和开采流程，了解矿工作业方式，乘坐“猴儿车”穿越亿年时光、人工挖煤体验矿工艰辛。同时，井下还与时俱进运用电子显示屏、模拟演示等现代科技手段，修建井下矿难模拟室，向来访者展示瓦斯、水、火、煤尘、顶板等因素造成的自然灾害事故的过程及严重后果，使之掌握事故的防控和自我保护措施，并切身感受煤矿工人工作的艰辛。

嘉阳国家矿山公园建成后，每年游客络绎不绝。嘉阳小火车作为全世界唯一还在正常运行的客运窄轨蒸汽小火车，吸引了不少国家的蒸汽机爱好者前来观光。嘉阳国家矿山公园还推出“芳华怀旧游”“高校写生游”等特色旅游产品，带动“芭蕉肉”等一批特色菜品和“知青”主题文创产品，并成功举办了嘉阳·桫椤湖国际越野赛、国际驻华使节团参观访问等活动，提升了嘉阳国家矿山公园的国际影响力。不仅如此，嘉阳国家矿山公园经常开展科普活动，每年有组织的学校和科普夏令营数量较多，讲解员为小学生介绍铁路科学知识，蒸汽机车的机械构造、传动原理、安全常识等，现场普及科技知识。而且嘉阳煤矿还是抗战时期大后方的主力矿山，在抗战时期的特种工业生产中，扮演了重要角色，有力地支援了全国的抗日战争，嘉阳国家矿山公园通过常态化组织和开展爱国主义精神教育活动，让游客了解嘉阳煤矿的历史，弘扬煤矿的爱国精神。

嘉阳国家矿山公园是资源枯竭煤矿成功进行绿色产业转型的典范，对如何将绿水青山的生态价值转换为经济价值有重要启示作用。同时，嘉阳国家矿山公园还促进了当地脱贫，通过推进一三产业融合，增加了当地村民的就业渠道，以旅游业促进了当地经济发展，助推乡村振兴，以城市更新推动了犍为县的城市转型。

我们调研发现，嘉阳国家矿山公园在建设中仍然存在一些不足。首先，嘉阳小火车沿线虽然已经建成了多处工业旅游景点，但是景点过于分散且缺乏显著特色，未能与周围罗城古镇、犍为文庙、桫椤湖景色等进行联动，降低了工业旅游的附加值。其次，基础设施建设仍然存在一些问题，景区内没有停车场，道路狭窄，旅游旺季人满为患。而且，嘉阳煤矿因转型小火车旅游而成名，但当地政府却将小火车旅游定义为“油菜花特色游”，因此嘉阳小火车被称为“开往春天的小火车”，造成工业遗产特色不足，因“重自然，轻人文”而使得其他季节游客相对较少，因此其文化 IP 价值仍需进一步深入挖掘。

32. 柳州工业博物馆
（第三纺织厂和苎麻厂旧址）

柳州工业博物馆坐落于广西壮族自治区柳州市文昌桥头东，该馆集工业历史展示、工业遗产保护、科学知识普及、旅游休闲于一体，总用地面积将近 11 万平方米，总建筑面积超过 6 万平方米，设有工业历史馆、生态宜居馆等主题展馆，馆内藏有各类大小工业遗存实物 6224 件，各种文献资料、图片 11645 件。该馆于 2012

年 5 月 1 日建成对外开放，填补了广西工业类博物馆的空白，成为广西乃至全国第一所城市综合性工业博物馆。

柳州在长时期的工业发展历史进程中，留下了丰富和珍贵的工业遗产。但是，过去保存工业遗产的意识薄弱，损毁或流失了大量有价值的工业历史文物。基于此，2009 年，柳州市根据全国第三次文物普查的情况，决定利用老厂房建设柳州工业博物馆，决定在第三棉纺织厂和苎麻厂的旧址上利用旧厂房改建为柳州工业博物馆。

柳州工业博物馆选址于原柳州市第三棉纺厂厂区，处于市中心区地带，即文昌桥东岸，文昌西路南侧，西临柳江河东堤，依山傍水，风景秀丽，为闹市中的静地。场址选择符合柳州市城市总体规划要求。场址周边有在建的柳东小学、窑埠古镇及住宅馆区等，与周边的环境相协调，能满足工业博物馆建设用地的要求。项目场址总占地面积约 106482.12 平方米。该地块作为国企工业用地，由柳州市投资控股有限公司通过拍卖形式取得土地使用权，从而实现了土地属性的变更。

在对老厂房进行改造过程中，第一步，进行背景和相关理论研究，对旧工业建筑区现有建筑及环境初步踩点、分类、评估，确定保留、改造、拆除的建筑；第二步，将确定保留、改造的项目进行现场测绘，取得原始资料；第三步，综合进行规划设计；第四步，针对不同建筑选择相应的立面改造、空间改造和建筑体量改造手法，进行建筑单体的改造设计。设计中充分考虑到旧工业建筑区的改造模式、建筑群体环境的营造，根据项目要求和测绘资料。

改造后的园区设计以红色为基调，设计主题寓意为“追忆激情燃烧的火红年代”，分为室内展区、室外展区、旅游休闲购物区、企业家会所等部分。其中，室内展区设有柳州工业历史馆、柳州企业风采馆、柳州生态宜居馆、机动展厅等。主展馆由原 1.5 万锭纺纱综合车间改造而成。建筑立面采用维修翻新的改造手法，尊重原厂房建筑立面，仅对门窗进行维修替换，最大程度地呈现其历史面貌、保留工业记忆。柳州企业风采馆作为整个博物馆的重要展示区，需要有类似主展馆的大型建筑空间。考虑到企业展馆结合主展馆进行更大规模展示活动的可能性，将主展馆西侧的原气流纺纱车间改造成企业风采馆。世界科技成果展区由原脱胶车间改造而成，采用维修翻新的改造手法，尽可能保留原建筑立面，局部进行维修，对门窗进行维修和替换。空间改造采用外部水平加建的手法，在旧厂房北侧加建了五个方形的小体量体验空间，增强游客与展品的互动性，使整个展馆成为集展览与体验于一身，既能与工业记忆产生对话又能体现时代特色的全新空间。

服务区主要包括休闲服务区和室外配套场地。它既是博物馆的配套功能，也是博物馆主要的经营创收部分，以达到"以馆养馆"的目的。休闲服务区包含电影院、企业家会所、服务中心、接待中心等。基于有利经营的考虑将其布置于地块西边紧邻的东堤路地段，与窑埠古镇商业街首尾呼应，形成商业集聚效应。室外配套场地包括停车场、室外活动场等。柳州工业博物馆还利用企业风采馆附房改造了集儿童阅读、活动、体验于一体的"学工场"和"24 小时列车"书吧。书吧由一辆编号为东风 1787 的报废绿皮火车改造而成，设有儿童阅读室、母婴室，可满足各阶段年龄层次的青少年儿童及家长的阅读、互动需求，并长期开展"以书换书"的活动。

场馆外部也充分体现了博物馆的工业主题，景观规划采用与生态景观融合、与历史文脉融合的策略。在景观规划设计中以植物造景作为主要策略，按植物多样性因地制宜种植，注重不同植物的季节适宜性。在场地内，将高炉作为景观及视觉中心，将大型工业部件如由柳州钢铁厂捐赠给博物馆的"柳钢 58 壹号"1504 号上游型蒸汽机车及鱼雷铁水罐车设计成室外展场，把工业零件经过二次加工设计成景观小品。

柳州工业博物馆是在综合考虑项目背景、地块位置以及博物馆未来发展需求的基础上确立的，并不过度追求商业效益最大化以及盲目模仿发达城市的文化创意园模式，注重结合地市级工业城市的地方特色。目前，柳州工业博物馆已成为当地市民活动、休闲的热门场所，不仅有大量的政府机关单位、企业单位和学校组织团体参观活动，更重要的是已成为市民进行集会、观展、休闲、娱乐等城市活动的新场所。不难看出，柳州工业博物馆激发了柳州城市更新的活力，为柳州市相关工业遗产的改造更新指明了方向，也为国内其余地市州的城市更新提供了重要思路。

33. 上海佘山世茂洲际酒店

（庙头采石场深坑旧址）

上海佘山世茂洲际酒店（俗称深坑酒店，下文简称世茂洲际酒店）位于上海佘山国家旅游度假区核心——天马山深坑，由世茂集团邀请迪拜帆船酒店设计团队——英国阿特金斯事务所进行设计。酒店选址于天马山庙头采石场形成的深坑，从地表下探80米，依附深坑岩壁而建。该深坑围岩由安山岩组成，收集雨水后形成深潭。深坑近似圆形，上宽下窄，面积约36800平方米，最深处为88米。其周长约1千米，东西向长280米，南北向长220米，崖壁陡峭，斜坡角度约80度。

早在1909年，民族资本家蒋尔昌在小赤壁山办矿，露天采石面积为6.68万平方米，所产石料，均供沪杭铁路作护路之用。1930年，当地乡绅在天马山、横山、辰山先后开设松江实业社、永宁、永兴、永业、兴纪、大顺、钱屏记等七矿，采矿总面积已达到200多万平方米，矿工5000余名，年产石子14万吨，石粉5万吨，运销上海，作铺路、建筑之用。1937年松江沦陷后，诸矿被迫停业，永宁、永业两矿被日军侵占，易名为南方实业公司及恒产公司，继续从事采石业务。抗战胜利后，诸矿陆续复业，因业务不景气，遂又相继关闭。后业主顾如春集资200万元(旧人民币)，在横山开设同益采石工场(该场开业不久即关闭)。1950年初，由私人经营的东佘山采石工场和天马采石厂复业开采。1955年凤凰山采石厂、佘山采石厂、辰山采石厂、卢山采石厂、昆冈采石厂相继开业。1956年，东佘山采石工场改制为地方国营松江采石厂，两月后，因东佘山被辟为风景区而关闭，1965年天马山开设庙头采石厂，一直开采至21世纪初。经历近百年开采，掘山取石已成常态，该地山体破坏较大。

2006年，世茂集团董事局主席许荣茂来到佘山，看到这个废弃多年的矿坑和周围的青山绿水非常不协调，于是决定尝试将其改造为一个酒店，自2006年开始着手设计及建设，其间遭遇困难重重。方案以“反教科书”式的建筑理念，突破地平线下88米的建筑极限，克服了64项技术难题，其中完成专利41项，已授权30项，前后历时12年，共计5000余人投入建设，最终于2018年完工。这个项目被世界建筑领域公认为世界建筑史上的奇迹，受到全世界旅游业的关注。

酒店建成后总面积为61087平方米，酒店规划为地平面以上2层、地平面以下16层，共有336间风格迥异且拥有岩壁景观的豪华客房及景观套房。每间客房拥有个性设计，融合了瀑布及岩壁等特色元素。客房类型包括绿松石主题客房、红色工业风格主题双床房及拥有如身临海底的水下套房。此外，设计师还将蹦极中心、水下餐厅、景观餐厅等多种贴合地形的娱乐服务植入其中。

为了尽量减少施工可能对环境造成的影响，设计方与施工方在改造过程中还首次尝试了一些新科技。整个工程在消防、抗震和防水等各方面都无先例可借鉴，整体建设大约需要7万多立方米混凝土。如果光靠塔吊运输，差不多要十年时间才能完工，而主体建筑的工期只有三年。深坑里的飞流瀑布给了项目团队灵感，可以利用垂直管道让混凝土从坑顶直接滑到坑底，但常规的混凝土是从地面向上输送，向下输送的难点在于重力作用，混凝土到坑底时像子弹一样往外喷射，补料和砂浆因为离心作用很难达到混凝土的质量。所以项目团队创新地设计了"一溜到底"的输送技术，设置缓冲装置，通过降速来保证混凝土从坑顶到坑底保持原有质量与强度，同时保证输送效率。这套浇筑系统被认为是整个工程当中的最大贡献。经鉴定，由其形成的核心技术"80米深临陡峭崖壁建筑物流输送系统关键技术研究与应用"总体达到国际先进水平，其中"全势能一溜到底的混凝土缓冲输送技术"达到国际领先水平。

在施工过程中，酒店充分体现了与自然和谐共生的设计理念，让这个废弃的采石场成为绿色施工的典范。崖壁上的鸽子洞是当初矿场存放炸药的仓库，废弃后便有鸽子筑巢。设计方与施工方对这个鸽子洞进行二次处理，变废为宝。其变成了"水帘洞"。其置身于落差达80米的垂直人造瀑布中端处，可以起到缓冲瀑布水流的重要作用。崖壁光秃，有碍观瞻，设计方与施工方就在崖壁上种上了花草装点。

值得一提的是，酒店南北两段的崖壁采用了中国建筑首创同时也是世界首创的崖壁垂直绿化。当植被完全长成后，整个酒店四壁将"春意盎然"。为了保留原有野趣，尊重自然生态，酒店还保留了200余株野生树木、植被，甚至施工方还将从前生产爆破遗留的碎石进行加工再利用，工程整体共节约4548立方米混凝土。

酒店内部共有艺术品及艺术装置1400余件，充分结合了酒店的特色，与周边环境相协调。如酒店入口处的"卷云舒"，是整个酒店最具有代表性的艺术雕塑。酒店大堂以"地心奇遇"为主题，墙体立面整体呈古铜色，重现矿坑岩层的自然风貌。酒店的观光电梯源于设计中融入的"抽象瀑布"概念。它位于两侧楼体中，从地上2层直落水下，流畅曲面与对面的崖壁瀑布呼应。

作为世界上第一个建在废弃矿坑里的五星级酒店，世茂洲际酒店无疑是全球独一无二的工程壮举，不仅创造了全球人工海拔最低五星级酒店的世界纪录，而且其反向天空发展的建筑理念，尊重自然环境、向地表以下开拓建筑空间也成为人类建筑设计理念的革命性创举。此外，建设施工中所必须解决的诸多工程建设难题，也使其成为当代最新科技与工程技术的结晶。而且，整个项目的施工方是被称为“基建铁军”的中建八局，该机构是吉隆坡标志塔、老挝国家会议中心与阿联酋迪拜棕榈岛等当代国际标志建筑的承建方，因此世茂洲际酒店也是我国基础设施工程位居世界一流水平的见证。

将矿坑改造为酒店，不但节约了土地，也起到了生态修复和城市修补的效果，无疑是城市更新的典范，是城市更新参与工业遗产再利用较有特色也最具技术难度的范例。这一方案成为吸引消费者的重要元素。世茂洲际酒店的成功，为废弃矿坑的再次利用提供了一个全新的可能性。但这种改造方案具有较高的技术要求与成本付出，并非所有的矿坑都有条件进行改造，也并非所有的投资方都有这样的经济实力，因此在选择改造方向时，需要结合改造能力和市场需求进行考虑。

上海佘山世茂洲际酒店夜景

34. 首钢工业遗址公园

（首都钢铁厂旧址）

首钢工业遗址公园位于北京市石景山区西南部，是在首都钢铁厂旧址基础上改造而成的园区。首都钢铁厂（简称“首钢”）的前身石景山钢铁厂始建于1919年，曾是我国重要钢铁企业与北京市规模最大的重工业企业。在北京市产业结构调整与环境综合治理的顶层设计下，2010 年底，首钢在北京市区全部停产并完成搬迁，主厂区内留下了大量的建(构)筑物及设施设备。这些工业遗产经过更新再利用之后，成为北京 2022 年冬奥会和残奥会筹办、举办的中枢。在改造理念上，在尊重原有工业遗产风貌的基础上进行功能改造与空间更新，成为一个集现代办公区、博物馆、住宅、休闲和体育设施为一体的园区，首钢蜕变为首都的新文创中心。

首钢工业遗址公园是首钢园区的重要组成部分，与冬奥广场、石景山文化景观公园、公共服务配置区、城市织补创新工场共同构成了首钢园区。首钢工业遗址公园项目毗邻北京地铁 S1 线，通过秀池南街及晾水池东路可达，交通便利；西侧紧邻西十冬奥广场和秀池，西侧可望石景山，西南向可达群明湖及永定河，地理位置优越。整个首钢工业遗址公园分为 A、B、C、D 四个区，共有 9 处单体建筑。

首钢工业遗址公园的功能多样，在保留老工业遗址状态的同时，按照园区功能将其改造为不同用途的空间。如存放炼铁循环用水的“秀池”(即秀湖)改造地面部分为景观用水，地下部分成为可以存放 800 多辆汽车的车库和圆形下沉式展厅；首钢百年发展史上的“功勋高炉”改造为“秀场”，内部设有博物馆；工业管廊改造为集慢行交通、观景休闲、健身娱乐为一体的空中公共空间。

此外，首钢工业遗址公园因其作为北京冬奥会奥组委办公地、国家队冰上项目训练基地、北京冬奥会单板大跳台项目竞赛场地而备受瞩目。2022 年冬奥会和冬残奥会利用首钢老工业厂房建设北京赛区承办的短道速滑、花样滑冰、冰壶、冰球四大冬奥训练场馆，引起世界主流媒体一致广泛赞誉，被称为世界工业遗产保护更新的重要典范。其降低碳排放的意义具有全世界的普遍性价值。

目前，北京市政府利用首钢老厂房建成了不少具有特色的冬奥会建筑，其中最具标志性的当属首钢滑雪大跳台。首钢滑雪大跳台建成后不仅是世界首例永久性保留和使用的滑雪大跳台场馆，同时也是冬奥历史上第一座与工业遗产再利用直接结合的竞赛场馆。

冬奥会的举办带来了巨大的发展机遇，成为首钢工业遗址公园经济发展的下一个强力引擎。在冬奥会结束之后，按照当时规划设计的方案，大跳台作为永久性保留的建筑，不仅能够承办国内外大跳台项目体育比赛，服务于中国冰雪运动发展，还成为向公众开放的北京冬奥会标志性景观地点和休闲健身活动场地，实现工业遗产的可持续性发展。

改造之后的首钢工业遗址公园正在陆续植入不同的配套服务，建成不同功能类型的聚集区，积极推动“体育＋”“科技＋”“文化＋产业”的发展，如通过签约科幻作家工作室、打造电竞主题俱乐部、引入自动驾驶出行服务，将首钢工业遗址公园逐步改造为科幻、科技产业孵化地。在科技产业落地方面，首钢工业遗址公园与清华大学汽车工程系、百度、京东、美团等多家重要高新技术研发机构或相关头部高新科技企业签署了战略合作协议，共同打造了首钢工业遗址公园自动驾驶服务示范区。无人驾驶技术将致力于解决园区内微循环问题，推动园区向未来智慧城市迈进。

目前，首钢工业遗址公园正在建设占地71.7公顷的科幻启动区，通过园区内开展的电竞、数字创意活动和科技体验项目，营造了科幻体验式消费氛围，加速生态聚集效应。在“文旅＋产业”方面，文化体验相关项目、体育与餐饮项目入驻。

从功能上看，首钢工业遗址公园是一个复合功能的城市公共空间，是城市更新过程中工业遗产保护更新的典范。相较于其他工业遗产，首都钢铁厂遗留下的厂区和工业遗存体量大，面积大，又因其靠近石景山景区，具有改造的潜力，能够满足各类游客的需求，成为首都城市复兴的新地标。园区内带形广场群周边附着高线公园、儿童运动体验中心、邻里商业中心、冬季训练中心、冰球运动综合馆、运动员公寓、办公研发楼宇、剧场剧院、商业街、博物馆、临时秀场、咖啡店和酒店等公共空间。除了居住产品之外，区域内包罗了一个城市应有的绝大部分功能，因此将极大地改善和提升原石景山区产业业态单一、第三产业发育不良的现状，成为北京优质城市生活的重要示范区域。

从方案上看，首钢工业遗址公园是城市更新介入工业遗产保护更新的佳作，它充分地利用了首钢优越的地理位置与北京市区对城市更新的迫切需求，反映了“文旅融合＋工业遗产”的中国方案与实践，对我国中心城市的工业遗产保护更新具有典范性的意义。

从过程上看，首钢工业遗址公园的改造纳入首钢园区的整体改造中，遗址公园周边的区域在更新改造、生态修复及景观上与公园本体构成了完整性。如将焦化厂附近的水域改造为城市公园，对永定河河畔的自然生态整治和对石景山片区进行生态治理。将遗址公园周边地区进行改造，并纳入工业遗产整体改造中，既提升了吸引力，又增加了游览工业遗址公园的附加值，满足了不同层次游客的需求，对其他工业遗产的更新改造具有借鉴价值。

由首钢工业遗址公园改设的大跳台(陶希夷 摄影)

35. 中国工业博物馆

(沈阳铸造厂旧址)

中国工业博物馆坐落于辽宁省沈阳市铁西区卫工北街14号，由原铸造博物馆(沈阳铸造厂旧址)改、扩建而成，占地面积8万平方米，建筑面积6万平方米，全面再现了我国工业发展的历程和老工业基地振兴的成就，是省、市、区各级政府联建的综合工业博物馆，填补了国内博物馆的空白。

中国工业博物馆是在沈阳铸造厂旧址的基础上建立的，沈阳铸造厂始建于1939年，最初是一家日伪小型企业。1956年改名为沈阳铸造厂。20世纪80年代后，沈阳铸造厂出现了衰败现象。2006年初，沈阳铸造厂搬迁到沈阳经济技术开发区，原址中的大型翻砂车间保留下来，改造为沈阳铸造博物馆。

沈阳铸造博物馆于2007年6月18日以全国首创的“原生态”方式布展开馆。馆内存放有1523件原沈阳铸造厂和铁西各大企业生产及应用的设备和铸件，如横穿厂房的铁路专用线、4座冲天炉、2座中频炉、6座地坑炉、2座大型烘干窑、3座大型焖火窑、1座大型抛丸室、2台大型振动除砂机、5台标轨电动平台车、20多台不同吨位的天吊、全套砂处理流水线，800立方米的储砂池及大量工人的生产工具和生活用品。博物馆采用真实物件、文字、图片和音频、视频影像制品，高度模拟铸造厂七大铸造工艺流程和当时车间工人生产劳动的场景。

沈阳铸造博物馆虽然代表了中国铸造行业一定时期的发展水平，但是不足以展示中国铸造业的蓬勃发展与历久弥新的中国铸造工业文化，特别是难以满足国内外访客参观的需求。2010年9月，在中国铸造协会的帮助下，沈阳市铁西区政府决定将沈阳铸造博物馆建设成为中国铸造博物馆(中国工业博物馆展馆之一)。2011年5月18日，中国工业博物馆在沈阳铸造博物馆原址上破土动工建设。2011年8月20日，经过改造充实和重新布展的中国铸造博物馆重新对外开放。

中国工业博物馆设有通史馆、铸造馆、铁西馆、机床馆与汽车馆5个常设展馆和冶金机械展区，展现了中国工业波澜壮阔的成长历程。通史馆占地面积2300平方米，展品有400多件。通史馆以中国工业化历程为主线，参照西方工业发展史，采用中西对比的表现手法，纵向依历史时间脉络勾画发展逻辑，横向以“三工”即工业、工厂、工人为内容展开，立足反映中国工业化的发展进程和伟大成就。铸造馆仍在原沈阳铸造厂的旧车间内，展览还是主要依托于传统社会主义时期的铸造工业遗址和生产设备，与沈阳铸造博物馆相比发生了两个引人注目的改变：一方面将对中国古代铸造业的回顾作为展览的序言，另一方面增加了国企改革之后、21世纪以来新生产的铸件成果。铁西馆占地面积1600平方米，主要以工业为主线展示铁西的百年沧桑变迁。整个机床馆以介绍中国的机床为主，这里有机床41台，模型3个。展陈的机床不仅有沈阳制造的机床，还有很多重庆、长春等我国其他工业城市乃至其他国家生产制造的机床。从木制机床到现代数控机床，不仅记载了沈阳机床厂的成果，还记载着我国乃至世界机床发展历史。汽车馆共展示了28辆汽车，从农业时代的人推马拉，到工业时代的风驰电掣，讲述了从古到今车辆的发展历程。而冶金机械展区展示了不同类型的冶金机械。

为了丰富馆藏，中国工业博物馆在改造期间就开始向全国征集文物。在征集文物过程中，为最大限度地节约资金，博物馆采取了捐赠、借展、租赁、低价收购等多种方式。馆藏品征集范围遍布30个省、区、市。全馆有实体文物达14120余件(其中上展文物7700件)，藏品数量3万余件。文物年代从商代至今跨越了四千余年。其中国家一级文物一件，即西周青铜铭文曲刃矛式短剑，国家二、三级以上文物十件，如20世纪30年代初印刷的铁西规划地图、1900年出厂的中东铁路钢轨、西周青铜盔、春秋时期盔甲、殷商时期铜镜等。博物馆有世界最大口径的铸管(直径2.2米)、最大的超高压断路器壳体(铝合金铸件、重2吨)、最大的立车横梁铸件(重115吨)、最薄的铸件(厚0.38毫米)，还有中国第一个铸造用机械手、第一个自主研发的管模、第一根超高压管的样管、第一台万能钻床、第一台八轴立式机床、第一台精密丝杠机床、第一台五轴联动机床。

中国工业博物馆对于研究中国工业发展史，保护、保存近代工业历史文物资料，开展爱国主义教育，提升城市文化品位，增强区域竞争力，具有独特的历史意义和重要价值。作为由政府主导建成的记忆场所，中国工业博物馆在对工业遗址保护上采取原真性保护模式，改建后呈现的是地方工业记忆与全国工业记忆的综合性保护。但我们通过对访客的走访了解，不少访客表示，在从沈阳铸造博物馆向中国工业博物馆功能的转变过程中，该馆对于中国工业中的轻工业、交通运输业、水利、电力等行业展示不足，“中国工业”四字似名实不副，不得不说是遗珠之憾。

36. 中关村768创意产业园
(原国营第768厂旧址)

中关村768创意产业园位于北京市海淀区学院路5号，占地6.87万平方米。园区地处中关村核心区，东临八达岭高速公路、奥运村，西接清华大学、北京大学、北京林业大学等，交通便利，高校科研院所密集，是北京市高知高智人群最为密集的地区之一。园区前身为北京大华无线电仪器有限责任公司(原国营第768厂)，主要从事国防、科研及重点工程配套仪器的研制和生产。2009年，大华公司顺应首都“四个中心”定位以及产业结构调整政策选择外迁，在北京市政府的支持下，以“768”为名，在原厂区基地创建“中关村768创意产业园”。园区定位为文化与科技融合的功能示范区，先进入高端产业，再逐步达到产业高端，从而实现传统军工企业的转型和可持续发展。同时，园区的建设为主产业科技产业的发展提供了强有力的支撑。

大华公司内部生态环境良好，自南向北有6座苏式厂房。按照遵循“保留原貌，不搞大拆大建；统一要求，保持厂房和公共空间外观的整体性和统一性”的原则，保留了厂区的原有格局、厂房以及大片绿地。在此基础上，厂房被改造为文化创意企业办公空间。首先，对老旧厂房进行抗震加固、外立面清洗等修缮工作；其次，对厂区的道路进行翻新，示划停车位、健步走步道、消防等工程。此外，每一个入驻企业都能够在维护园区整体风格的基础上，根据企业的需求，对厂房内部进行创意性的改造和利用，既满足了设计师对独特空间的需求，又保证了园区外观上的完整和统一。

园区最亮眼的设计是保留了园区2万多平方米的绿地，厂区建筑密度低，绿化率高，在保留绿地的基础上，积极调动入园企业的景观设计、植物研究与设计、绿色节能设计、雨水花园设计等优秀资源，将园区的公共空间进行改造和升级。截至2017年，园区与入园企业建成立体绿化区1处、“雨水花园”7处、微生态景观10余处。通过“自然生态”建设，园区企业建设雨水花园面积达1500平方米，企业认养的绿地达2000平方米，园区种植节水抗旱型植物面积达2万平方米，园区全年雨水收集、下渗量达1万吨，2015年全年绿化用水量比2012年下降65%，768园区正在朝着建设“海绵园区”的目标不断迈进。

园区周边知名学府、科研院所聚集，是集“办公空间＋企业服务＋交流展示”为一体的知识创新、科研研发、设计创意新型空间。目前，园区已经聚集了一批具有专业实力和产业影响力的公司和高端的专业设计创意人才，形成了产业集聚，带动了区域发展，园区品牌效应也日益显现。入园企业中90%以上是建筑设计、景观设计、互联网应用设计、数字多媒体设计等创意设计类的企业。园区的引导、鼓励、支持，促进入园企业之间的互通、互补、互助，推动企业之间的有效融合，园区内外产业资源的集聚效应显著，形成了广泛的交流与合作。如今768创意产业园基本形成了四大产业集群：以知乎、摩拜单车、春雨医生、脉脉为代表的“互联网＋”产业集群；以海致科技、彩云科技为代表的人工智能产业集群；以上造影视、鱼果文化科技为代表的视觉设计和影视制作设计集群；以清华建筑设计研究院六分院、阿普贝思为主的建筑景观设计集群等。

园区通过提供租金优惠政策和装修免租期、减免自建二层建筑前三年租金、提供若干免费停车位、提供物业优惠等优惠招租政策，吸引设计创意类企业入驻，既保证了园区业态的集中统一，又加快了市场招租速度，实现了园区业态规划和市场收益的双赢。园区追求使用效率、降低使用成本，成为区域内性价比高、服务好、有温度、有态度的创业办公选择，并不断完善配套服务和灵活的租赁政策，不仅为创业者，也为更广泛的创新主体提供更舒适的环境、更灵活的空间使用和更多的合作机会。园区聚集了一批具有专业实力和产业影响力的公司和高端的专业的文化科技融合企业，形成了产业集聚，带动了区域发展。根据园区规划，新一代信息技术、智能装备、人工智能软件和信息服务以及科技服务业等，为未来十年内园区重点发展方向。

在经营管理上，园区以自主运营为主，大华公司通过机构改革和重组，将原来的商贸公司、物业公司、房产科等与老工业基地运营和管理服务相关的部门进行整合，并抽调高学历、复合型的年轻骨干组建成“大华实业公司”，专门负责 768 创意产业园的管理、服务与运营工作，做“持有型”物业经营。园区运营采用“模拟法人制”进行内部独立核算、考评和管控。目前园区的主要收益来源为房租收入，其他收入有物业服务收入和增值服务收入，但占比较小。

此外，园区依靠高校集聚的优势，积极开展创意创新创业比赛、艺术与科技主题学术论坛，引入东方交响乐团、中国歌剧舞剧团等文化交流和鉴赏活动，不断激发文化创新活力，丰富公共文化服务内容和内涵，是公共文化服务介入工业遗产再利用的重要范例。

37. 广钢中央公园

（广州钢铁厂旧址）

广钢中央公园是华南乃至全国的大型钢铁工业遗迹保护区，项目以钢铁工业文化遗迹为载体，连接珠江和花地河，黏合周边资源，承载高容量宜居生活，凸显广钢精神，创造集遗址公园、创意文化、公共休闲、体育运动、绿色生态于一体的综合服务型工业遗址公园。它既是广州市未来的中心，也是辐射广佛区域的空间枢纽。

广钢全名广州钢铁厂，于 1958 年建成投产。20 世纪广钢曾是广州最大的钢铁生产基地。2013 年，广钢全面关停，政府决定在原址建设广钢新城，并对鹤洞、东塱、西塱三个城中村进行改造，规划总面积 657.4 公顷。2013 年 6 月 5 日，在广州市规划局公布的《广钢新城控制性详细规划》中，广钢新城定位为“特色宜居新区”。其中在生态环境方面提到，结合纽约中央公园的设计，当地将建设 30 万平方米广钢中央公园。

在“特色宜居新区”的定位下，广钢新城从北区开始，引进房地产企业大举开发住宅项目。广钢新城从 2015 年第一个楼盘开盘至今，北区的住宅项目已经交楼入住或进入清盘阶段，生活氛围逐渐浓厚；南区部分住宅项目已售罄，有些则未开盘，处于高强度开发中。

但广钢中央公园最初的建设并不快速，其中一个重要的原因就是开发商要承担土地绿化等环境改良工作。直到 2021 年 9 月，第二批集中供地中的广钢 234 地块出让，其出让条件中有“竞得者需代建广钢中央公园”才得以启动。根据挂牌公告显示，1 个月内，拿地方要签订合同；6 个月内开放首期绿化；18 个月内首期商业运营开业；30 个月内公园全部投入运营。按照时间节点，2022 年 4 月份开放首期绿化，预计 2024 年 3 月份全面运营。

广钢中央公园的定位是建成粤港澳大湾区的大型工业遗产保护区。目标是打造成为一个集遗址公园、科技创意、休闲娱乐等 7 大特色于一体的综合服务型工业遗产文化园区。广钢中央公园总体规划范围 34.72 公顷，长 1785 米，中间最宽处为 280 米。目前广钢中央公园现存工业遗产约 3.7 万平方米，包括工业建构筑物以及高炉重力除尘器、煤气柜、传送带、铲煤机械、吊车梁、热风炉、高炉、火车头与烟囱等重要工业建筑及设施，几乎涵盖所有能体现钢铁生产流程的重要厂区。

广钢中央公园的建设以对场地建筑保护性开发建设和修复为主，首要满足城市空间的绿地需求。利用原有的工业遗产，创造富有创新性的艺术文化公园；打造智慧海绵城市系统，构建低影响开发雨水系统，成为自然永续的生态性公园；利用场地空间与建筑，打造具有经济效益性的可持续公园。基于对大自然的尊重与敬畏之心，以及对快餐式景观建设方式的创新，没有急于推动建设，而是先进行生态修复，让公园回归自然。对被污染的土地进行生态修复，因循脉络恢复地形和雨水通路、孕育植被种群，促进整个场地的生态再次发育，使被割裂出来的棕地回到大自然的怀抱，并引导自然向城市延伸生长。建立完善的排污及雨水收集系统；利用挺水植物，达到净化水质与观赏的效果；工厂中的构筑物予以保留与修复，融合建筑与场地空间，赋予艺术的景观使用功能。

整个公园将以广钢工业遗产保护利用为锚点，打造蓝、绿、棕交融的城市文化活力带。当中涉及的工业遗产活化利用建筑就有 11 处。根据规划，广钢中央公园的东区以广钢博物馆为核心，与改造的废钢堆场共同形成延伸至高炉的工业遗产轴线，通过大空间的工业遗存活化利用，形成兼具博览、展示、发布等文化艺术功能的工业历史博物展览区。中区则以两座高炉为核心，设置大面积绿地广场，结合工业遗存进行景观设计，唤醒场所记忆，打造工业遗产展示体验区。依托现状高炉群和矿料场遗存，设置大面积绿地广场，在延续场地历史肌理的基础上，融入多元化的活动、休闲功能。西区南侧以三座煤气柜为核心，利用煤气柜改造成文化艺术创新创意空间；北侧落实控规功能需求，为周边社区提供多元的配套服务设施。整体打造绿色、宜人、具有工业魅力的生态融合社区。公园的改造建设也对交通配套方面做出了调整，比如停车泊位规划调整为 841 个，比原规划的 254 个增加了 587 个。同时因工业遗产现状桩基的影响，公园优化调整了部分停车场库的选址。在交通上，将结合旧有广钢铁路线的调整与整合，优化有轨电车线路。

广钢中央公园地理位置特殊。从微观上看，它处于东沙立交、白鹤洞立交与海南立交的中心地带，与芳村大道、花地大道与广州环城高速相交的三角地内，具有重要的枢纽意义。从宏观上看，它正处于包括佛山、三水、番禺在内广州大都会区的中央，如果以广州绕城高速、珠三角环线高速两大大湾区大动脉高速为边界，广钢中央公园正处于正中心。目前粤港澳大湾区缺乏大型枢纽都会区，广钢中央公园的修建在很大程度上可推动广州都会区新中心的转移。

与广钢公园共生的广钢新城规划范围 6.46 平方千米，是广州市利用广东省的“三旧”改造政策，按照“政府主导、成片改造”模式实施的“三旧”改造项目。我们调研了解到，广钢中央公园的建设并非一帆风顺，当地一些居民觉得保留大型工业设备有碍观瞻，因此，该公园的建设还经历了一个不断潜移默化改变社区居民观念的过程。目前，广钢中央公园的建设已经加速推进，建成后将会成为粤港澳大湾区的大型工业遗迹公园，同时也会促进广州城市中心的再一次转移，并推动广州大都会区的形成。

38. 阜新海州露天矿国家矿山公园

（海州露天矿区遗址）

阜新海州露天矿国家矿山公园是在露天采矿遗址上建立的集旅游休闲、科普实践等于一体的工业遗产保护更新项目，占地面积 28 平方千米，位于辽宁省阜新市太平区。海州露天矿区是"156"项工程之一，多年的生产实践留下了丰富的矿业遗址：露天采矿矿坑遗址中 7 平方千米的矿坑，坑内的铁路机车、公路汽车、皮带运输系统，打眼放炮工具、电铲等采装设备，以及高架运输电线路，矿坑外围及坑内完整的排水系统等，件件都能讲述一段生动的采矿故事；矿区"万人坑"革命传统教育景观记载了日寇侵略阜新期间为掠夺我国地下煤炭资源施行的野蛮开采证据；阜新盆地在形成煤炭时，在盆地边缘形成的玄武岩、玛瑙、硅化木，以及各种动植物化石等伴生的岩石、矿物和化石，都是特殊资源。2005 年，阜新海州露天矿因过度开采造成资源枯竭而闭矿，同年由原国土资源部批准建立阜新海州露天矿国家矿山公园。

该矿区已有百年的开采历史，现保留着大量的各种珍贵文化资料、文物，矿工用过的各种工具、用品、衣物，纪念币、纪念邮票等，矿业遗迹资源丰富，而且规模宏大，特色突出，具有重要的历史文物价值与社会教育意义，因此对其进行再利用意义重大。

长期的露天开采，给当地自然生态环境造成了严重的破坏。保护更新的前提就是对露天矿废弃地进行生态恢复。一是对矿坑进行治理，重建生态保护系统，采场平盘整治，使坡面短期成林。二是恢复景观生态植被系统。针对土壤情况，做到平面、立体结合，以绿化为主。三是对正在开采的煤矿边开采边复垦，开采完的煤矿进行复垦工作。对矿山的生态修复成效显著，使得景观环境改善、生物多样性增加、气候改变、水体保持作用增强和肥力提高。生态恢复使林草覆盖率大大提高，不但改善了生态环境，也会吸引野生动物前来栖息繁衍，促进废弃地系统和自然环境之间的协调发展。

在生态修复的基础上，再对矿山植入新的功能。目前阜新海州露天矿国家矿山公园已经建成了包括工业遗产核心区、蒸汽机车博物馆和观光线、国际矿山旅游特区和国家矿山体育公园四大板块，共计上百个景点。

工业遗产核心区体现了矿山公园的科普和教育功能，建设了矿业文化主题广场、矿山博物馆、海州矿精神纪念碑和“86 站休闲广场”。园区大门口是矿业文化主题广场，广场中间位置展示了电镐、蒸汽机车、推土犁和潜孔钻机。这四种大型机械设备是海州露天矿生产期间穿孔爆破、采装和运输三个关键环节的标志性设备。同时，在四种生产设备的旁边都放置了解说牌。矿山博物馆位于广场后侧，外形既形似煤矿沉积地层灰黄色砂页岩层，又形似一部解释地质采矿奥秘的教科书。矿山博物馆建筑面积 5000 平方米，分为 A、B 两馆，内设展示厅、演示厅、沙盘馆、矿史馆、生产工具馆、矿工馆、矿石馆。馆内主要展示矿山文物、矿物、化石等。海州矿精神纪念碑是海州矿企业精神活化的载体，碑体是仿岩石组合造型，岩石缝隙中开出变体电镐，电镐上面是矿工组群雕像，寓意煤矿工人开天辟地的创业精神。纪念碑以南的海州露天矿采矿遗址，曾经是露天采煤现场。矿坑内部曾建设盘旋至坑底部的铁路线，是海州露天矿的运输系统，这些运输系统包括铁路、机车、汽车、皮带及提升联合运输，是露天采煤的重要内容。建设矿山公园时，保留了当年因采矿修建的部分铁路线。

第二大板块是蒸汽机车博物馆和观光线。游客可以在此参观占地 8 万平方米的蒸汽机车博物馆，馆内拥有全国数量最多的蒸汽机车、电机车车头，有慈禧太后剪过彩以及毛泽东主席乘坐过的各种古董蒸汽机车。同时，游客还可以参观 15 千米的旅游观光线，现按照近代历史发展顺序，建了 6 个特色站点，分别营造当时的社会氛围，展示时代风貌。

截至 2021 年，第三和第四板块处于在建状态，尚未完工。第三板块拟利用辽宁省集中连片棚户区改造政策对孙家湾地区实行整体拆迁，在生态绿化基础上，拟建相关文旅业态。第四大板块则拟通过对矿山修复、复垦，利用矿山的自然生态环境，新建户外运动场所。

阜新海州露天矿国家矿山公园的成功改造实现了从亚洲最大的露天煤矿向工业遗产主题公园的华丽转身，成为全国首家工业遗产旅游示范区，对于其他资源枯竭型矿山的转型具有借鉴价值。

我们调研发现，目前该矿山公园仍存在着一系列问题：首先是客流量极少，这当然与阜新当地经济水平有直接关系；文旅融合业态单薄，产品文化内涵不足，缺乏互动参与项目等。今后如何通过“矿冶＋旅游”以户外露营、观星研学等方式重构当地旅游生态，是该矿山公园需要直面的现实议题。

39. 玉门油田

玉门油田位于甘肃省玉门市，是中国石油工业的摇篮，也是“铁人”王进喜的故乡。玉门油田于1939年正式开发，到1957年10月8日新中国第一个石油工业基地在玉门建成，玉门油田走过了一条艰辛的民族工业发展之路。玉门油田在中国近现代石油工业发展史上具有奠基地位和独特的历史文化价值，玉门市因油而设，因油而兴，是典型的石油资源型城市。

20世纪90年代，玉门油田进入开发后期，产量下跌到历史最低谷，石油工业的发展中心也转移至其他地区。为了加快玉门油田的转型，从2002年开始，玉门油田开始对旅游资源进行全面挖掘和整合，借助“铁人故乡”和“石油摇篮”两个品牌，逐渐形成工业遗产特色效应。玉门油田红色旅游景区2004年被国家旅游局命名为“全国工业旅游示范点”，2011年正式列入全国第二批红色旅游经典景区名录。

玉门油田是中国石油工业的源头，素有“石油摇篮”之美称。玉门油田的历史，也是中国石油工业的缩影。玉门油田有助于我们全面了解中国石油工业的发展历史。借助玉门独有的企业文化，全力发展玉门油田旅游事业，打造“中国石油摇篮”的品牌，是玉门发展旅游事业的初衷和优势所在。

玉门油田红色旅游景区一方面依靠景区内的景点，如始建于清朝同治二年的老君庙、新中国前石油工人在石油河畔住过的窑洞以及建于20世纪50年代的苏联专家楼和石油工人文化宫、复建的解放门、铁人纪念馆、铁人干部学院、693人防教育基地等进行改造；另一方面着力建设石油风景道、石油河记忆长廊、石油工业参观区、铁人精神传承区、铁人故里游览区等重要区域。

我们调研了解到，近年来，该园区正在不断推进景区游客中心、停车场、景区标识系统等基础配套项目的建设，先后在重点区域和景点安装完成了一批特色鲜明的导览图、道旗、景点介绍、安全提示等旅游标识系统，外形与色彩的设计以致敬玉门精神、铁人精神为元素，以红色为主调，与玉门油田红色旅游主旋律相契合，同时重点布展“石油摇篮”展馆等工作。

此外我们还了解到，按照目前的规划，玉门市还将进一步加快景区景观质量提升改造步伐，有序推进游客服务中心、玉门记忆展览馆、石油之源科普博物馆与专家楼艺术主题酒店等景观设施改建工程，不断丰富文化旅游元素和内涵，以吸引更多的游客来玉门了解中国石油摇篮的辉煌历史。

但与此同时，我们也发现作为一个资源型城市，玉门存在与其他类似城市同样的问题。资源产业是城市中唯一有竞争力的基本经济部门，其他产业几乎都是为该产业及其从业人员提供商品和服务的非基本经济职能。因此，在推动玉门油田的转型过程中，玉门市也在不断推动旅游产业的配套设施建设。近几年来，玉门油田积极响应国家和省委省政府把甘肃省建设成全国旅游大省的号召，把旅游作为一个产业来发展。第一，推动住宿、餐饮行业的发展，成立玉门油田旅游汽车公司。第二，发展“绿色休闲”度假旅游，延展玉门油田旅游的产业链，延长游客的停留时间。第三，按照国家工业旅游示范点的标准，对玉门油田的旅游资源进行宣传整合与软件建设。

玉门油田红色旅游景区的建设对于玉门经济转型有着重要价值，对于其他资源型枯竭城市转型亦有着重要的借鉴意义。但是，玉门油田在保护方面还存在不足。玉门油田最核心、价值最高的工业遗产是老君庙油田，同时它也入选了国家重点文物保护单位和第四批国家工业遗产。但是老君庙油田地质条件差，易受到自然灾害等因素的影响，原有的遗存中很多已不复存在，而且老君庙的核心物项均是在中华人民共和国成立以前形成的，这些物证并没有能够反映玉门油田在中华人民共和国成立后成为我国第一个石油工业基地的历史，也无法突出在国家大力发展石油事业的背景下，玉门油田的对外援建作用及地位，如何通过不同历史文化资源的整合对接，从而产生最好的资源利用效果，这是今后需要重点考虑的议题。而且，玉门油田与甘肃省优质的旅游资源如敦煌石窟、甘肃博物馆、鸣沙山、嘉峪关等未形成互动互促，因此在今后的旅游开发中，应注重提升省内旅游的廊道效应。

40. 816 工程景区

816 工程景区位于重庆市涪陵区白涛街道，紧邻乌江，背靠武陵山，是一个以“三线”建设历史为背景，主打地下工程的核军工主题景区，也是重要的红色国防工业遗产。其核心是 816 核工程，1966 开始修建，历时 18 年。该工程在 1984 年停建，2002 年解密后才公布于世。2010 年，经过整修后对外开放，接纳游客。此外，在距离地下核工程不远处还建设有 816 三线军工特色小镇，与 816 地下核工程洞体工程景区互为补充，共同构成 816 工程景区。

816 三线军工特色小镇是以原 816 机修厂厂区内的历史建筑和机械设备为基石，在保留和尊重原有生态环境的基础上，传承国防工业文脉，所形成的工业遗产再利用项目。

816 地下核工程所有洞体的轴向线长叠加达 20 余千米，最大洞室高达 79.6 米，侧墙开挖跨度为 25.2 米，拱顶跨度为 31.2 米，总面积 1.3 万平方米。816 工程自停建以来一直被封存，之后还做了大量的保护性工作，包括开展洞体修复保护工作及 816 地下核工程历史资料和回忆录的编写整理工作。2010 年，816 地下核工程洞体仅进行简单整修后对游客开放，之后按照涪陵区发展旅游产业的整体规划和部署，前后 4 次就 816 地下核工程遗址的保护和利用进行规划编制，陆续投资对景区周边环境及洞内结构进行治理。

2016 年，区委区政府启动整体改造更新工程，在保护 816 地下核工程核心区域的真实风貌、空间尺度、历史痕迹的基础上，进一步完善洞内外基础设施，实施亮化美化工程。其中包括洞内各洞室及通道的裂隙水排放工作、各洞室的安全结构鉴定、各洞室的三维结构测绘，以及 101、105、104 等洞室的加固、排危工作。

我们调研了解到，816 地下核工程的整体改造更新主要从三方面进行。

第一，在原有游线的基础上综合运用声光电效果，丰富旅游产品，增加文化植入，提升了景区环境卫生、治安保卫、紧急救援等综合服务管理水平，完善了景区标识导视识别系统。在 101 工号 3 楼锅底搭建了玻璃廊道，上下模拟核原料反映绿光，游客从锅底上方穿行而过，可身临其境地感受锅底近 40 年的沉积；全长约 3 千米，储水量为 2.4 万立方米的 816 工程供水系统——引水洞，布置了蓝色及红色环形灯带。在宏伟宽阔的8号环道，灯光的运用更是到了极致。整个环道两边均有体量巨大的防空洞，灯光的融合恰到好处地体现洞室的雄伟壮观。

第二，丰富游线产品，增设自由参观区。以104大厅为例，它曾是我国第一台原子能发电厂所在地，但因为停建搬迁，104大厅只留下了光秃秃的一个洞室，为了赋予它原有的生命力，在整体改造更新过程中，结合其原有的功能特征，设置了“和平之盾”场景还原、汽轮发电工作模拟再现，让游客感知我国核工业从沙漠戈壁到深山老林的历史变迁，感受独特的视觉体验。

第三，为深入挖掘洞体文化及背后的历史，在101工号六楼设置了816地下核工程展示厅，详细介绍了816工程的历史背景、定点选址、工程建设、解密开放等内容，通过图片、内容，实物的综合展示，游客可从这里走进816工程。景区出口在确保原貌的基础上，将右方31个石墩设置为主题展示区。该展示区主题为“永远的工程兵”，主要展示当年无数工程兵参军打洞、退伍转业、解密回厂不同时期的工作、生活、学习用品，这些平凡而珍贵的物品是为了纪念每一位参与816地下核工程的建设者。

近年来，816地下核工程洞体知名度已越来越大，而与之密切相关的816三线军工小镇却知名度不足。因此当地政府已经开始着手开发军工小镇，主要分三期改造更新。一期由816地下核工程提供机械加工设备的816堆工机械加工厂改造而成，已于2019年对外试运行开放。项目占地200亩，涵盖40余栋具有再生价值的老工业建筑，100余套抗战时期和三线建设时期的军工机械设备等工业遗产。项目二期和三期将覆盖原816地下核工程麦子坪生活区和背靠其后的万亩乌江森林公园、军垦生态农场。

816三线军工小镇主要以816地下核工程遗址为核心，融合旅游度假、医养结合、观光休闲、文化创意四大板块，既区别于纯观光旅游小镇，也区别于根植于城市的文创园区。它将会大大提升涪陵城区的更新水平与更新能力。

但与此同时，我们调研也发现，816地下核工程和816小镇在建设过程中目前还存在一些问题。第一，宣传力度不足，尤其是其作为旅游资源对外宣传力度小，创造的经济效益、社会效益比较低。第二，816地下核工程遗址保护和利用和军工小镇的建设主体不同，二者难以协同开发。作为最核心的资源——816核军工洞体收归地方政府管理，旅游开发转让给涪陵交旅集团负责。816小镇由重庆建峰集团主导，只能依托重庆建峰集团的老厂房、生活区，通过人工造景来修旧如旧。部分厂房还涉及地方政府、企业与个人等多方利益关系，整体开发需要协调统一。第三，军工小镇在文化符号建设上欠缺，体现不出与“三线”军工高度联系的内涵关联，在基础设施建设上还需进一步提升。

41. 安源国家矿山公园

（安源煤矿工业遗址）

安源国家矿山公园位于江西省萍乡市安源区，是由安源煤矿工业遗址更新改造建成的矿山公园，被列入全国第二批国家矿山公园，也是江西省第一家获得建设资格的国家矿山公园。安源煤矿又名萍乡煤矿，创办于1898年，是中国近代煤炭工业化程度最高的煤炭基地之一。

2009年12月，安源国家矿山公园通过了由原江西省国土资源厅组织的专家评审，正式获得申报国家级矿山公园的资格。2010年5月，萍乡安源国家矿山公园通过原国土资源部专家评审。2015年12月，专家一致认为安源国家矿山公园一期项目经过全力建设已达到国家矿山公园开园揭碑技术标准规范，同意予以评审验收通过。安源国家矿山公园总体布局是在原有的安源红色旅游景区和2004年批准为安源国家森林公园的基础上，因地制宜地规划矿山公园的地学旅游、风光观赏、科学考察、科普教育等功能。

矿区改造为矿山公园，通过“生态＋”治理模式，将废弃矿山变成金山银山。对废旧矿山并不是一关了之，而是坚持“显山、露水、铸城”新理念，走“修复、保护、重塑”路线治理矿区。在改造过程中，安源坚持规划先行、系统治理，制定计划，指导矿山修复治理全面系统推进。加强协作，紧密联系生态环境、水利、林业、农业、旅游等部门，统筹推进废弃矿山修复、土地整治、植被修复、水土保持等生态保护工程，逐步形成职责明确、齐抓共管、合力攻坚的治理格局，实现治理区域“山、水、林、田、湖、草、路、景、村”一体推进。近年来，萍乡积极申报矿山环境治理项目，整合资金，争取各类资金3.31亿元。与此同时，建立多元投资机制。在积极向上争取项目资金和加大财政投入的同时，制定出台吸引社会资本投入的相关政策，鼓励国有资本、集体资本、民间资本，通过拍卖、租赁、承包、股份合作的形式，广泛参与矿山治理。据统计，安源区全区废弃矿山面积8230亩，为了对矿区进行修复，安源区制定出台《安源区废弃矿山总体生态修复方案》，因地制宜，逐步修复。

在修复的基础上，安源依托特有的矿山遗迹景观、红色人文景观和自然旅游景观建立安源国家矿山公园。安源建矿山公园的优越条件体现在：一是萍乡煤田是中国南方重要的大型含煤盆地和“安源群”的创名地；二是矿业遗迹与矿业文化景观丰富、珍稀，是中国近代工业文明的缩影；三是安源煤炭工业文化衍生了安源红色历史，保存了许多珍贵的红色人文特色景观资源。在这里建设安源国家矿山公园既是保护人类矿业遗迹的需要，同时也是矿山生态环境修复的需要。

安源国家矿山公园矿业遗迹景观与人文资源丰富多样，涵盖了地质学、矿床学、生物学和中国近代煤炭工业文明及红色革命历史。这个面积26.3平方千米的矿山公园，有10大核心景观（区），75处景（观）点。安源国家矿山公园博物馆是安源国家矿山公园重要组成部分。博物馆原址为张公祠，建于1908年，坐北朝南，为二层砖木欧式建筑，占地面积1796平方米，为纪念安源煤矿建矿功勋的第一任矿长张赞宸而建。该矿山公园博物馆建筑面积达900余平方米，按要求，在保持建筑原貌、主体风格的基础上通过增添实物、图片、文字等方式展示地质遗迹和矿业历史。博物馆以安源矿业遗迹景观为核心，以安源煤系地层地质、煤文化展示，生态与人文景观、红色安源，矿山环境恢复治理，保护管理为支撑，突出展示了安源矿产地质和矿业生产的科学价值以及安源煤矿系统完整的探、采、选、冶、加工等活动遗迹和矿业遗迹的保护管理能力。

仅仅依靠矿山公园还难以实现安源的经济转型，在开发国家矿山公园的基础上，安源区还依托中医药健康养身小镇，延长旅游产业链条。2017年，安源区抓紧落实国家矿山修复政策，坚持“绿水青山就是金山银山”的发展理念，在青山镇青山村建设中医药健康养生小镇。小镇占地面积1850亩，以中医医疗为依托、医养结合为抓手，覆盖了医疗、文化旅游、养生养老、中医药教学培训、中草药种植、中药研发六大板块。目前小镇客厅、康养游步道、中草药种植园与中医药人才培训中心已基本完成建设。

安源国家矿山公园附近还有以安源路矿工人纪念馆为中心的安源红色工业遗产群。它们与安源国家矿山公园构成了独具特色、源远流长的安源地区工业遗产体系。随着萍乡安源国家矿山公园被列入第二批国家矿山公园，在其自身具备较高的资源禀赋和丰富的旅游资源基础上，通过不断落实发展建设规划，萍乡安源国家矿山公园已具备一定的规模，基础设施和发展环境也在不断优化，萍乡安源国家矿山公园整体环境得到改善。但是在实地调查中也发现，公园周边局部地区发生地面裂陷和地面沉降，煤矿生产过程中产生的“三废”对矿山周围环境造成了较严重污染，并有生态退化现象。

我们通过随机访谈发现，安源地区的很多访客知晓“秋收起义”“安源路矿工人大罢工”等历史事件，但对安源国家矿山公园知之甚少。再加上观光游览设施落后、环境污染、区域经济发展水平较低等客观因素的影响，安源国家矿山公园的建设及发展相对于其他矿山公园较为落后。

安源国家矿山公园是对安源煤矿工业遗产的保护更新，也是安源煤矿的接续替代产业，有利于在保护好地质旅游资源的基础上，以科学的态度，规划各种旅游资源的开发，不断提高矿产地质景观资源开发层次。同时安源国家矿山公园对于传承安源文化中的红色历史及近代工业文明，展现民族工业的伟大复兴也具有十分重要的现实意义。

安源路矿工人纪念馆

42. 坊子炭矿遗址文化园

(坊子煤矿矿井和德日工业厂房)

坊子炭矿遗址文化园位于山东省潍坊市坊子老城区八马路以北、北海路南端西侧，是山东新方集团股份有限公司依托原山东省坊子煤矿矿井和遗存的德日工业厂房打造的工业文化园区。2013 年坊子炭矿被列入山东省重点文化产业项目，也是目前山东省内唯一一个以煤炭为主题的大型综合文化产业项目。

作为依托百年煤矿矿井和德日工业厂房进行经济转型升级创新开发的工业文化旅游园区，坊子炭矿工业遗址紧紧围绕企业转型升级、提升城区功能的目标，充分挖掘坊子煤矿百年历史的文化内涵，利用矿区遗存的德日工业厂房遗址进行开发建设。具体规划包括复原德建坊子炭矿大门、时空穿梭隧道、坊子炭矿博物馆、党群服务中心、日式绞房车、德日开采时期办公室、矿井体验馆、德日输煤廊小火车观光、儿童游乐项目、德建坊子竖坑烟囱、德建坊子竖坑发电机房、地质博物馆、国内首代蒸汽机机车展示等场所。

原坊子炭矿区分别以南、北矿井为中心形成工业及居住区，经多年使用后，由于产业改革而逐渐停用，并于 2012 年被改造。改造后的南井矿区主要分为坊子炭矿遗址文化园、水上游乐园两部分，北矿井主要有“安妮”竖坑及其周边配套设施，“安妮”竖坑进行了跨 3 个世纪的采矿作业，如今已停用。2018 年年初，坊子炭矿区被列入第一批中国工业遗产保护名录。

坊子炭矿遗址文化园分为坊子炭矿博物馆、矿井体验馆、德日建筑群及室外亲子空间等部分。炭矿博物馆由两座 20 世纪 60—70 年代扩建的厂房改建而成，主要展示了煤矿的形成、采集及坊子炭矿区的历史沿革与变迁。该展馆保留了厂房建筑的主体结构，并在两座厂房的东、西两端加盖入口空间与走廊，形成回形空间与中庭，但中庭空间未被利用。矿井体验馆由德国建造的百年坊子竖坑以及与“敏娜”竖坑连接贯通的井下巷道改建而成，并相应布展清代民办煤窑，德、日侵占时期开采场景，水灾、火灾案例现场，马拉矿车运煤场景，矿工生命守护神——圣芭芭拉神像，矿工对敌斗争和红色教育基地等。同时，附设别具一格的声、光、电设施，形成玄妙莫测的“地心景观”。遗址文化园中留存德日建筑群 9 处，现保存状况较为完好，部分建筑作为炭矿体验区对公众开放，2处德建别墅未对公众开放。室外亲子空间除游乐设施外，还设有火车轨道展示区并放置各类机械，形成室外展区。

坊子炭矿区的远景规划项目不仅有历史建筑遗存的保护与再利用，也有新设施的开发。水上游乐园区中多数为新建设施，主要历史建筑为3座工业厂房：其中1座为机电车间，属于德日历史建筑群，现为游乐场男更衣室；另2座为厂房，分别为女更衣室及地质厅。“安妮”竖坑也称坊子煤矿北大井，始建于1904年，建成时井深376米。由于产业调整，目前已停工，尚未对其进行再利用。

坊子炭矿区作为国内重要的近代工业遗产，见证时代与城市的发展，并通过改造期望其在城市中焕发新的活力。然而随着社会的发展，坊子炭矿区在改造与转型中也不可避免地面临一些问题。

第一，坊子炭矿区工业遗产记忆难以传递。坊子炭矿区对坊子镇的形成影响深远，是城市记忆中不可磨灭的一部分。为将这些城市记忆展示给更多的公众，园区改造中规划了许多项目，如讲述坊子炭矿博物馆的历史，利用坊子竖坑设立的矿井体验项目，德式蒸汽机房展示发电机，园区小火车项目反映胶济铁路和坊子炭矿区的密切联系等。但这些项目向公众开放的数量逐渐减少，这导致建筑及设施利用率低，公众很难通过几个项目获得完整的采矿文化体验。采矿文化无法得到进一步推广普及，历史时期的印记难以重塑，导致坊子炭矿区留下的精神及时代留下的记忆难以传递。

第二，各类工业遗产之间联系疏远。坊子炭矿区虽与其余坊子工业建筑群在同一历史文化街区内，但坊子炭矿遗址文化园所在的坊子炭矿南井矿区距离坊子火车站、坊茨小镇等园区有一定距离，并被城市主要交通道路阻隔。这使得坊子炭矿遗址文化园无法与其他园区产生互动，从而导致坊子炭矿遗址文化园与其他工业遗产园区间无法相互带动，难以发挥其最大价值。

第三，相邻园区功能缺少互动。改造后的坊子煤矿南井矿区主要分为坊子炭矿遗址文化园和水上游乐园两部分。在实地调研时发现两园区缺少互动。潍坊是北方城市，具有典型的四季分明、冬冷夏热的气候特点。这使水上游乐园的大部分设施只在夏季得以利用。所以，坊子遗址文化园中亲子空间等功能及其设施难以在特定时间之外与水上游乐园产生互动，并带来人流量。这对坊子遗址文化园的人流量带来了一定的影响，而人流量不足导致坊子遗址文化园已有建筑利用率较低，进而对园区活力产生影响。

整体来看，坊子炭矿区通过城市更新式的工业遗产再利用，建设坊子炭矿遗址文化园，将坊子煤矿百年历史文化挖掘传播、爱国主义教育、科普教育与中小学生研学融为一体，充分挖掘了工业遗产的价值内涵。未来在对该处工业遗址的再利用过程中，若能充分利用已建设场所，促进园区间相互带动，举办特色文化活动，提高市民参与度，会使园区焕发更大的活力和吸引力。

坊子炭矿区工业遗址深刻反映了近来以来我国采矿工业的变迁情况，具有极强的代表性和地域性，是潍坊近代百余年发展史的见证者，为中国近代工业发展史的研究提供了有力的实证，其具有高度的历史价值与时代意义。坊子炭矿遗址文化园作为一处典型的城市更新式工业遗产保护更新案例，对于其它同类工业遗产的再利用有一定的借鉴意义。

43. 长影旧址博物馆

（长春电影制片厂老厂区）

长影旧址博物馆坐落于吉林省长春市，是在长春电影制片厂老厂区基础上改造而来的博物馆。长春电影制片厂老厂区的前身是伪满洲国时期日伪成立的伪宣传机构“满洲映画株式会社”，简称“满映”。1945 年日本投降，中国共产党直接领导建立的东北电影公司正式接管原“满映”的设备器材。后由于国内战局变化，东北电影公司曾一度北迁至黑龙江鹤岗市，于 1949 年迁回长春，并于 1955 年改名长春电影制片厂(即“长影”)。建厂以来，长影在我国影史上占据着举足轻重的地位。作为新中国电影摇篮，长影创造了人民电影的“七个第一”，先后生产了 900 多部故事片，译制 2666 部影片。在改革开放的浪潮中，长影也率先完成体制改革，成为全国电影业中第一家完成事转企和国企改制全部任务的企业。至今，长影已发展壮大为我国的综合性电影集团，在新时代继续焕发活力。

2011 年，长影集团在完整保留原建筑的基础上，本着“修旧如旧”的原则，启动长影老厂区改造项目。2014 年项目完成，长影旧址博物馆正式落成开放。长影旧址博物馆建筑面积 46137 平方米，共分为长影电影艺术馆、长影摄影棚、长影洗印车间、长影电影院、长影音乐厅以及配套的长影文化街六个功能区，馆内展陈了3700多张定妆照、600幅肖像照、400多张工作照以及2000多段视频资料，以文物保护、艺术展览、电影互动等形式，详细记录了长春电影制片厂发轫、进展、繁荣、变迁历史，全面展示了长影乃至新中国电影的光辉历程和艺术成就。2015年，长影旧址博物馆获评“吉林省工业旅游示范点”。2017年，长影旧址博物馆被评为国家十大工业遗产旅游基地。2020年，长影旧址博物馆入选第四批国家工业遗产。

首先，长影旧址博物馆的改造首先明确了在原有建筑基础上“修旧如旧”的基本原则，力求满足游客真实性怀旧体验。长影旧址博物馆原貌修复修缮了长影混录棚、摄影棚、洗印车间、第十二放映室等诸多工业遗址，并在修缮基础上予以改造。例如，长影摄影棚功能区依托于早期的混录棚和第1、2、3摄影棚；长影洗印车间功能区依托于中国现存年代最久远的洗印车间，以及当中我国唯一一条对外开放的电影洗印生产线；长影电影院功能区依托于早期第4、5摄影棚和第12放映室；长影音乐厅则由第7摄影棚改建而成。通过高度重视文化遗产的原真性，长影旧址博物馆真正满足了游客诉诸真实的怀旧体验。长影旧址博物馆虽力求打造怀旧场景，但展示手段却并不完全依赖传统图文。在博物馆，游客可以观看完整的、全国绝无仅有的，于建厂初期拍摄的“七片计划”影片，这些影片在胶片转磁、磁转数字等技术手段作用下得以再次呈现。游客可以通过自助式影片点播系统观看长影拍摄的300多部优秀影片，还可以在电影《甲午风云》展区，切身体验邓世昌“撞沉吉野”的壮烈等，以增强游客的沉浸体验。

其次，长影旧址博物馆具有鲜明独特的功能定位，以电影文化确立自身地位。长影旧址博物馆与一般的博物馆不同，它不仅具有展示、记录、保护等功能，同时还是怀旧型电影产业园区。博物馆内不仅包括长影电影艺术馆、长影摄影棚、长影洗印车间等展示功能区，还包括电影院、音乐厅等与电影相关休闲娱乐场所，这也是长影旧址博物馆区别于其他博物馆的显著特色。此外，在博物馆外以红旗街长影正门为起点，以湖西路长影音乐厅为终点的地理位置上还分布一条全长510米的长影文化街。长影文化街由上达集团打造，是长影旧址博物馆的配套设施。虽然长影文化街是商业步行街，但却实现了电影文化的延伸，随处可见的电影元素装饰，电影相关雕塑，都与博物馆本体建筑形成了联动效应，馆内馆外共同营造了一个电影文化特色鲜明的怀旧场景。

最后，依托求新求变的互动布局，长影旧址博物馆在动态更新中增强游客黏合度。一般而言，类似长影旧址博物馆这种行业博物馆，如何形成具有黏合度的游客是公认的难题。这是因为行业博物馆不似综合性的博物馆展陈主题宽泛、展陈物品多样，可以经常推出特展吸引游客二次参观。但显然，长影旧址博物馆并没有因自身行业博物馆的属性而被束缚，相反，博物馆始终以多种手段不断求新求变，不断吸引游客的注意力。例如，新增游览区域，提供新的游览内容。

近年来，长影旧址博物馆特增辟了第10放映室浏览区域，通过利用胶片转磁、磁转数字的技术手段向游客呈现一些新的、过去不曾展示过的珍贵影像，包括新中国第一部多集新闻纪录片《民主东北》等，丰富游客的游览内容。再如积极举办“遇见家乡的光影记忆”少儿绘画等系列公众活动、主题研学活动等。长影旧址博物馆始终处于动态更新中，以“动”促进游客回流，以与时俱进的姿态面向大众。

从最初改造的“修旧如旧”原则，到博物馆的空间规划，再到现在的博物馆运营，长影旧址博物馆项目真正激活了长春电影制片厂老厂区工业遗产在当代的生命活力，老厂区及其周边地区因工业遗产的保护利用焕然一新，成为市民生活娱

长影旧址博物馆外景

乐的重要活动场所，部分土地也被置换为住宅用地。

长影旧址博物馆与上海电影制片厂、西安电影制片厂等一同构成了我国文化工业遗产当中“电影工业遗产三大厂”。长影旧址博物馆启动早、规模大、起点高，而且与长春地区的其他工业遗产形成了颇具规模的工业遗产带，因此具有较为重要的地位。

我们调研发现，经改造后的长影旧址博物馆在服务城市更新过程中发挥了重要作用，但现阶段仍然存在着一些现实问题，比如博物馆的盈利模式问题。长影旧址博物馆是少有的门票收费的工业博物馆，且其门票收费并不低，普通票价为90元。但在全国工业旅游刚起步、可替代旅游产品繁多的环境下，门票收费是否会成为游客作出选择的重要考虑因素是值得深究的。而将部分盈利负担转移到博物馆IP开发上，或许是长影旧址博物馆实现持续运转的另一重要路径。

44. 上海辰山植物园

（辰山采石场旧址）

上海辰山植物园位于上海松江区佘山辰花公路3888号，是集科研、科普和观赏游览于一体的综合性植物园，由上海市人民政府、中国科学院和国家林草局（原国家林业局）合作共建，占地207公顷，于2011年1月23日对外开放。

该植物园在1905年开设的辰山采石场旧址基础之上建设。中华人民共和国成立后，辰山采石场变更为国营辰山采石场，东西五个塘口全面动工，年产石料25万余吨；1955年前后，辰山采石厂开采规模巨大；至2000年辰山采石场才被政府关闭，辰山采石工业终止。

辰山植物园作为城市中的重要设施及生物多样性保护的重要场所，是市民实现社会物质生活、精神文明共同发展的重要载体，具有科研、科普、游憩与开发等多重功能。该园以开放式、多层次为工作思路，充分发挥风景宜人的特点，将文化品牌活动与特色植物相结合，先后举办“上海国际兰展”“上海月季展”“辰山睡莲展”等特色主题花展，以及“辰山草地广播音乐节”“辰山自然生活节”等主题品牌活动，为游客搭建了休闲娱乐的绿色平台。园区还十分注重营造丰富多样的主题节日，分中心展示区、植物保育区、五大洲植物区和外围缓冲区四大功能区。活动内容主要依据核心区植物资源的特点、人们活动与精神需求等作季节性策划，如春季的樱花节、夏季的月季王莲花卉展、秋季的禾本科植物展示、冬季的灯会和观果植物游赏活动等，体现辰山植物园更多的社会文化属性，与市民的生活紧密联系，并承载与展现了上海本土文化。

在进行本土植物与多样化植物展示的同时，该植物园还搭建了人与植物相互交流的平台，由过去简单罗列植物种类、人们被动接受的模式发展成为人们主动探索认知自然、达到寓教于游的模式。例如园内的矿坑花园原址为百年人工采矿遗迹，上海辰山植物园根据矿坑围护避险、生态修复要求，结合中国古代"桃花源"隐逸思想，利用现有的山水条件，设计瀑布、天堑、栈道、水帘洞等与自然地形密切结合的内容，利用现状山体的皴纹，深度刻化，使其具有中国山水画的形态和意境。矿坑花园突出修复式花园主题，是中国国内较优的园艺花园。园区内的风情花园采用自然式和规则式相结合的布局方式。入口处有大叶型的旅人蕉科、芭蕉科、姜科植物和下沉式的地中海风情花园。棕榈广场的设计，运用温室设计开阔空间理念，有比较大的活动空间。这是在温室植物设计历史上，首次采用原产马达加斯加的霸王棕作为骨架植物，下层配置四季温室主题花卉，可欣赏到简洁明快的热带风光。经济植物区集中展示的是热带果树等经济植物。这个区域作为棕榈活动空间的大背景，融大瀑布、山洞、栈桥、溪流、特色木亭等园林要素为一体，假山部分还特地选择了具有佛教文化的"五树六花"植物。植物配置上，在溪流源头栽植了一株形似龙头的鸡蛋花，下面还配置了藤蔓类的龙吐珠；在大瀑布口则种植了一株龙眼。这样植物园不仅具有地域性特色植物景观，又能让市民观赏外来植物景观，并通过多样化的植物展示方式，吸引更多游客，产生更好的景观效果。

园区景观的升级不仅仅为了更优质地展示植物景观，同时考虑到游客的游览体验，先后建成了热带植物体验馆、4D科普影院、树屋、海盗船、儿童园、勇者之路攀爬网、空中藤蔓园等科普体验设施，为中小学生提供了广阔的科普场地和先进的硬件设施。辰山绿色剧场占地面积12000平方米，采用了古希腊剧场的扇形观众席及镜框式舞台形式，形成一个露天、草地、立体的开放式剧场，整个剧场可容纳6000多位观众。作为公众认知植物、贴近自然的文化阵地，上海辰山植物园为上海居民提供了一个理想的休憩场所，年游客量超过100万人次。

但我们通过调研也发现，上海辰山植物园在发展过程中也缺失了一些系统化的科普解释性设施，这是完善植物展示系统的必要条件。科普文化是植物园不可或缺的部分，不仅可以普及基本知识、宣传文化底蕴、增添游览内容，还可提升植物园的科学内涵。植物园可以通过定期举办植物科普文化展，集中展示与特色植物有关的典故传说、诗词绘画、摄影书法、文献资料等，还可以利用各种文字展板、图片画册、音像影音等辅助手段向游客普及植物的科学知识，如地理分布、栽培历史、生长习性、经济用途、品种分类和栽培技术等来宣传园内特色植物文化、普及科普知识，从而进一步提高园区的科学内涵和知名度。

此外，植物园的IP赋值与文创开发目前渐成热潮，但上海辰山植物园在相关工作中仍所做有限，在如今"博物学"热的情况下，辰山植物园应顺势而为，借助文创产品、IP赋值等方式，开发研学项目、出版相关图书、推出虚拟或实体文创产品，从而扩大自身影响力，这应是未来着力的一个重要方向。

鸟瞰辰山植物园外景

45. 重庆工业文化博览园

（重钢原型钢厂部分工业遗存）

重庆工业文化博览园位于重庆市大渡口区义渡路999号，依托重钢原型钢厂部分工业遗存建设而成，占地152亩，总规模14万平方米。作为新中国第一根钢轨的诞生地，重庆工业文化博览园的主要历史遗存为钢铁厂迁建委员会生产车间旧址、双缸卧式蒸汽机、两件蒸汽机火车头、工厂相关档案资料以及若干铣床、压直机、刮头机等各个时代的机械设备。2017 年，重庆工业文化博览园项目被评为国家首批工业遗产。

1965 年，大渡口因重钢正式设区，2011 年，重钢实施环保搬迁。为保护好宝贵的工业遗存，传承好工业文化、钢城文化，2015 年大渡口区联合渝富集团对原重钢片区进行整体规划，在保留原重钢型钢厂内具有典型工业特征和历史底蕴的建筑物基础上，打造以重庆工业博物馆为核心的重庆工业文化博览园，并于 2019 年 9 月向社会公众开放。

在对老厂房进行改造过程中，重庆工业博物馆及创意产业园保留利用型钢厂大跨度厂房和具有典型工业特征的建构筑物，对旧工业建筑区现有建筑及环境进行综合规划设计，使博览园的建筑兼具工业的结构美和历史的文化美，具有极高的建筑、美学、文化价值。除了外在建筑，主展馆的展览内容围绕近代以来重庆工业的发展历程，通过序厅、开埠-工业星火厅、抗战-工业大后方厅、三线-工业基地厅、改革-工业转型厅、未来-新兴工业厅六大展厅，全面展示重庆工业为中国抗战、工业化与中华民族伟大复兴做出的重要贡献，充分反映了近代工业历史，具有珍贵的历史、人文价值。

作为重庆市四大博物馆之一，重庆工业博物馆运用当代博物馆的先进理念与展陈手段，充分利用其独具的四大特色，即“国家重点文物遗址及国家工业遗产保护利用示范馆”“全国唯一展示抗战时期工业西迁历史博物馆”“重庆工业发展历史陈列馆”“当代及未来工业发展体验馆”，打造出具有创新创意、互动体验、主题场景式的泛博物馆。重庆工业博物馆利用多种创意手法展现了重庆工业文化的振兴，使整个展馆成为集展览与体验于一身，既能与工业记忆产生对话又能体现时代特色的全新空间:“钢魂馆”从物理维度设计出了多个钢铁工业科普知识互动展项，让游客体验一颗铁矿石的“冒险之旅”。此外，展馆还采用 AR 智慧化观展平台系统，呈现先进的数字化观展体验，让前来体验的人们除了可以感受重庆深厚的工业文化，还可体验到许多创意设计，拥有互动体验，充分体验奇幻的工业之旅。主展馆以“无边界博物馆”为设计理念，利用老厂房遗留的柱、梁、基础，采用钢结构体系，与整个重庆工业文化博览园在空间上连通，在展览上外延，将有限的展览范围延伸到更广阔的空间，成为泛博物馆的主要载体。重庆工业博物馆的主题馆内还陈列了1930年日本产弯弓式平铣、1945年钢铁厂迁建委员会自办刊物《涛声》、1958年重庆钢铁厂铲齿车床、1961年重庆钢铁厂四轴梅花铣床、20世纪80年代天府煤矿运煤矿车等重点文物展品，展示了近代以来中国各阶层对于民族工商业的保护、工业救国的实证、工业发展的历程以及工业审美的特征。

重庆工业文化博览园既有工业博物馆，还将配套建设文创产业基地，所处位置依山傍水，厂房、车间、钢铁的厚重与柔美的自然风光形成反差，整体兼具工业遗迹的斑驳厚重之美和长江崖线的清新自然之美，更以“工业文化”为主题，浓缩了重庆百年工业史的记忆，融合“文商旅”关联业态，打造一个工业遗址、文创产业和体验式商业相融合的城市综合体。该博览园已成为当地市民活动、休闲的热门场所。重庆工业文化博览园通过对工业遗产的保护实现了城市更新，记录了重庆工业发展的历史足迹，也是重庆城市工业个性的最好注解，为研究重庆城市工业提供了重要的实物资料，对研究重庆近现代经济结构的形成也有重要意义。

重庆工业文化博览园在改造升级中仍然存在着一些现实挑战，比如怎样与已经建成的义渡古镇“连点成线”、形成品牌，如何借助优质的旅游资源拓展相关配套功能，如开设特色主题餐厅、文化创意产品体验店与实体书店等。此外，近些年来数字技术、增强现实技术、虚拟现实技术、移动互联网技术、多媒体技术等为展陈方式的更新、提升提供了更多的可能性，如何在博览园中运用这些技术，让观众在欣赏静态展品的同时领略到其应用到生产、生活中的动态景象，已成为今后应重点关注的问题。

46. 可可托海国家矿山公园（“111矿”旧址）

可可托海稀有金属国家矿山公园位于新疆维吾尔自治区阿勒泰市富蕴县，是以闻名于世界的稀有金属伟晶岩矿脉——三号矿脉为代表的特色工业及红色旅游景区。它是中国第一个以典型矿床和矿山遗址为主体景观的国家地质公园。独特的阿尔泰山花岗岩地貌景观和富蕴大地震遗迹使之具有了丰富的科学内涵和美学意义，这些地质遗产世界罕见，极具价值，构成了新疆环准噶尔旅游线上一道耀眼的风景线。景区内有三号矿脉、阿依果孜矿洞、收藏地质陈列馆等景点，是一个集地质学术研究、文化、教育及休闲度假于一体的综合特色旅游景区。

新疆可可托海曾是国家一级保密特区——“111矿”，随着矿产资源逐渐枯竭和国防战备资源储备需要，可可托海开始转型发展旅游业。2013年新疆可可托海北疆明珠旅游发展有限责任公司成立，旨在有效利用可可托海丰富的矿业遗迹与地质奇观，通过发展旅游业为停产的矿区谋出路，让可可托海精神和故事继续传承。该公司通过大量的填土、恢复植被等工作，完成了苏式老木桥、阿依果孜矿洞、三号矿脉等景点开发。

三号矿脉素有“天然地质博物馆”之称。该矿脉发现于20世纪30年代，是世界罕见的大型稀有金属花岗伟晶岩矿床。在20世纪50—60年代，三号矿脉曾为我国“两弹一星”、航空航天等国防军工产业做出过重要贡献，被誉为中华民族的“英雄矿”“功勋矿”。可可托海国家矿山公园内的阿依果孜矿洞位于可可托海三号矿脉（岩钟部分）南500米处，矿洞长约800米，洞内有许多交叉的通道，巷道岩壁上清晰可见凿岩痕迹和层次分明的矿脉。矿洞内主要含绿柱石、铌-钽（锰）矿及锂辉石、云母、石英石等重要矿物。

可可托海地质陈列馆由一座20世纪50年代的苏式建筑改建而成。陈列馆二楼摆放着100多种形色各异的矿石标本：有通体黝黑、被称为“宇宙天空时代稀有金属”的钽铌单晶矿（俗称“黑宝石”）标本；有富含锂、铀的可可托海所独有的“阿山矿石”；有用来制作航天器涂层的富含铍的绿柱石等。陈列馆里有一张三号矿脉未开采时的黑白照片，那时它的表面有一个高出地表数百米的辉长岩柱状山体。在大型挖掘和运输机械设备还未出现的年代，几乎完全靠人力畜力“愚公移山”，用近50年时间挖出了现在这个“世纪大坑”。

为了让参观者身临其境体验矿山的内部构造和矿工生活，2015年可可托海国家矿山公园将20世纪40年代末发现并开采、现已闲置不用的阿依果孜矿洞开发成一个颇受参观者青睐的特色工业游景点。800多米长的矿洞里，有大小十几个交叉或相通的采矿室，仿佛地下迷宫。现在参观者所见的矿洞已经过加高加固处理，过去矿工只能全天佝偻着身体在里面作业。可可托海是中国的第二寒极，冬天的极端低温有时可达零下60摄氏度，而矿洞里的常年温度只有零摄氏度。洞内的雕塑群复原了当时矿工的日常劳动场景，让访客对这些默默无闻的国防工业奉献者心生敬意。

卡拉先格尔地震断裂带是1931年8月1日富蕴县八级地震的遗迹，是世界上罕见的地震断裂带之一。此次地震波及全球，有明显震感的区域范围直径达2500千米，在卡拉先格尔中心留下长1500米、宽350米的壮观塌陷区，坚硬岩层被震裂开一条宽6米、深10余米的沟槽，绵延20多千米的山体整体下滑10米，伴有垅脊、串珠状断陷塘、鼓包、张裂隙等地震景观。该遗迹至今保存完整，是目前世界地震史上最典型、保存最完整的地震遗迹，素有"地震博物馆"之称，具有地质研究、科学考察、生态旅游等价值。

在充分利用可可托海矿区的自然资源的基础上，矿区也在进行招商，以"文化-文宿-文创"为主线建设，将形成集文化传承、公益讲座、学术交流、休闲旅游等多功能为一体的文化旅游创意园区。原可可托海矿务局一矿（简称"一矿"）矿部所在地，有1952—1987年修建的原石验选厂、电铲大修车间、制氧站等8座老厂房，经过改造形成了三号院。三号院占地面积10万余平方米，由政府配套亮化、美化水、电、暖等基础设施。目前已有18家文化企业落地，可以同时容纳260人就餐、797人住宿。2018年以来，在三号院先后举办了各类专题讲座、创作分享会等培训、文化交流活动等共计30余场次，这里已成为可可托海发展红色旅游的"打卡地"。

矿区中心，即一矿机修车间和排水组具有重要意义，曾经可可托海矿两大技术创新疏干排水技术和高台阶光面爆破技术在这里诞生，上百辆大卡车曾在这里穿梭、停靠、补给、检修。自2018年开始，新疆可可托海北疆明珠旅游发展有限责任公司在这里陆续投资500万元，经过三年的精心打造，曾经的老旧厂房重获新生，形成了以思贤馆、矿工大食堂、矿工俱乐部为核心，集餐饮、购物、住宿、休闲娱乐、纪念品销售、加工等于一体的综合服务区，同时与景区对面的原一矿矿部如今的"三号院"文宿遥相呼应，成为见证矿区转型的重要坐标点，游客来到这里可以在"思贤馆"了解到可可托海矿务局一矿挖矿的故事，可以在职工大食堂品尝到前辈们曾经吃过的"大会战"餐，了解矿区的风土人情。

可可托海矿区的改造也提升了民众的生活水平。2013年，可可托海矿区被国家确定为独立工矿区改造搬迁试点，建设生态治理、基础设施、公共服务设施等6大类50项工程。可可托海通过一系列环境综合整治措施，逐渐将老矿区打造成景区，成为一张旅游“新名片”。可可托海矿区企业积极转型，成立旅游公司，把矿山改造为旅游景点，重点开发工业遗迹旅游和红色旅游，让“矿三代”成功转型为旅游从业人员。在可可托海镇独立工矿区改造搬迁转型工作开展后，富蕴县还发展旅游业，开办了大量的农家乐、牧家乐、家庭旅社。我们调研了解到，仅可可托海镇，就确定工矿区综合治理项目 6 大类 30 项，总投资 30 多亿元，建设保障性住房 1056 套，2200 余人从棚户区和危旧房中迁出，对改善当地困难群众的生活条件起到了重要的帮扶作用，因此是区内较有代表性的城市更新介入工业遗产保护更新的项目。

47. 珠江琶醍啤酒文化创意园区
（珠江啤酒厂旧址）

珠江琶醍啤酒文化创意园区为广东省广州市珠江啤酒厂旧址，目前是集休闲、娱乐、展示等功能于一体的商业综合体。1985 年，珠江啤酒厂建成投产，率先研制推出全国第一瓶纯生啤酒和白啤酒，成为中国首个纯生啤酒示范生产基地，是我国改革开放工业遗产的重要代表。

2006 年，广州市确定了未来城市发展战略，其中一个核心部分就是提升老城区的发展质量。2008 年 3 月出台《关于推进市区产业“退二进三”工作的意见》，对环城高速以内影响环保类企业和危险化学品类企业分批次向外围郊区空间腾挪，为老城环境品质提升、现代服务业发展提供土地承载空间。珠江啤酒厂响应“退二进三”城市发展战略，把海珠总部的产能逐渐进行搬迁转移。2015 年 12 月，珠江啤酒厂已全面停产，位于珠江边的旧厂占地面积为 24.3 万平方米，交由政府收储用地达到 17.4 万平方米，剩余 6.9 万平方米由珠江啤酒厂自主开发，进行“三旧”改造。搬迁后原珠江啤酒厂自 2016 年进行改造，于 2019 年完工，改造后的珠江琶醍啤酒文化创意园区成为以啤酒文化产业为核心，集产品、服务和应用等为一体的商业生态圈，开辟了一条独具特色的啤酒制造与啤酒文化协同发展的道路。

珠江啤酒厂紧邻珠江，曾是广东人引以为豪的记忆地标。为了保存这份记忆，充分考虑环评状况后，珠江啤酒厂厂房改造将工业风和创意文化相结合，打造全新的琶醍啤酒文化创意艺术区。融合啤酒工业文化，将旧工厂整体改造为集休闲、娱乐、展示等功能于一体的嘉年华综合体，原啤酒生产车间则被改造为啤酒体验中心及设计创意区、国际品牌旗舰店、艺术画廊，成为时下“羊城”年轻人夜生活的“网红打卡地”和广州旅游休闲观光的“新名片”。

我们调研发现，珠江琶醍啤酒文化创意园区在设计过程中，曾遇到很多棘手的问题。如珠江沿岸有严格的城市风貌控制要求，对建筑体量有一定的要求，在设计期间，啤酒厂的生产活动尚未完全停止，需要借助水岸运输原料、货物，导致设计的酒吧街流线被切断。同时，厂区下方正是磨碟沙快速路隧道，对建筑的结构、安全产生巨大挑战。设计师通过“景观建筑一体化”的连续折叠结构解决了这些问题。在珠江沿岸设置宽阔的草坡，从而减少对沿岸景色的影响，将生产运输流线覆盖在景观下面，避免了流线交叉。珠江琶醍啤酒文化创意园区通过对原建筑立面及内部空间进行重塑改造，置入新功能体块，整体激活场地，因此具有多重功能。具体方案如下：

第一，满足了珠江啤酒集团办公的需要，将园区内最复杂，也最有代表性的锅炉汽机间及相连机械设备改造为珠江啤酒集团总部大楼。汽轮机发电车间是一座多层的钢筋混凝土结构厂房，设计师在进行了大量的现场筛查评估后，为每个机器部件制定了利用计划，通过原地维护、异地保护、拆除重构等方式，创造出工业遗产与现代办公相互依存的不同场景。改造后的室内空间依然围绕汽轮机及其基础平台这个工业遗产核心物项展开。7 层通高的共享中庭、层层叠叠的平台、机器设备管线构件触手可及，既展现了原来热电生产的宏大气势，又提供了独特和丰富的创意办公环境。因为地段的特殊性，锅炉汽机间在短期内将作为总部办公使用，但是从长远来看，还存在着转型为租赁办公、共享办公的可能，因此在设计过程中没有以“类型建筑”作为导向，而是从场地流线、空间体验、视觉界面的连贯性入手，为今后的多样化发展做了准备。

第二，满足了传播啤酒文化的需要，厂房被改造为啤酒文化中心、啤酒创意中心。啤酒体验中心变身为以啤酒展览旅游和餐饮娱乐为一体的体验中心，内部配套设置啤酒生产设备陈列展馆，陈列展示糖化、发酵罐等各种啤酒生产设施，虽不用于生产，但展览馆配置啤酒生产的图片和视频可使参观人员更加直观地了解啤酒生产的情景。在麦芽仓特殊建筑形体的基础上，改造出啤酒文化特色酒店。同时，啤酒体验中心还举办了美食节、啤酒节、音乐会、艺术展等数百场大型活动。

第三，满足了会展的需要。园区用来储存煤的煤棚于2018年8月完成改造，变身层高8米、面积1420平方米、中空无柱体的工业风多功能演艺中心，成为奇点艺术节、时装周、新产品发布会、电音节、电竞比赛、街舞比赛等活动场地。我们调研了解到，每年大约有50场活动在此举行。

第四，有效地保护了厂区内的工业建筑和设备，通过工业遗产景观再生设计，强化独有工业文化元素，形成烟塔广场、琶醍广场、酒泉广场和水塔广场四大特色广场，并作为承担表演、观演和集散等一定功能需求的公共活动场所。在广场周围还通过绿化对道路进行修整，设置了长椅、靠椅等休闲设施，配合各种主题打造，方便到访的人群在潮流艺术中穿梭、驻足、休憩。

第五，珠江啤酒厂作为一个滨江公共空间，通过场地的梳理，将临江步行绿道、酒吧街室外平台、改造机械检修平台等巧妙连通，以此为引，延伸到城区，形成滨江公共空间在纵深方向和垂直方向的延伸，与面向珠江的层层跌落的观景平台连接，大大拓展了公共步行体系的多样性和趣味性。办公区的用户则可以通过专门的流线与外界相连，方便又不受干扰。

珠江琶醍啤酒文化创意园区作为城市更新的产物，通过功能的复合实现了工业遗产的再生，不仅是广州市产业结构“退二进三”的标杆之作，而且在广东地区城市更新工作中也具有典范意义。

48. 唐山地震遗址纪念公园

（唐胥铁路修理厂旧址）

唐山地震遗址纪念公园依托唐胥铁路修理厂旧址而建，该厂位于河北省唐山市路南区岳各庄大街19号。该厂始建于1880年，是中国最早的铁路工厂，制造了第一台机车。20世纪30年代成为全国设备最先进、生产能力最大、近代化程度最高的铁路工厂，后更名为唐山机车车辆厂。2018年1月，唐山机车车辆厂入选第一批中国工业遗产保护名录。目前核心物项包括龙号机车（模型）、铸钢车间、烟囱、水塔等。

唐山地震遗址纪念公园坐落在风景优美的唐山南湖生态风景区内，位于唐山市京山铁路东侧，唐胥路北侧，总占地面积约 40 万平方米。唐胥铁路修理厂铸钢车间建于 1959 年，现保存的遗迹是其南北走向的三跨厂房，建筑面积 9072 平方米，从北向南依次为 5 吨转炉 2 座，5 吨电炉 2 座，修理、预热钢水包工地，机车主车架片造型工地。

1976 年唐山大地震时，厂房处于宏观震中，烈度为 11 度，三跨厂房除部分中间立柱扭曲、倾斜外，四周墙柱全部倒塌，屋架落地。当时有夜班炼钢工人及辅助生产人员 20 人，11 人遇难，3 人重伤，40 余台设备震毁或受损。厂房南侧的砖砌烟筒，原高 35 米，地震时断成三截，其余两节烟囱直接嵌入现存的烟囱内，成套筒式结构，内外共有三层。

唐山地震遗址纪念公园以原有的铁轨为纵轴，以纪念大道为横轴，除保留了全国重点文物保护单位唐山大地震遗址——原唐山机车车辆厂铸钢车间之外，还建设了纪念墙、纪念林、纪念广场、纪念水池、主题雕塑和地震博物馆等一大批纪念教育设施。建成以来，曾荣获“河北省十大公共建筑”“全国爱国主义教育示范基地”“全国首个国家防震减灾教育示范基地”等称号。

在公园内上还建有占地 3 万平方米的纪念广场，地面由黑白相间的大理石铺成，可供上万人举行重大集会活动，是公园内供人们纪念亲人、凭吊逝者的一个重要场所。广场正前方是纪念水池，左侧是地震纪念墙，由 5 组 13 面墙体组成，全长 493 米，每面墙高 7.28 米，代表 7 月 28 日，纪念墙距水面 19.76 米，代表 1976 年，让人永远铭记 1976 年 7 月 28 日这一悲恸的日子。纪念墙上镌刻着唐山大地震 24 万罹难者的名字。旁边两根铁轨，由于地震的强烈震动，严重扭曲变形。

唐山地震遗址纪念公园是城市更新与工业遗产保护更新的双重杰作，是人类灾难纪念史上的重要建筑，体现了城市文脉、重大灾难纪念与城市公共空间的多重有机结合，具有重要的时代价值与纪念意义。

2010 年 7 月，时任国家副主席的习近平同志来此公园向唐山大地震罹难同胞献花并参观了地震博物馆，临行前还特别指示：把地震遗址公园建设好，使用好，充分利用公园得天独厚的优势，为弘扬爱国主义精神和普及防灾科普知识做出更大贡献。

第三章

场景再造

49. 太古仓码头

太古仓码头位于广东省广州市海珠区革新路，占地面积 54800 平方米，于 1904 年由原英商太古洋行建立。1953 年，太古仓码头收归国有，相继由广州港务局及广州港集团经营。2005 年，太古仓码头被定为广州市文物保护单位。2007 年，依据广州市白鹅潭地区新城市规划和“三旧”改造工作的总体要求，在市、区政府各有关部门的支持下，广州港集团对太古仓码头及周边环境实施转型改造。在“原貌保留开发”的设想下，太古仓保留了作为工业历史建筑的三座丁字形栈桥式混凝土码头、7 幢英式砖木结构仓库以及外环境，目标是将其改造为一个以文化创意、展贸、观光旅游、休闲娱乐为主的创意园区。

从路径上看，太古仓码头的更新路径是场景再造，以“修旧如旧”为原则，完整保留了仓库的主体建筑，不仅对其进行外观修缮、结构加固，更是将其内部功能从本质上进行置换，改造后的建筑被划分为四个功能分区：葡萄酒展贸及贸易中心、展览展示中心、服装创意设计园和怀旧主题电影院。三座丁字形栈桥式混凝土码头被改造为游船游艇码头。仓库南面及东面均设置露天停车位，满足交通需求。此外，太古仓码头还充分结合其码头历史文化元素及工业遗迹活化，引进“码头集装箱”元素，赓续了太古仓的舶来文化传统——以西式风格和洋行特色为主的户外经营场地。在太古仓的景观建造上，以码头文化历史为主题，还设置船锚器械、拴船桩、船员水手雕塑等码头主题景观雕塑，延续了太古仓的码头文化，展现出丰富的工业主题内涵。

经过改造后的太古仓根据城市居民生活需要，嵌入了新的功能，引进包括红酒体验中心、游艇俱乐部、餐饮和文化创意在内的文化休闲业态。太古仓壹号是葡萄酒展贸及贸易中心，分为 A、B 两个主题区，A 区为后现代简约的设计风格，B 区为欧洲小镇设计风格。仓库外矗立的高大的葡萄酒酒瓶状的建筑，是太古仓壹号的标志物。太古仓展示厅分为室内与露天两个区域，太古仓三号厅是展览展示中心，丁字形栈桥混凝土码头二号桥区域是露天展厅，餐厅、酒吧与咖啡厅等集中分布在展厅的周边。此外，太古仓码头还建设有太古仓怀旧主题电影院，设有 6 个放映厅，可容纳观众 800 多人，是国内为数不多且极具特色的水岸影城。为了满足游客休闲休憩的需要，太古仓码头仓南北两端的临江绿地改造了绿化广场，植物统一设计，绿化效果良好，促使太古仓码头与周边环境相融合，形成具有连续性的城市滨江景观带。

太古仓于2008年更新完成后，就吸引了各行业品牌在此进行公司形象宣传和产品展示，深受一些国际知名企业青睐。自2018年以来，广州港集团为了利用好太古仓码头和滨水商业资源，还打造了独一无二的水上休闲旅游购物路线。如今，太古仓已经成为广州著名的打卡地，吸引了来自全国各地的游客。太古仓因其富有历史文化底蕴的建筑群，成为很多电视剧、电影的取景地，如电影《中华英雄》《少年李小龙》与《秋喜》等。

太古仓的保护更新既保留了港口深厚的历史底蕴，展现了原有的历史风貌，同时也发展了文化创意产业，在"退二进三"工作中具有典范意义。我们调研了解到，未来太古仓将加快引入较为丰富的商业、文化业态，意在打造首个世界级码头文化主题艺术休闲旅游地标。

太古仓的建设具有牵一发而动全身的辐射效应，其成功为周边地区带来了良好的示范作用，直接影响了周围建筑的再利用模式，加快了产业融合。例如与太古仓一街之隔的中船公司仓库，引进了中影影院投资有限公司，改造为以电影文化为主题的电影城，使中船公司仓库得以重生，并朝着集商务办公、商务酒店、时尚休闲消费、教育培训等功能于一体的创意园前进。珠江对岸的冲口仓将升级成为白鹅潭展示中心，与太古仓、渣甸仓、冲口仓等一起构成珠江两岸高质量滨水空间，实现了工业遗产的场景再造。

此外，由于太古仓周边有大量的历史仓库和历史建筑，海珠区提出要通过"修旧如旧"模式建设更多"太古仓式"的文商旅融合特色消费区域，将太古仓周边的孙中山大元帅府和南华西骑楼街以及十香园纪念馆等历史文化资源串联成线。此外，太古仓所在的龙凤街道，也可以与大阪仓1904创意园、积优凤凰仓（石榴仓）、中船汇、万力大厦、凤凰创意园等位于珠江沿线多个老仓、老厂、老屋改造提升的文化创意空间形成共振多赢，打造"慢生活"文旅片区。这将进一步提升太古仓的吸引力。

太古仓自保护更新完成以来，已经成为广州的"城市客厅"，但是由于项目交通可通达性较差，体量小，业态不丰富，存在着消费层次和品位有待进一步升级等问题，尤其是“停车难”成为其举办大型活动最大的桎梏，因此基础设施改造仍有待提升。此外，太古仓还需要不断深挖其历史文化元素，整合产业链，创新商业模式，提升太古仓的吸引力和竞争力。目前，太古仓正在进行复建区建设，建好后将会引入国际知名的酒店或公寓入驻，并引入国内知名画廊、艺术品公司等文化业态，以全新的定位、多功能的业态参与广州国际化大都市的建设。

太古仓夜景

50. 民国首都电厂旧址公园

民国首都电厂旧址公园前身是民国首都电厂，其历史可以追溯到清末中国第一家官办公用电气事业——金陵电灯官厂，旧址位于江苏省南京市鼓楼区江边路1号，即中山北路与江边路交叉口大唐电厂西侧长江岸边，于1997年进行翻新扩建，占地面积近10000平方米。

自落成以来，该电厂一直通过水路运输煤炭等物料，因此在长江边建有1座高桩梁板码头，以及转运站、配电间等辅助建筑物。该厂属于红色工业遗产，曾为解放南京做出了突出贡献的“京电”号小火轮就出自该厂，号称“渡江第一船”。但随着经济形态和产业结构的调整，电厂已迁建至郊区，该电厂自然也被废弃。

之后，南京社会各界呼吁将该电厂旧址作为工业遗产加以保护。2012 年，南京市政府出台《南京下关滨江区总体规划》，确定对电厂旧址进行保护更新，将其改造成具有工业遗产展览功能的公共游园，由华东建筑设计研究总院设计，成为电厂工业历史展示主题的城市滨江公园，免费向市民开放。该旧址公园是中国工业遗产保护更新的典范，充分展现出突出主题和以人为本的设计理念，并获得了 2016 年亚洲建筑师协会“保护类建筑”金奖。

民国首都电厂旧址公园功能的设计理念是景观重生，即场景再造。在这一设计理念的指导下，将工业文化、码头文化与人文文化融合，注入新时代时尚元素，打造成后工业时代时尚文化滨水聚集地。改造后的民国首都电厂旧址主要用于餐饮娱乐及工业遗存展示，两者既可互相连通，又保持相对独立。在工业遗存的展示上，民国首都电厂运煤码头、塔吊、传送带悉数保留，通过运煤传送带进一步加强了景观的纵深感。

作为伸入江水中的公园，这里不仅有“工业迷”喜爱的各类机械，也有惟妙惟肖的雕塑，它们非常生动地展现了工人装货与卸货的情景。这些雕塑散置在场地之中，形成了一条贯穿场地的文化元素暗线。餐饮娱乐区的设计以北侧水景餐厅作为整个基地的收景，既延续了场地原有的传统文脉，也结合新的特色，打造出具有时代特征的场所。此外，该公园还通过引入新兴产业，加上餐饮等辅助商业，构成了一个以传统传媒产业为核心、以时尚消费为外延的多功能混合型开放空间。

民国首都电厂旧址公园的地理位置优越，交通十分便捷，与南京主城和江北地区有较好的交通联系。该遗址公园周边的历史文化资源、旅游资源丰富，与中山码头、阅江楼景区、宝船厂遗址公园等历史名胜形成了纵向联系，因此，在设计过程中尤为注重整体景观的和谐。该遗址公园周边有很多具有纪念意义的民国建筑，其中比较有特色的是白墙红砖、风格鲜明的下关红楼。改造后的旧址公园采用了与下关红楼一致的立面风格。两座建筑遥相呼应，成为重要的区域历史地标。

从本质上看，民国首都电厂旧址公园在保护更新方向上属于场景再造，即通过实体空间的改造构建一个新场景，并形成具有新功能与意义的文化空间。场景再造是工业遗产保护更新的重要方向，尤其对具有公园价值的滨水区域，场景再造具有较强的示范意义与应用价值。具体来说，民国首都电厂旧址公园改造工作有如下几点经验值得总结：

首先，利用滨水区位优势，打造滨水文化公园。南京地区坐拥长江、秦淮河、玄武湖等重要水域，水域是南京文化的重要物质基础。而长期以来，民国首都电厂又通过水路进行煤炭运输，因此码头与水路在电厂中具有重要的实际功能。为了突出码头与水这两大符号，设计师集中笔墨对码头的工艺流程进行了复演。项目保留了用于煤炭装卸和传输的塔吊和皮带机，并将皮带机的煤炭换成了水流，并配以柔和的灯光。同时，电厂百年的历史被浓缩进展厅，传统的火力发电工艺流程作为展品，向游客呈现，展示了电厂的兴衰历程。公园的重要设备前附有说明工作原理的讲解牌和演示视频，起到科普教育的功能。

其次，旧址公园的设计非常注重人与环境的交互性，公园内设置了许多可以与人互动的设施或空间。如庭院内安装的动感发电单车，人们可以通过骑单车锻炼身体，还可以感受到发电的过程，不仅符合电厂发电的主题，也增强了人与景观之间的互动。游客还可以通过江边的手摇杆，点亮 40 米高的吊塔，既增加工业设备的现代感，又拉近与市民之间的距离。此外，作为一个滨江公园，旧址公园为了满足人们的亲水性需求，在设计的过程中打破人与水的界限，设置亲水平台、延展平台和建筑内庭水体等，形成相对开敞而又独立的景观水域。

最后，民国首都电厂旧址公园在设计过程中非常注重生态节能和循环利用。在更新过程中，该旧址公园通过场地自产生的煤渣回收再利用等方式制造透水砖铺地。透水砖不仅可以起到降低造价、节约能源、循环利用水资源等生态作用，还可以充分利用其特有的工业属性，丰富场地的历史感与工业氛围，对现代城市化进程下的城市文脉的延续以及地域特色的重塑具有重要的意义。这对相关工业遗产的保护更新也有着借鉴价值。

我们经过走访调研发现，民国首都电厂旧址公园在设计上仍存在一些不足。第一，由于园区面积狭小，公园内活动空间较为有限，建筑与构筑物功能单一，六座建筑中一半用于展览，一半用于餐饮，与景观的互动性不强。第二，配套服务设施较少，沿江休闲带区域分区不明确，导致访客黏合度较低，这是工业遗产场景再造过程中尤其需要注意的问题。

51. 798 艺术区

（北京华北无线电联合器材厂旧址）

798艺术区位于北京市朝阳区酒仙桥大山子地区，坐落于七星集团下属的718大院，面积近30万平方米，建筑面积达23万平方米。798艺术区前身是国营北京华北无线电联合器材厂，代号为798厂，由苏联和民主德国援建，绝大多数建筑为20世纪50年代包豪斯齿形风格。20世纪80年代后期，企业亏损严重，大片厂区与车间处于闲置状态。798艺术区最初由租赁此地的艺术家自发打造，经过多年发展，这里成为聚集了众多艺术家工作室、画廊、美术馆、艺术空间、设计创意空间、时尚品牌店铺、咖啡厅、酒吧、餐馆等文化艺术机构和商业机构的空间。

798艺术区发展最早可以追溯到1996年，当时中央美术学院雕塑系教授隋建国租用798老厂房作为雕塑车间，为中国人民解放战争纪念雕塑园创作雕塑作品。随后，媒体人洪晃将其杂志社迁入此地。该区知名度提升后，吸引了更多的艺术家聚集，形成了798艺术区的早期形态。2002年后，随着艺术家、艺术机构的陆续入驻以及东京画廊在北京798的首展"北京浮世绘"的举办，该艺术区受到广泛关注并迅速成型。

2003年，面对拆迁危机，艺术家和艺术机构决定将798艺术区打造成中国当代艺术区，通过举办大山子艺术节，扩大了798艺术区的社会影响力，让北京市政府和公众看到了798艺术区的价值和潜力。2003年，美国《时代周刊》将798艺术区评为全球最有文化标志性的22个城市艺术中心之一，《新闻周刊》在2003年评选世界之都时，北京首次入围，入选理由正是798艺术区的存在。政府部门陆续对798艺术区开展调研工作后，2005年12月，北京市文化创意产业小组授予798"文化创意产业集聚区"的称号。2006年，798艺术区被北京市正式定位为"文化艺术创意产业园区"，由政府相关行政部门与七星集团联合成立"798艺术区建设管理办公室"，共同对798艺术区进行规划管理。这标志着798艺术区从自发状态过渡到政府规划发展新阶段。

2006年，最早进驻北京的澳大利亚红门画廊、意大利常青画廊、中国台北帝门画廊、程昕东当代艺术空间等艺术机构均入驻798艺术区。2007年11月，尤伦斯当代艺术中心落户园区，2008 年，纽约画廊巨头佩斯画廊在 798 艺术区开设分店。这些拥有高学术水平和运营能力的艺术机构的入驻，极大地提升了园区的艺术水准和品牌影响力。

2008 年北京奥运会期间，北京市政府将 798 艺术区作为重点旅游接待单位，中外元首和运动员的造访，更是让 798 艺术区声名远播。2012 年，由于 798 艺术区内部出现矛盾，发展进入瓶颈期。面对商业危机，798 文化创意产业投资股份有限公司作为 798 艺术区“房东”七星集团下的文化公司，开始主导 798 艺术区的战略规划，在管理模式上形成了政府引导、企业主导、园区企业共同参与的新模式。

798 艺术区是中国文化创意园区中的突出代表，也是中国工业遗产更新改造的典范。798 艺术区的形成和发展历史，几乎代表了中国文化艺术产业的一个时代，是中国文化艺术发展的一个名片。经历了二十余年的发展，798 艺术区仍然备受关注。

798 艺术区能在很短时间内快速发展并形成今天的规模，离不开内外部的有利条件。首先，北京文化资源丰富，文化设施完备，汇聚了大量艺术设计创意人群，为 798 艺术区的创办提供了良好的外部条件。其次，798 艺术区地理位置优越，同时租金很低，能够吸引艺术家入驻，具备良好的内部因素。再次，798 艺术区所在的朝阳区是驻华使馆聚集区，在早期阶段，大量外籍人士是该园区主要观众与艺术品消费群体，提升了 798 艺术区的国际影响力。最后，798 艺术区毗邻中央美术学院，为 798 艺术区在地缘上提供了创作资源和学术支持。

尽管 798 艺术区是国内工业遗产更新和文化创意产业的典范，但我们调研之后发现，近年来，其发展相较于北京及国内新建园区略显颓势，原因如下。第一，园区缺乏整体规划，园区内业态出现失衡，园区商业化严重，面临严重的可持续发展危机。由于园区缺乏整体规划，加上管理机制欠缺，以至于原本应该以艺术展览为主的园区，慢慢被商铺、推销场馆等商业场所挤占，从而导致园区核心功能的衰退和丧失，游客和投资商逐渐流失，这是文化创意产业在发展过程中不容忽视的现象。第二，虽然 798 艺术区形成了产业集群效应，但是这些效应没有为园区带来应有的经济收益，园区只能通过涨房租来增加收益，大量艺术家、艺术机构因为难以支付房租而被迫离开。此外，租户多以短约为主，对于需要长时间运营才能回本的艺术机构有着很大的风险，不利于产业园区的持续发展。第三，798 艺术区作为一个文化创意园区无疑是成功的，但是其在发展过程中，忽略了原本生活在 798 艺术区的工人，使得 798 社区缺乏社区参与，因而工业文脉延续不足。同时，798 艺术区作为一项工业遗产，在开发利用过程中并没有利用好工业元素。而且，作为红色工业遗产，798 艺术区在深度挖掘其工业内涵上有所欠缺。

52. 中国丝业博物馆
（永泰缫丝厂旧址）

永泰缫丝厂是我国早期重要的机器丝绸厂，其旧址坐落于中国江苏省无锡市梁溪区南长街 364 号，主要遗存有厂房、茧库和缫丝机器等，目前此地为中国丝业博物馆。

该厂由无锡近代实业家薛南溟于 1896 年合资在上海创办，1926 年迁至无锡南门外，1982 年改名为无锡市第二丝织厂。该厂曾引进科学管理法，自主设计制作出了我国第一台立缫车，生产的“金双鹿”“银双鹿”牌白厂丝在国际上享有盛誉。2003 年，永泰缫丝厂被列为省级文物保护单位。

薛南溟创立并经营的薛氏丝茧企业集团曾是中国近代最具影响力的民族缫丝工业企业之一。永泰缫丝厂作为该集团的核心丝厂，其地位居无锡近代各丝厂之首。因其具有较重要的遗产价值，且厂区内的工业遗产保存较完整，是我国重要的工业遗产。

2007 年，无锡市政府于 2007 年决定将永泰缫丝厂旧址（即无锡市第二丝织厂厂区）再利用，改造为中国丝业博物馆园区，由清华大学相关团队负责博览园区的详细规划和建筑修缮、再生与部分重建的设计工作。经过改造，复建了薛南溟故居，将永泰缫丝厂改建成中国丝业博物馆，使之成为集丝绸博物馆展馆、无锡近代工业展馆传统艺术工坊、丝绸工艺品销售、休闲演艺茶社等功能于一体的丝绸文化综合体。该馆总用地 1.5 公顷，分 A、B、C 三个馆，A 馆主要布展中国丝业发展的历史，B 馆主要布展无锡蚕丝业、蚕丝企业的发展历史，C 馆主要布展蚕丝用品以及互动区。馆内的薛南溟旧居包括旧居和后花园两部分，占地面积 1260 平方米，建筑面积 356 平方米。

无锡永泰缫丝厂现存厂区旧址及建筑的遗产价值涵盖了历史价值、文化价值、技术价值、艺术价值四个方面。在历史价值上,永泰缫丝厂作为长三角地区最具影响力和代表性的缫丝企业之一,其现存厂址和建筑是长三角地区近代制丝产业兴衰演变历程的重要物质标志与实体见证,也是历史研究和工业考古的重要标本;在文化价值上,永泰缫丝厂保存完好的厂区和建筑通过真实环境场景和历史建筑本体成为地域性丝绸工业历史文化保护与传承的重要载体;在技术价值上,清晰的厂区外部空间结构、交通线路与生产工艺流线和设备布置,适配明确的建筑形体和空间形态等,投射出近代缫丝工业的技术特质、生产过程、工艺水平和生产运营的环境需求;而在艺术价值上,永泰缫丝厂现存建筑在空间布局形态、建筑风格、立面构图、表皮建构方式等方面,都具有较显著的近代中西合璧的建筑艺术特征,可以作为工业建筑遗产时代性、类型化研究的典型案例。

永泰缫丝厂旧址的保护更新是通过工业博物馆建设来实现场景再造的。首先,对原厂街区环境进行保护。从缫丝厂所在的街区环境出发,政府加强了附近区域的历史文化街区保护工作,采用科学合理的方法来保护和修复古建筑。永泰缫丝厂在古建筑保护工作中,从博物馆所在历史文化街区的定位出发,对整个街区进行了统一规划:重点保护和修复了街道及沿边的建筑,在保留传统建筑店铺的基础上,改建为商住混合的青砖白墙小阁楼、庭院小弄堂等仿古建筑,重现青石板街巷的岁月痕迹,恢复其商业和历史文化街区的历史面貌。此外,根据"保护、修缮、整修、改造、保留、拆除"六种保护整治模式,拆除了附近一些与历史街区风貌不协调的当代建筑或临时建筑,将沿运河街道的餐饮商业建筑群和整个街区,统一为近代中西合璧建筑风格,街道轮廓包括坡顶、门、墙、屋顶建筑风格具有一体性。这些都使中国丝业博物馆所在的南长街住宅和公共建筑相对完整,保留了传统商业、历史文化古迹与运河水巷的特色。

此外,在基本保留原有建筑的基础上,该厂还积极主动地改造厂房从而调整其功能,将厂房改建成为中国丝业博物馆,对建筑形式进行保护与延续,保留的单层厂房、准备车间厂房、茧库建筑等根据建筑破损情况采取加固、修缮措施,实现了功能更新。其中,部分单层厂房建筑更新为大空间展厅和园区管理办公用房,部分建筑则整体更新为博物馆主展厅、主入口等。该厂的保护建筑大多采用红砖或青砖清水墙、灰瓦或红瓦屋面,部分建筑采用欧式壁柱、拱券等立面构图形式,例如,准备车间厂房外墙由青砖砌筑,局部采用混合砂浆抹灰,高低跨屋面采用红色机制瓦；建筑墙身在首层、二层之间设有水平线脚分划，窗间墙设壁柱；外墙门窗洞口大多为拱形，窗洞上部设有拱形砖饰；山墙设圆形和矩形通风孔，圆形通风孔周边砌筑圆形砖饰。在对建筑形式进行保护的前提下，永泰缫丝厂还对破损的建筑外立面进行了整理、修缮和局部替换。在这种保护和改建方式下，原厂区内3栋历史建筑，包括1栋茧库、1栋办公楼和1栋准备车间，都作为重要建筑遗产得到了保护性修缮和适应性再利用。

永泰缫丝厂作为长三角地区近代丝绸史上具有重要影响力的制丝企业，见证了中国近代缫丝工业在曲折中前行的发展演变过程，具有较突出的历史价值、文化价值、技术价值和艺术价值。在经历一系列科学化和专业化的保护更新后，丝厂厂区整体环境和近代建筑遗产保存较完整，永泰缫丝厂旧址成为具有标志性意义的非遗保护性生产与传承基地，更赋予其新的活力和时代使命。

需要指出的是，永泰缫丝厂作为静态展示的中国丝业博物馆，虽然较好地实现了场景再造，但我们调研发现，仍存在有两大问题：一是目前该博物馆作为商业博物馆，采取门票售卖制度，未能体现其博物馆公益职能，可见政府对其扶持力度仍然有限，造成了“回头客”的减少，不利于培养黏合度较高的访客群体；二是该馆

中国丝业博物馆门楼

坐落于南长街上，目前该街已经被打造为无锡文脉主街，但该馆在文博文创领域尚属起步期，未能与整条街区形成文化互动，甚至有些孤立于街区之外，这不得不说是较大的遗憾。

53. 张裕酒文化博物馆

（张裕公司旧址）

张裕酒文化博物馆于1992年建馆，坐落于山东省烟台市芝罘区大马路56号——张裕公司旧址院内。博物馆由酒文化广场、百年地下大酒窖、综合大厅等空间组成。张裕酒文化博物馆主体面积近4000平方米，总建筑面积约为10000平方米，博物馆景区占地面积约为30000平方米。该博物馆不仅是我国常规葡萄酒产业向“文旅＋常规产业”转型的成功案例，同时也是工业遗产保护和再利用的成功典范。

张裕酒文化博物馆是中国第一家世界级葡萄酒专业博物馆。它以张裕110多年的历史为主线，通过大量文物、实物、老照片、名家墨宝等，运用高科技的表现手法向人们讲述以张裕葡萄酒为代表的中国民族工业发展史，着重讲述“张裕”企业文化与酿酒知识。

该博物馆与国内八大酒庄以及即将建成的上海北外滩葡萄酒博物馆及张弼士博物馆共同构成了一条葡萄酒主题文化旅游线路，形成了相对完善的葡萄酒工业旅游体系，是我国近代以来酿酒工业的历史参照。“工业遗产＋旅游”的模式更为博物馆乃至整个酒旅产业注入了新动能。2017年11月12日，中国国家旅游局公布首批“中国国家工业旅游示范基地”名单，烟台张裕葡萄酒文化旅游区成功入选，并位列十佳名单中第一位。如今，张裕酒文化博物馆每年接待海内外游客已达到30万人次。

此外，张裕酒文化博物馆善于利用原有工业遗产物料助推产业升级改造。馆内的“网红打卡点”——张裕百年大酒窖是亚洲第一大酒窖，1894年破土动工，经三次改建，于1905年竣工，现为省级重点历史文物保护设施。酒窖深7米，距海岸线不足百米，低于海平面1米，至今无渗漏——其精密的设计构造及严谨的工程质量堪称中国建筑史上一绝。而窖内四季恒温，自然保持在12～18摄氏度。这对酒的陈酿非常有益，也是张裕葡萄酒品质的保障之一。

窖内纵横八个拱洞，藏桶600多只，其中7号洞保存有百年桶龄的老桶，这些老桶均为建厂初期由欧洲引进成型的橡木板材加工而成。在1915年巴拿马太平洋万国博览会上一举夺得金奖的白兰地、琼瑶浆、红葡萄亦曾在这三只“桶王”中贮藏。2013年，“张裕公司酒窖”入选国务院公布的第七批“全国重点文物保护单位”。对于如此有文化意义和旅游意义的工业遗产原始物料，张裕酒文化博物馆也充分利用其特色，从原粮种植、生产酿造、采摘体验、文化传播、藏酒定制等不同层面满足追求旅游者个性的消费需求，以酒文化彰显旅游特色，以旅游为酒业赋能，实现互相促进、多方共赢的良性循环。如今在博物馆内，酒窖在担负陈酿贮酒的生产任务的同时还需要供来宾参观游览，真正把酒旅项目与社会、行业、消费者融合在了一起。

“葡萄酒工业旅游”在葡萄酒酿造业较为发达的国家如法国、智利、澳大利亚等已经成为休闲度假的潮流，但在我国却起步较晚。2002年，张裕酒文化博物馆正式对外开放，率先开启了我国葡萄酒工业旅游的序幕。拥有百年历史的张裕，在工业文化建设方面一直走在行业前列，其依托酒庄以及博物馆布局，积极挖掘品牌价值，通过旅游及文化活动，向消费者推广普及葡萄酒文化知识，从而进一步丰富张裕的品牌内涵，提升品牌影响力。

以张裕酒文化博物馆现代厅内的一台投币自动酿酒机为例，游客向里面投一枚硬币，12秒后就可以取到一杯芳香醇厚的白兰地——它主要演示张裕金奖白兰地的生产工艺流程，游客在得到体验感的同时还可了解中国葡萄酒深厚的技术文化基础。这一设计在一定程度上可以促进葡萄酒消费氛围的深度培育和广泛提升，产生了新的功能和技术价值。

而在相关文化产品的打造上，张裕酒文化博物馆巧妙利用自身优势积极进行文创产品的创意设计，运用现代艺术手法对传统葡萄酒产品进行艺术再加工。2017年9月1日，全国首届特色旅游商品博览会在内蒙古包头市举办，张裕酒文化博物馆报送的相关红酒文创产品斩金夺银，取得了较好的社会反响。

从路径上看，张裕酒文化博物馆属于场景再造，在生产场景基础上重构了文旅场景，将工业资源转换为文旅资源。但毋庸讳言，张裕酒文化博物馆作为山东重要的工业遗产博物馆，在文旅产品营销上仍存在着经营渠道单一、宣传促销力度不够等问题。我们调研发现，当地并未抓住互联网风口，打造民众喜闻乐见的“网红打卡地”，而是继续固守传统的旅游市场开发模式，难免有力所不逮之处。

54. 中山岐江公园

（粤中造船厂旧址）

中山岐江公园位于广东省中山市岐江畔的粤中造船厂旧址，占地 11 公顷，其中水域面积3.6公顷，建筑面积 3000 平方米，于 2001 年 10 月建成，由北京大学俞孔坚教授担任首席设计师。该公园不仅是由公共休憩空间模式改造的成功案例，也是工业遗产再利用的成功典范。

粤中造船厂于 20 世纪 50 年代初建成并投入生产，曾是广东地区重要的造船企业，20 世纪 80 年代，粤中造船厂生产经营下滑。1999 年，船厂全面停产。同年，政府决定将船厂改建为供市民休闲的城市公园。政府希望新公园不仅要成为市民休闲中心，还应该满足三个功能：改善周围业态环境、记载历史文化、丰富城市资源。从 1999 年 6 月至 2001 年 10 月，该地逐渐建成了一个现代化、开放的工业主题公园。

岐江公园由于原址残破败落，不存在完整意义上的工业遗产保护，只可能走更新引导再利用的途径。经过改建后，岐江公园合理地保留了原场地上最具代表性的植物、建筑物和生产工具，运用现代设计手法对它们进行了艺术处理，将船坞、骨骼水塔、铁轨、机器、龙门吊等原场地上的标志性物体串联起来，记录了船厂曾经的辉煌历史。原用于生产的水塔变成了“琥珀水塔”和“骨骼水塔”艺术构筑物，废弃的轮船、龙门吊、机床经过修饰变成了雕塑和景观小品。此外，岐江公园还添加了新的工业景观素材来丰富场地的内涵，如工人劳动状态的雕塑、白色的钢柱林、红盒子景观等，反映了历史特色与现代的交融，通过对比强化、场景再现、抽象提炼等多种手法立体化、多层化地形成了具有后工业时代特征的公共美学空间。不仅如此，岐江公园还注重生态保护，公园的设计保留了岐江河边原有船厂内的大树，保护了原有的生态环境，采用绿岛的方式以河内有河的办法来满足岐江过水断面的要求，合理地处理了内湖与外河的关系，成为国内最早的海绵城市工程样本。

岐江公园功能分区包括工业遗存区、休闲娱乐区和自然生态区三个部分，其中工业遗存区主要为原造船厂的景观。休闲娱乐区为中山美术馆，主体建筑为钢结构建筑物，后工业时代特色一脉相承。自然生态区依托水体和植被，设置游步道和座椅等，为游客提供可以亲水的自然体验。

岐江公园自建成以后，就获得了多项荣誉，2002 年美国景观设计师协会年度荣誉设计奖、2003 年度中国建筑艺术奖、2004 年度第十届全国美展金奖和中国现代优秀民族建筑综合金奖、2009 年度 ULI 全球卓越奖。岐江公园创造了中国多个“第一”：它是中国最早实行不收门票的公园，从一开始便设定为将公园融入城市的设计；它是中国最早建成的工业遗址公园，是“足下文化”与“循环再生”的先行者；它是中国最早开始践行生态修复、试行海绵型城市，以来自中山五桂山的野草创造的景观新美学，则体现了文化文明由“追求特殊”转为“走向平常”。

岐江公园在设计改造过程中，尤其注重社区的需要。俞孔坚在 2001 年《新建筑》中发表的《足下的文化与野草之美》中介绍：本设计所要体现的是脚下的文化——日常的文化，作为生活和城市的记忆，哪怕是昨天的记忆的历史文化。本设计所要表现的美是野草之美，平常之美，那些被遗忘、被鄙视、被践踏的人、事和自然之物的美。同时，该公园设计的主要目的是满足居民休憩、休闲活动的需要，因此在设计改造过程中注重功能分区。

此外，岐江公园改建还非常重视环境的和谐。岐江公园保留了粤中造船厂的植被、水塔、钢结构等特色建筑，并将其改造为建筑小品，不仅低碳环保，减少了资源浪费，而且使新落成的公园带有当代工业的文化气息，取得了以最小成本实现最佳效果、建筑与环境和谐统一的效果。此外，岐江公园还对污染不严重但是治理比较困难的土地进行了改造再利用，将原来的铁轨两侧可回收利用的材料制造成新的人文景观，从历史的基础上进行创新。

设计团队保留了粤中船厂自力更生的工业精神，将其改建成现代化、开放的工业主题公园，发挥展现创业历程、记录城市记忆等功能，展现中山市的工业历史文化。设计团队通过粤中造船厂遗址与现代公园功能的结合，延续中山城市工业记忆，形成中山工业历史与现代城市文明的共生。在场地内保留粤中船厂工业遗址中的起重架构、机械设备、钢筋铁路等营造场所精神，引发参观者情感共鸣，具有与时共振的功能和与时共进的审美价值。

目前，岐江公园是中山市重要的城市公园，相关部门开发了岐江灯光秀、岐江夜游等文旅项目，目前岐江公园的客流量居于省内乃至国内城市公园前列，同时也带动了周边房地产、酒店、餐饮等商业项目的发展，彻底从“锈带”转为了“秀带”，其意义超越了普通的遗产保护，无疑是国内工业遗产场景再造的佳作。

岐江公园的转型成功促进了周边土地的增值，曾经一些不被看好的地段，也因岐江公园成为中山市的“黄金地段”。岐江公园以一座公园的体量，带动了中山市城区的经济发展与环境变化，体现了场景再造介入工业遗产保护更新所能展现出的绩效与能力。

作为工业遗产改造为公共休憩空间改造的典范，岐江公园具有非常重要的借鉴价值，但是也要注意到中山市独特的环境。首先，中山市在改革开放后经济突飞猛进，基础事业有了迅速发展；中山市在环境生态保护方面有了重要的积累，早在 20 世纪 90 年代就荣获“国家园林城市”、联合国“人居奖”、“中国优秀旅游城市”等荣誉，在经济和人文方面都具备了实现一个具有前卫设计理念主题公园的所有条件。其次，在改造方向上，中山市政府要求将粤中造船厂改建为城市公园，政府

中山岐江公园内原有厂内轨道

在工业遗产的保护更新上起到了主导作用。在此基础上，设计团队采用环境主义、生态恢复及海绵城市建设的思路，将公园中最能表现原场地精神的物体最大限度地保留了下来，运用现代设计手法对它们进行艺术再加工，赋予新的功能和形式，成功地实现了城市更新与工业遗产再利用的有机融合。

55. 青岛啤酒博物馆

（青岛啤酒厂）

青岛啤酒博物馆坐落于山东省青岛市登州路56号，地处青岛市中心地带，是国内首家啤酒博物馆，也是青岛历史上第一个工业遗产保护更新案例，奠定了青岛工业遗产再利用的基础。该项目由嘉世伯啤酒博物馆负责人尼尔森设计，室内装饰布展由清华大学美术学院环境艺术研究所的设计团队负责完成。改造后的青岛啤酒博物馆占地面积15000多平方米，展出面积6000余平方米。2013年，青岛啤酒博物馆投资1000多万元对青岛博物馆进行了创意性升级改造，使青岛啤酒博物馆成为集百年历史建筑和现代化展陈设施为一体的行业特色博物馆。据统计，青岛啤酒博物馆每年接待游客70万人次以上，并且连续多年位于原国家旅游局组织的顾客满意度调查的榜首。

青岛啤酒博物馆由青岛啤酒厂早期建筑改造而来。1903年，香港盎格鲁-日尔曼啤酒公司的德国商人与英国商人合资在青岛创建了盎格鲁-日尔曼啤酒公司青岛股份有限公司，即今天的青岛啤酒厂，也是中国第一家啤酒厂。1906年，在德国慕尼黑博览会上，青岛啤酒获得金奖，并且青岛啤酒厂持续经营至今。1945年10月，青岛啤酒厂被国民政府接管，称其为“青岛啤酒公司”。之后由于经济萧条等，工厂生产艰难维持。在青岛解放后，青岛市人民政府接管工厂，并更名为“国营青岛啤酒厂”；1987年4月成为市直属企业；1993年6月更名为“青岛啤酒一厂”，并成立了青岛啤酒股份有限公司。在对馆内德国厂房等文物进行了保护性修葺后，2004年8月15日，青岛啤酒博物馆正式对外开放，其旅游景点包含了老式德国建筑和大量历史文物。2006年5月，厂内早期德式建筑被认定为第六批全国重点文物保护单位。

青岛啤酒博物馆展馆区域按照展现主题分为独立而又相通的三个展陈区域：

百年历史文化陈列区、青岛啤酒的酿造工艺区和多功能互动休闲区。百年历史文化陈列区主要是沿着时空的发展脉络，通过展陈从各国收集的图文资料和珍贵的文物，展现中国啤酒文化的起源发展和青岛啤酒的百年历史。青岛啤酒的酿造工艺区主要通过百年老厂房、酿造设备、酿造车间与生产流程线等工业遗产的展示，展现啤酒酿造工艺的发展演变。多功能互动休闲区是集学术交流、宣教活动、文献资料查询、娱乐设施、品酒餐饮区、文创产品购物中心为一体的互动化展区。创意化的产品开发理念、互动化的活动设计、科技化的陈列手段、游戏化的教育设施和娱乐化的体验平台将啤酒文化知识与休闲娱乐活动相结合，让观众在互动参与中感受青岛啤酒的文化特色。据统计，青岛啤酒博物馆共有展品 3 万件，300 多件被评定为文物，21 件为珍贵文物，7 件为一级文物，3 件为二级文物，11 件为三级文物。

从建筑设计来看，青岛啤酒厂的保护更新主要包括以下几种方式。第一，保留了原厂区整体规划。建筑师有意识地保留传统工业文脉，因而在修缮的基础上并没有改变啤酒厂原有的整体规划，既保证了原厂肌理的原真性，同时也是保护原厂建筑的直接结果，原始的工业风貌使青岛这个城市更有地方风味。第二，保留原工业建筑的围护材料。啤酒厂原厂房的围护材料大多都是红砖，少数红砖外包有牢固的涂层，因而设计师直接保留了原厂的结构和材料，对整个建筑群红色的外立面进行了统一安排。第三，保留原工业建筑结构。青岛啤酒博物馆保留了容易形成情感介入的建筑结构，并使它们暴露可见，将参观者带入历史回忆中。第四，保留原工业建筑的部分构件、机器。设计师保留原厂的构件和原来工业生产使用的机器，把它们设计成座椅或景观小品，并赋予一定的使用功能，蕴含了厚重的工业文化。第五，加入新体块、新材料。考虑到更新后的使用和理解，设计师在原来的工业建筑中穿插新的体块，甚至打破原来的空间布局，不仅营造了古今对比的氛围，体现博物馆建筑的时代感，并更好地保证了老建筑的耐用性。

从文化生态设计角度来看，青岛啤酒博物馆的设计融合了保护与再利用的动态平衡观、博物馆与周边环境的共生观、传统与现代的协调观等多种理念。在遗产保护的基础上加以改造利用，并添加了多功能区与互动性设施，既实现了保护的完整性，又实现了对其利用的经济效益，遵循了保护与再利用的生态系统动态平衡观。同时青岛啤酒博物馆的德式建筑风格与其周边的建筑相得益彰，形成了青岛“红瓦、绿树、碧海、蓝天”的美丽环境。博物馆与周边环境的整体共生，给游客营造了一种和谐感受。此外啤酒生产工艺与流程参观动线都是按照“传统＋现代”的模式设计的，让游客在参观的过程中能拥有从传统穿越到现代、传统与现代交织的奇妙体验。概括来看，青岛啤酒博物馆保护更新的成功经验有以下几点：

第一，修旧如旧，保留原汁原味。一方面强调对青岛啤酒早期建筑风貌的保护和功能延续，另一方面突出对老厂房修旧如旧的改造原则。对早期制麦车间、发酵车间、包装车间等老厂房的还原和维护，修旧如旧，直观展现了青岛早期啤酒厂的车间面貌和生产流程，同时继续发挥它的使用价值。糖化大楼虽然略有加建，但仍能清晰反映原来的风格特征。此外，对1896年的西门子电机和紫铜糖化锅、1903年的铜管式冷却机以及用于二次发酵的木质或铁质桶等工业设备进行维护保养，为后人留下了保存相对完整的工业设备和酿酒技术发展轨迹。

第二，引领行业，注重丰富个性化体验。青岛啤酒博物馆借助工业旅游发展的黄金时期，承担行业示范责任，积极提升行业社会影响力，着力构建行业发展新模式，塑造代表中国工业形象的世界级品牌。同时青岛啤酒博物馆还倡导超越游客需求、提供个性化服务，推出“情醉百年”服务品牌，该品牌被评为山东省服务名牌。青岛啤酒博物馆推出中、英、日、韩四个语种的讲解，提升了青岛啤酒品牌国际影响力。该馆利用VR技术重现青岛啤酒厂创始人汉斯·克里斯蒂安·奥古特在发酵池中酿出第一瓶啤酒的情景，带来穿越历史的视觉体验。该馆还设有3D运动单车，通过高科技的互动活动体验，实现城市空间景观与线下运动相结合。青岛啤酒博物馆正是以游客个性化体验为导向，突出历史性、文化性、娱乐性和参与性。

第三，放眼世界，推动城市文化国际化。青岛啤酒博物馆展现了近代以来东西方文化对话的背景下欧洲啤酒文化进入中国的历史渊源，承载着推动青岛城市文化走向国际化的使命。馆内设有“世界啤酒博览展区”，展示世界各地生产的啤酒，包装各异，种类繁多，展现了啤酒文化在世界各地的影响力。青岛啤酒博物馆采取“引进来”与“走出去”相结合的方式，通过传统媒体、新媒体进行全面传播。自2016年起，该博物馆与山东省文化旅游局、青岛市文化旅游局等政府单位联合在韩国、澳大利亚等地进行推介，开拓城市发展新空间。2017年，第二十七届青岛啤酒节继续以“青岛，与世界干杯”为主题，从啤酒本体传播转向了更高层次和更广范围的城市品牌传播和城市文化国际化。

青岛啤酒博物馆作为一个工业遗产文化宣传教育基地，以百年历史为脉络，以啤酒工艺为依托，以中西交流史为背景，以城市文化为内涵，展现了多元融合的文化谱系，见证了百年青啤与百年青岛一起历经沧桑而走向辉煌的不平凡的历史，丰富了广大市民的精神文化生活。它基本实现了物质文化遗产保护、精神文脉延续、企业的发展高度的结合统一，并通过场景再造实现了工业遗产保护更新的愿景。

56. 唐山南湖公园

（开滦煤矿采煤沉陷区）

唐山南湖公园位于河北省唐山市中心南部，是唐山四大主题功能区之一——南湖生态城的核心。该园由德国后工业景观设计师彼得·拉兹在2009年完成规划设计。公园距市中心仅1千米，西起学院路，东至唐柏路，北起北新道，南至205国道。该项目总占地面积为14平方千米，其中7.01平方千米为湖面。公园由采煤沉陷区改造而成，是一处典型的对工业遗产进行场景再造的案例。

公园原为历经百年的地下采煤形成的开滦煤矿采煤沉陷区，场地的平均高度低于市区地面近20米，改造前的南部采煤沉陷区已经演变为各种城市工业和生活废弃物的排放、堆积区，周围环境污染严重，破坏了城市的生态环境和城市风貌，同时也严重影响了周边居民的日常生活，成为典型的城市工业废弃地。2005年，“南湖地区城市设计”项目进行了国际公开招标，彼得·拉兹与合伙人景观事务所的方案脱颖而出。该方案通过对城市肌理的把握，景观元素的定位评价，依据务实的生态恢复理念，提出了对垃圾山、粉煤灰场地、塌陷区的处理和水环境的整治等问题的可行性解决方案，得到了全面认可。2007年，中国城市规划设计研究院深圳分院对南湖地区进行了进一步的综合规划，确定南湖地块是唐山这座城市的公共核心区域，以煤炭业的发展、抗震精神、采沉区的处理、现代艺术与文化教育为主要特色，以观光、休息为主要功能的城市绿化核心区。2008年，北京清华城市规划设计研究院全面深入地完成了唐山南湖公园的规划设计方案。

南湖公园整个方案设计以“进一步加大污染治理和生态重建”为指导思想。该方案利用沉陷区的土地资源地域文化景观，建设地震遗址公园、雕塑公园和基于典型工业景观保护与更新的历史文化中心。根据用地的地质状况，结合城市开放空间体系的整合构建城市绿色空间网络，经过多年的努力在采煤沉陷区上建成了生态效益显著、景色宜人的“唐山南湖中央生态公园”。公园规划理念：①城市功能的混合开发，公共生活的系统化布局，滨水空间的多元化发展，打造精彩的城市生活；②采用先进的生态技术，达到生态的良性循环，打造和谐的生态系统；③工业遗产地的更新改造，城市公园景观的开发利用，实现文脉的传承发展。规划定位：以工业遗产地的改造利用为基础，打造国家城市公园，实现场地的生态修复、休闲旅游、文化教育的功能，提升场地价值，更新城市结构。

南湖地区规划结构分为六大功能区：南湖景观功能区（小南湖）、园博园功能区、历史文化功能区、城市旅游功能区、体育功能区和生态功能区。公共设施根据交通条件、区域位置、空间结构和景观内涵进行布局规划，按三级分别设置服务中心、服务站和服务点。通过前期对场地的全面分析及深入研究，设计师将场地内自然生态、工业文明与现代技术充分融合，争取创造环境友好、社会和谐的城市生态核心区，使南湖公园成为唐山市工业精神和生态形象的典型代表。唐山南湖公园的设计实施实现了采沉区的生态和景观重生，延续了唐山市“凤凰涅槃”的城市意象，以保留、恢复、重建原有的自然和工业要素——山体、水系、人工元素，将其进行有机组合，协调共生，形成自然与人工有机结合的生态格局。

此外南湖地块还存留了大量已经废弃或即将废弃的工业场地：荒废的厂房、破旧的生产设备等。这些历史遗留下来的工业景观，见证了唐山近现代的工业文明。我国第一座机械化采煤矿井，第一条标准轨距货运铁路，第一个蒸汽机车的诞生等上述工业发展里程碑式的重大成就，都是在南湖地区发生的。园区内还保留着享有“东方康奈尔”之称的唐山铁道学院（西南交通大学前身）遗址。这些工业景观作为人类工业文明的结果，见证了中国近代工业的沧桑历史。

该公园设计采用一系列低成本、高产出、因地制宜的技术措施，在处理场地内粉煤灰、软弱地基、水土流失等问题时，多采用粉煤灰利用、软弱地基改造、水土流失防治、污染土壤修复等方法进行处理。这些手段不仅维护了湿地系统的完整性，实现了生态平衡，而且实现了城市公园的游憩功能，深受市民喜爱。此外唐山南湖公园在调节水资源平衡和区域气候、实现污染物的生态降解、保护生物物种多样性等方面也发挥了重要作用。因南湖公园对城市生态环境的巨大贡献，其获得了2002年“中国人居环境范例奖”和2004年“迪拜国际改善居住环境最佳范例奖”，并由此开始得到国内外的广泛关注。

但是与国外的城市工业遗产地公园相比，我们通过调研发现，唐山南湖公园目前确实也存在一些不足之处。如对景观保留和利用过少，导致资源的浪费；游乐设施的设置和分布不够合理，导致游人数量的季节性变化过大；道路系统规划欠缺，公园内部人车混行状况明显；服务和娱乐功能相对薄弱，公园娱乐设施较少且购物不便等。

但从宏观来看，唐山南湖公园仍是集工业文明、生态功能、历史文化、城市活动、体育旅游等多项功能为一体的中国北方最大的城市中央公园。“好玩南湖、生态南湖、神奇南湖”准确概括了南湖的特色。唐山南湖公园作为一处成功的工业遗产保护更新案例，传统工业文明的遗迹和现代生态文明现实、和谐地交融在一起。棕地的更新利用，使城市中环境恶劣、日渐衰败的工业地段得以复苏。棕地改造更新为城市生态公园，谱写了资源型城市转型过程中生态环境重构的序曲，是场景再造的重要表现形式，标志着唐山开始了由工业城市向生态城市的历史转变，就此而言，其积极意义不容忽视。

57. 751D · Park 北京时尚设计广场（国营751厂旧址）

751D · Park北京时尚设计广场位于朝阳区酒仙桥路4号，西至798艺术区，南临万红路，北依酒仙桥北路，是北京21个文化创意产业集聚区之一。园区由国营751厂改造而成，占地面积22万平方米，是一家工业时代痕迹与现代时尚科技相碰撞融合的文化创意园区。

园区原为北京正东电子动力集团有限公司（原751厂，下文简称正东集团）下属煤气厂，始建于20世纪50年代，是我国“一五”期间重点建设的大型骨干企业之一，隶属北京电子控股有限责任公司。2003年，正东集团按照市政府能源结构调整退出运行。2006年，开始改造为文化创意企业园区。2007年3月18日，751D · Park北京时尚设计广场正式揭牌。

从园区建筑的改造方式来看，751D · Park北京时尚设计广场利用原有煤气生产的厂房和设备，通过老工业资源与时尚设计的强烈对比和冲击，进行工业特色园区的改造。园区设计秉承延续工业文脉的思想，在改造过程中保存了中国现代工业文明发展的历史记忆，也彰显了北京的城市工业文化个性和发展脉络。751D·Park北京时尚设计广场在尊重历史的基础上使工业遗存实现新生，以植入时尚产业内容、打造现代城市生活体验方式等手段，赋予老厂房新生机。目前园区已经改造利用占地面积共约20万平方米，从2006年至今，在保护老工业资源的前提下，进行充分而巧妙的再利用式改造，完成了厂房共约建筑面积14万平方米的改造。同时原循环水泵房、脱硫塔、五号炉等老厂房也被改造利用。园区在保护原有的工业煤气裂解生产炉的基础上，又拓展了户外广场资源，陆续建成了不拘讲堂、中央大厅、第1车间、79罐、751罐、传导空间、时尚回廊、火车头广场、动力广场与炉区南、北广场等区域。

从园区的业态布局来看，园区内的特色空间包括动力广场、老炉区广场、时尚回廊、火车头广场、79罐、三维交通体系等。其中，时尚回廊是园区最富特色的建筑之一，由10个脱硫罐和1台起重量40吨的龙门吊组成。脱硫塔始建于1990年，是对人工煤气进行脱硫处理的设备。2010年10月开始对脱硫塔进行改造，2011年下半年开始投入使用，改造后的脱硫塔命名为时尚回廊，建筑面积为3400平方米。自2011年北京国际设计周开始，时尚回廊已经成为751国际设计节的核心厂区，承载着展览展示、论坛发布、推介交易等主要功能。目前已经成为各大国内外品牌展示发布的主要区域。在北京市煤气生产的历史上，曾经诞生过7个巨型大罐，现存的仅有原751厂内的2个，其中一个正是“1号罐”。它始建于1979年，1983年投产使用，1997年退出运行。它是北京市煤气生产历史上第一座容量达15万立方米的低压湿式螺旋式大型煤气储罐，罐体直径达67米，高16米。改造后被命名为“79罐”，在我国时尚艺术界有着一定的影响力。

从园区的运营模式来看，751D·Park北京时尚设计广场秉承以资源集聚为格局的产业经营，走规模经营、注重核心竞争力之路。园区定位为时尚产业，设计师与工作室的入驻和相关活动的举办，带动了相关产业的快速发展，扩大了园区知名度，并产生了初步的经济效益。园区的核心产业以服装设计、建筑设计为主。相关企业数量的占比近几年持续保持在30％～40％。目前园区已实现了时尚设计行业及文创的关键人才集聚，形成时尚设计资源的集聚。文化创意产业经营也从最初的空间经营开始向内容经营转变，涉入文化创意的核心阶段。截至2022年，入驻园区的设计师工作室及公司近150家，园区已经形成了几大产业生态群落，为创新产业园奠定了资源基础。同时，随着751设计品商店的开业，文化创意产业从展示延伸到交易环节，园区已经形成了以时尚与设计、科技创新企业为主体的特征。

整体来看，园区将原有老式厂房依照创意办公、创意展示、创意体验及文化休闲、时尚购物、美食娱乐等多维功能进行合理规划布局。颇有年代感的老厂房和机械设备得到了完整保存，曾经的能源动力厂转型发展文化创意产业，留住了工业文化记忆。在数十年的发展中，该园区充分利用老工业资源，以时尚设计为核心，依托产品加服务的发展模式，结合创新创业、大数据、人工智能、创意＋等发展趋势，丰富文创内容，推动展示发布、交流交易、时尚体验等业态的发展，设立文创发展基金，促进产融结合，成为文化创意和科技创新的全球首发平台与国际交往和文化交流的时尚步行街区。该园区承载空间逐步扩大，也为创意产业的发展带来了充足空间，推动了创意设计的发展。通过产品加服务，产业加资本的融合发展新模式，打造品牌效应，实现由自有园区经营商向设计园区运营服务商的转型

751D·Park北京时尚设计广场文化街区夜景

发展，成为具有国际影响力的老工业资源再利用的典范。

751D·Park 北京时尚设计广场见证了首都北京的工业文化与城市发展，曾经为三分之一的北京市民提供生产生活用煤气，为北京市城市能源供应做出了应有的贡献。这一改造更新项目盘活了存量资源，也拓展了文化发展新空间，既保留了近代工业遗存，又展现了时尚艺术的风采，是一处成功的场景再造式工业遗产保护更新案例。

58. 上海艺仓美术馆

（上海煤运码头旧址煤仓）

艺仓美术馆地处上海市浦东新区滨江大道 4700 号，原为上海煤运码头旧址处的煤仓。它是在保留原有的建筑和风景上重新构筑的工业遗产再利用项目。老白渡煤仓改造于 2015 年前已开始，2015 年第一届上海城市空间艺术季在这里安排了一个案例展的分展场，策展人冯路和柳亦春以工业建筑的改造再利用作为主题，举办了一次题为“重新装载”的艺术与建筑相结合的空间展览。煤仓的物业持有者及其未来美术馆的进驻方在这次废墟中的展览中看到了工业建筑粗粝的表面与展览空间相结合的可能性与力量，接受了基于保留主要煤仓空间及其结构的改造原则，不仅把原来的画廊升级为美术馆，更是直接将美术馆命名为“艺仓”。2016 年 12 月底，艺仓美术馆正式开馆。

升级后的艺仓美术馆在空间需求上高于煤仓空间面积，为了更好地利用空间，避免破坏现有煤仓结构，设计了悬吊结构，利用已经被拆除屋顶后留下的顶层框架柱，支撑一组巨型桁架，然后利用这个桁架层层下挂。下挂的横向楼板一侧竖向受力为上部悬吊，一侧与原煤仓结构相连作为竖向支撑。这样既完成了煤仓仓体作为展览空间的流线组织，也以水平线条构建了原本封闭的仓储建筑所缺乏的与黄浦江景观之间的公共性连接。

从结构来看，煤仓的旧有结构并未暴露在外，而是深藏在一个崭新建筑的核心。建筑一层是一个有 8 个煤仓漏斗天花的多功能大厅，旧有的结构直接暴露在室内。二层是由煤漏斗的斜面间隔的多媒体展厅。三层是美术馆的主展厅，将原来储煤的 8 个方形煤斗打通，形成了独一无二的带着原本粗粝质感的混凝土墙体展厅。四层是一个高大宽敞的展览厅，原本斜向运煤的通道被改造为钢结构大楼梯可以由室外直达该层。

被改造更新的煤仓并非孤立的构筑物，它原本和北侧不远处的长长的高架运煤通道是一个生产整体。运煤构架长约 250 米，改造前只留下一排排平行的混凝土排架，间隔有一些垂直方向的横梁连接。同时，煤仓和高廊道同属于浦江贯通的老白渡绿地景观空间，为了更好地将它们与滨江绿地公园相协调，高架廊道也设计成悬吊钢结构，利用原有的混凝土框架支撑，既作为原有结构的加固和高处步行道的次级结构，又作为高架步道下点缀的玻璃服务空间顶盖的悬吊结构，获得了极好的视觉通透性，极大地保证了景观层面的空间感。高架与下方的咖啡、艺术品商店等，构成了美术馆与街区共享的文化服务空间。

原来的工业水岸也被改造为新的市民水岸空间——艺仓水岸公园。项目遵循不砍一棵树的原则，保留和移栽既有树木，创造了丰富的自然环境；在被工业破坏的地表的景观策略上，以重新铺上一片草原的概念，用自然来修复水岸；在水岸材料运用上，艺仓水岸利用回收的混凝土环保材料，降低对环境的影响。

保护更新后的艺仓美术馆将公共美术馆功能与原有的工业遗产有效结合，在满足美术馆内部功能的同时，又赋予公共空间以极大的自由度。这也为美术馆在新时期的运营带来新的可能性。2021 年 7 月，由大舍建筑设计事务所设计的艺仓美术馆及其滨江长廊荣获“2021 英国皇家建筑师学会国际杰出建筑奖”。

艺仓美术馆旨在聚焦“多元”“开放”“交流”与“学习”，秉承开放的国际视野和跨领域的融合理念，引介东西方经典艺术，呈现现代设计美学。艺仓美术馆坚持“艺术在发生”(Art’s Happening)的理念，坚持艺术的高度，致力于推广公共教育，平衡国际化与本土化的关系，聚力艺术文化的生产，通过艺术、音乐、表演、美食的兼容并蓄，为来自不同背景的公众带来全年无间断的艺术发生现场。

目前，艺仓美术馆进入的时间较短，加上资金不足，馆内没有固定馆藏，因此以承办展览为主，使美术馆成为公众的艺术文化体验舞台。艺仓美术馆正是通过一系列展览很快在业界积累起了口碑。除了举办媒体、摄影、设计、装置、建筑等当代艺术展览，艺仓美术馆还举办各种研究项目、与艺术相关的其他形式的展览和表演活动，尝试不同的学术方向，把握不同的专业要求，提高场馆的配套设施，改进运营模式。艺仓美术馆的功能不限于参观展览，而是构建一个综合体，希望美术馆变成每个人的生活方式，为了延长参观者在美术馆的停留时间，该馆还做了配套设计，欣赏者能够参加工作坊、喝咖啡，参观户外雕塑作品，并能够参加艺术沙龙，与艺术家互动。

此外，艺仓美术馆在运营期间采用分时共享的策略，使共享空间在时间维度上交错使用。艺仓美术馆的大堂是一个公共大厅，开展时间比展览空间的开放时间长。美术馆的五层是一个单独运营的咖啡厅，在美术馆闭馆之后可以继续营业。作为场景再造的典型，艺仓美术馆实现从煤仓到公共艺术空间的转变，对其他地区工业遗产的保护更新具有一定的示范作用。

59. 西藏自治区美术馆

（拉萨水泥厂旧址）

西藏自治区美术馆在西藏红色工业遗产——拉萨水泥厂基础上改、扩建。拉萨水泥厂是西藏第一家水泥制造企业，由西藏军区（原中国人民解放军十八军）筹建于 1959 年，1960 年正式建成，是当时世界上海拔最高的水泥厂。拉萨水泥厂是西藏工业文明的象征，填补了自治区建材工业的空白，缓解了当时水泥供需矛盾。2011 年，拉萨水泥厂改制，老厂区废弃。2016 年 3 月全国“两会”期间，全国政协委员韩书力提交了关于建设西藏自治区美术馆的提案，借此抢救西藏当代美术作品。韩书力还希望西藏自治区美术馆能够扬长避短，建成集收藏、展示、研究喜马拉雅造型艺术于一体的综合性美术馆。韩书力的提案受到了西藏自治区党委和政府的重视，决定利用拉萨水泥厂原有的设施和条件来建设西藏自治区美术馆。2018 年，西藏正式启动美术馆项目，由同济大学教授李立担任总设计师。建成后的西藏自治区美术馆总用地面积 47340 平方米，总建筑面积 32825 平方米，其中新建建筑面积 25499 平方米，改造建筑面积 7326 平方米。

拉萨水泥厂旧址改造为美术馆有着天然优势，旧水泥厂具有较大的空间结构，包含性和兼容性强，可以在此基础上灵活地改造，实现多功能布局。因此，对旧水泥厂的改造要从实现空间匹配上着手，实现旧厂结构与建造美术馆之间的空间和功能联系。为了保存以前建筑的原始风貌，对老建筑进行加固改造，在提高安全性的同时提升建筑的实用性和审美性。

西藏自治区美术馆在保留工业遗产的元素的同时，也避免了展示空间对展品的干扰，衬托出展品的展示地位，充分展示了展陈设计和展品本身的价值和意义。由旧水泥厂房改造的内部空间主要包括7个展厅：1号厅为主展厅；2号厅为恒温恒湿展厅；3号展厅、4号展厅为小展厅，可以合并为一个中展厅；5号展厅、6号展厅及7号展厅为小展厅，可以合并为一个大展厅。展厅根据实际情况，针对个别展厅的柱子沿用了西藏建筑上窄下宽的形式，对个别展厅的颜色进行了调整，突显了展厅的西藏文化特色。西藏自治区美术馆在内部的装饰上使用与旧厂房特色相符合的材料、颜色和明亮度。西藏自治区美术馆的外立面采用西藏建筑的主色调，使用效果简洁、色彩明快的大色块彰显区域和民族风貌。

从空中俯瞰，西藏自治区美术馆宛如一枚藏式风格的钥匙，将A、B、C、D四个功能区串联起来，被誉为“喜马拉雅的钥匙”，象征西藏自治区美术馆将成为展示喜马拉雅文化的重要窗口。规划显示，A区为西藏自治区美术馆主展馆，以发挥美术馆展示、收藏、公共服务为核心功能。B区为艺术互动体验区，重点突出公众教育功能及创作中心等功能，该区域包括公众教育、艺术体验等，适合儿童美术教育互动。C区是由筒仓改建的艺术家创作驻留基地，还设有办公室、会议室、员工餐厅等区域。D区为艺术集市，该区在保留、改造原建筑的基础上，建设了图书馆、观景台、下沉式广场等，供群众休闲娱乐使用。D区保留了水泥厂原有的搅拌池，搅拌池地面用的是极具本土特色的阿嘎土，后续将在保留该搅拌池原貌的基础上对其进行加固，将其打造成一个集小型艺术展与观光为一体的独特观景台。同时，D区的6个筒仓也将在保留原始风貌的基础上，将内部打造为一个艺术书店，丰富广大市民的业余文化生活，为市民们提供一个集阅读、休闲、学习于一体的场所。D区与B区之间有一个醒目的回转窑。该回转窑会被改成一条通道，直接连接到B区的艺术互动体验区，缩短人们从D区到B区的距离。

西藏自治区美术馆将新老建筑科学合理地进行结合、利用、创新，设有中央大厅、艺术集市、图书馆、雕塑馆、咖啡厅等多个不同功能区，可满足艺术家创作、发布会、艺术展、美育学习互动等各类需求。

西藏自治区美术馆是西藏工业文明的延续，是西藏自治区工业化发展的重要历史物证，既艺术性地体现了水泥厂是早期西藏红色工业象征，又充分结合西藏实际情况和西藏特点，将水泥厂的工业遗址元素巧妙融入美术馆的设计，用艺术的形式呈现西藏工业文化。西藏自治区美术馆的建设对于建设中华民族特色文化保护地，促进西藏自治区文化事业发展，满足各族人民群众日益增长的文化需求具有十分重要的意义，其场景再造的意义在全国工业遗产保护更新项目中可谓独树一帜，具有深远的价值。

60. 上海当代艺术博物馆
（上海南市发电厂旧址）

上海当代艺术博物馆成立于2012年10月1日，是中国第一家公立当代艺术博物馆。作为2010年上海世博会后续利用与开发的重点项目，上海当代艺术博物馆由世博会城市未来馆扩建而成，城市未来馆的前身是建成于1985年的上海南市发电厂主厂房及烟囱。上海当代艺术博物馆坐落于上海的黄浦江畔，占地4.2万平方米，展厅面积1.5万平方米，内部最高悬挑45米、高达165米的烟囱既是上海的城市地标，也是一个特别的展览空间。馆内具有大小、高度不一，适合各种展览的12个展厅以及图书馆、研究室、报告厅等功能性设施，承担着国际视觉文化交流的重任，为国内外优秀当代艺术作品提供最好的展示环境，为中外艺术交流提供良好的氛围条件。

原南市发电厂主厂房拥有长128米、宽70米、高50米的庞大体量，内部空间和外部形态相对完整，并且具有明显的工业风格。设计者对发电厂的改造采用有限干预的原则，要求博物馆要最大限度地体现厂房的原有秩序和工业遗迹特征，并根据原有空间的尺度和结构完整度进行功能体系的改造。上海当代艺术博物馆项目设计过程经历了五轮方案最终得以实现，充分考虑了艺术博物馆的展览面积、展示空间的完整性、改造力度、成本、改造时间、交通组织方式等因素，最终确定改造方案：输煤栈桥的形态元素引入室内，成为交通组织的主题元素，四通八达的交通体系从大厅蔓延至屋顶。在建筑北侧中部开辟一组呈错位上升的中庭空间，并将展览空间延续至烟囱内部，烟囱和主体建筑之间建立起视觉和交通上的联系。

从结构改造上看，要维持原有工业建筑顶部的轻钢屋架不现实，需要将其改造为复合桁架遗迹，以实现新建筑的功能要求。设计通过同样具有工业特征的钢桁架形式以及完全暴露的设备系统实现了置换与再生的统一。外立面的设计采用有限干预的原则，除了大幅提升底层的开放度，原有的钛锌板外墙也得以保留。

外立面设计则采取最大限度保留原建筑外立面材料的策略，沿用原来的材料对底层和入口进行局部改造，加强了室内与室外空间的连续性和开放性。南立面入口利用加固后的原有结构柱直接植筋，采用了混凝土现浇做法，也避免了增加立柱对原立面形制的冲击。北立面由于橙红色的消防楼梯和裸露钢斜撑使得工业厂房难以形成一个封闭界面，最终选择将空间向北侧打开视觉通道，形成与烟囱产生多种关联的北部中庭，同时借助于打开的视觉通廊形成眺望南浦大桥的最佳视域，也为当代馆内部引入自然光线。

上海当代艺术博物馆保留旧电厂中最重要的特征元素：高耸的烟囱、平台上的发电机、巨型机车以及屋顶上的4个巨大的煤粉分离器。这些历史遗存将与现实相结合进行改造。烟囱和几条空中连桥与当代艺术博物馆主体建筑相连，成为展示空间的有机延续，并在其中加设了螺旋展廊，成为馆内最高、最奇特的展厅。将烟囱与屋顶的粉煤分离器由原先的金属灰色改为明亮的橙色。如今，在整体灰色基调中突显的亮橙色已经成为上海当代艺术博物馆的标志色。

在改造方案上，上海当代艺术博物馆内部空间根据原南市发电厂阶梯排列的低中高三跨的建筑形制形成了大厅与开放展区、辅助功能区、常规展厅3大区块，同时，还开拓出由大厅、阳光中庭、东中庭、北中庭共同串联形成的融通空间，以漫游的方式打开了以往展览建筑封闭路径的壁垒。它还摒弃了常规展览流程中单一流线的模式，在白色提示性快捷路径外生出诸多分散路径。

上海当代艺术博物馆开馆后人流量众多。据统计，开馆以来共举办了近百次展览，最高日参观人数逾1万人次，平均年参观量为32万人次，平均每年举办包括讲座、演出以及儿童活动在内的教育活动约400场，在艺术文化领域取得了显著的成绩，如扎根于馆内的上海双年展的品牌和文化先锋性得到了提升。2015年剧场项目“聚裂”和2016年成立的psD空间，将设计和社会剧场引入美术馆，结合成有机体，在美术馆内呈现出更综合生动的当代图景和思维谱系。

“上海双年展”和“青年策展人计划”是上海当代艺术博物馆的两大学术品牌。从2012年起，上海双年展在当代艺术博物馆举办，“重新发电”作为当届展览主题也彰显了新场馆“发电厂”的历史身份。此后，上海当代艺术博物馆连续举办了两届上海双年展。“青年策展人计划”是2014年创立的年度学术品牌，以华裔策展人扶持华裔艺术家为原则，助力获选策展人实现实体展览。在当下国内艺术圈将更多目光投向青年艺术家的环境下，弥补国内艺术圈漠视策展人这一不足，将被市场遮蔽的中国新生力量展现给国际当代艺术界。

上海当代艺术博物馆通过各种形式的艺术展览搭建艺术与民众之间的沟通桥梁，为公众提供一个开放的当代文化艺术展示与学习平台，汇聚国内外当代艺术的优秀成果，利用多种渠道展示、收集和保存当代艺术的优秀作品，以开放性与日常性的积极姿态融入城市公共文化生活。不仅如此，南市发电厂转变为当代艺术博物馆也具有重要的社会意义，它的转变折射出上海经济文化乃至中国社会总体文化观念变迁的大趋势。因此，当代艺术评论界普遍认为，它的落成改变了上海乃至整个中国当代艺术的发展格局。

上海当代艺术博物馆全景

61. 中国水泥博物馆

（启新水泥厂旧址）

中国水泥博物馆暨 1889 文化创意产业园是在唐山启新水泥厂旧址上创建的一座以博物馆展示、工业旅游、文化创意、休闲娱乐为特色的创意文化产业园。启新水泥厂作为中国第一家机械化生产水泥的企业，由开平矿务局首任总办唐廷枢于 1889 年创办，它被称为“中国水泥工业的摇篮”，中国第一袋水泥就在此生产。近年来，随着唐山市区的扩张，启新水泥厂逐渐被城市包围，变成了城市的一部分。

由于大量排放粉尘，该厂成为当地严重的污染源之一。2007 年，唐山市作出了“退企还绿”的决定，将污染严重的企业退到远郊，将原址进行绿化。启新水泥厂整体由市区迁往市外。2011 年 1 月，中国首座近代工业博物馆——中国近代工业（水泥）博物馆暨启新 1889 文化创意产业园在启新水泥厂原址上正式开工建设，项目占地面积约 94.5 亩，建筑面积 5.1 万平方米。

启新水泥厂本身具备改造为博物馆的天然优势，整个厂区就是一个庞大的博物馆。启新水泥厂从 1889 年建厂至 2008 年停产，历经 120 年沧桑变迁，并经历了唐山大地震，是震后唯一幸存下来的地上建筑群，弥足珍贵。启新水泥厂停产后，厂内的生产设备、生产系统得到了比较完整的保护。目前保留下来的有 1910 年至 1940 年建成的 4、5、6、7、8 号 5 条完整的窑系统，包括珍贵的德国 AEG 发电机在内的四台发电机组，4000 余平方米木结构火车装运栈台，丹麦史密斯包机等具有重要工业文物价值的设备 26 套。该馆内有 1906—1994 年建设的建筑物、构筑物 31 座，保留完整的 1889—2008 年长达 120 年的启新公司档案 2000 余卷，是现今国内水泥工业物质和文献遗产保存时间跨度最长、保存最系统完整、内容最丰富全面、最具研究价值的厂区。

2011 年 1 月 8 日，唐山启新水泥工业博物馆暨 1889 文化创意产业园在启新水泥厂原址开工建设，主要对原厂区 1908 年至 20 世纪 40 年代前建设的木栈台、4 号至 8 号水泥窑系统、老电厂等具有重要历史和文化价值的老建筑进行改造，聘请清华大学建筑学院设计，本着“修旧如旧”的原则打造启新水泥厂百年老工业基地及唐山工业文明展示基地。该项目共分为三期：一期工程是启新广场和博物馆展陈中心；二期工程主要是对保留的建筑进行改造，进行道路、管网等基础设施建设；三期工程是对园区文化产业景观进行建设。改造后的工业园区布局为“一轴、两区”：一轴为唐山百年工业之路文化长廊，两区为室外景观艺术区和七馆文博体验区。七馆文博体验区为工业之星展演中心、工业之路文明馆、周学熙会客厅、金达音乐吧、茅以升数字馆、汉斯・昆德生活馆、詹天佑实践馆，当中不少空间以为启新水泥厂做出贡献的人物命名。

启新水泥厂的原有建筑曾经过多轮改建，在对其更新改造过程中较完整地保留了厂房清理过程中留下的痕迹，使得工业遗产展现出了多层次、跨时代的历史风貌，启新地块依山傍水的空间区位优势得到初步显现。改造后的水泥窑、发电厂汽轮机及高大的欧式厂房仍然可以给访客带来强烈的工业文明震撼力。作为核心空间的幸福广场视野开阔，能全方位、多角度彰显工业建筑遗产的魅力，并满足举办小型集体活动的区域要求。周边建筑跨越百年，既有大尺度的厂房、生产设备，也设计了适宜游人停驻休憩的景观艺术小品，为各种公共活动的开展创造了可能性。

目前，启新 1889 文化创意产业园集旅游、文化、休闲、时尚、购物于一体，全天免费开放。园区东邻环城水系游览码头，西北临大城山主题文化公园，周边集中了重要的城市文化、景观和空间要素，自然资源和工业文化资源丰富。园区重点引进文化创意产业项目。

启新水泥厂的保护更新盘活了老旧厂房等存量资源，在保护工业文化的基础上改造成具有文化内涵的创意活动空间，成为国内工业遗产场景再造的典范。电影《守梦者》《仙班校园》和电视剧《黑凤凰》均在此取景拍摄，提升了社会知名度。启新水泥厂的再利用是唐山市率先启动的重点项目，历史渊源、地理区位等多方面优势使其具有示范带动作用。

然而，该项目特别是中国水泥博物馆目前在运营中面临一些困难。第一是资金问题，园区的资金来源主要是创意园区内出租项目获取的租金以及博物馆门票收入，这些资金仅能维持园区的基本运营，并无盈余资金用于展藏品和建筑维护以及开拓业务。因此，藏品文化挖掘和宣传目前全靠企业自身，企业力不从心。第二，博物馆的专业人才缺乏，加之资金不足，导致博物馆 1889—2008 年的两千余卷珍贵档案资料一直由唐山市博物馆代为保管，其自身既无专业力量，也无盈余资金进行归类整理和系统研究，IP 开发能力近乎零，造成社会教育与科学研究的脱节。第三，园区所在的地理位置比较偏僻，基础条件较为落后，对专业技术人员和重点消费人群的吸引力不足。园区内部开展业务的文化艺术类、会展类企业总体低于期望值。这些都是今后需要着力优化解决的问题。

62. 温州苍南矾矿工业遗产科普小镇

矾矿工业遗产科普小镇是一个以矾山工业遗存、福德湾历史文化名村、浙闽台民族花海两岸文化创意产业园等项目建设为载体的工业遗产再利用项目。该小镇位于浙江省温州市的苍南矾山，素有“世界矾都”的美誉，是浙南历史悠久的矿山集镇，已探明的明矾石储量达1.6亿吨(占全国的80%、世界的60%)。民间炼矾工业始于明初洪武年间，迄今已有640余年。矾山拥有工业科普、矿洞遗迹、古道人文、山岳生态、红色教育、地方民俗、明矾工艺、特色美食等丰富的资源，充分具备打造特色科普小镇的条件。近年来，矾山一直紧紧抓住全市乡村振兴示范带建设的历史契机，依托丰富的工业遗产和各类自然人文资源，以创建国家科普小镇为目标，投入1300多万打造矾都文化广场和城市文化客厅，成为展示矾都工业遗产和矿冶文明的“矾”科普广场，全面改造提升矾都博物馆群，打造“炼矾工艺+科技创新+教育实践”为一体的“矾”科普园区。

苍南县于2012年启动了温州矾矿遗址申报“世界工业文化遗产”工作，通过一系列活动，现已完成了福德湾古民居保护修缮工程，建成了温州矾矿博物馆、矾都奇石馆矿石馆、矾文化体验中心等一批文化设施和旅游项目。福德湾矿工村还获得了联合国教科文组织颁发的“亚太地区文化遗产保护荣誉奖”。2015年，矾山以“矾矿工业文化遗存小镇”的特色被遴选为温州市文化特色小镇，是中国“炼矾工业的活遗址”。这几年，该镇围绕“文化立镇、旅游兴镇”的发展战略，大力推进文化遗产保护和人文旅游开发，吸引不少游客前来参观。

矾矿工业遗产科普小镇在转型发展过程中，充分抓住了矾矿资源的历史遗存，通过去伪存真的街区保护、历史遗址再创造，再现了古老的历史景观，成功激活了本已没落的矾矿文化。该镇将镇内的古老房舍、石阶古道与大量矿工生活遗痕原封不动地保存下来，并进行新功能的植入。例如，小镇的民俗“半山丽舍”利用老矾矿废弃车间改建而成，通过工业遗产与时尚怀旧等要素的结合，让衰退的老工业区变废为宝。

矾矿工业遗产科普小镇围绕着矾山工业遗产这一主线，将“全域科普”的理念融入“全域旅游”，对游客进行矾矿知识的科普。例如，温州矾矿博物馆是20世纪

50 年代仿苏式建筑，由原温州矾矿办公大楼改造而成，是温州市首例工业文化遗产类专题博物馆。博物馆内采用模型、沙盘、模拟矿硐、视频、实物等形象表现手法，向参观者展示矾山几百年历史变迁、浓郁的工业文明和深厚的文化底蕴。20 世纪 50 年代的采炼生产系统与车间也被充分利用，建设成“矾客工厂”，展示矾矿开采流程，转型升级。矾都矿石馆收藏了 600 多颗世界各地矿石。明矾主矿山——鸡笼山有 10 个采空中段，内有天井、斜井、盲斜井等一系列设施，构成完整的生产、运输和安全系统，采空区面积达 353 万立方米，数不清的地下矿洞环环相套、层层相叠。硐内常年恒温 16 ℃，有完整的生产、运输、安全系统，在 20 世纪 60—70 年代建成的地下大型会议室，现仍可见硐壁上有部分毛主席语录，是目前温州矾矿唯一一个以半开放形式开通对外参观、考察、学习的矿硐旅游体验区。

福德湾村在苍南县矾山镇老建成区内，沿山而建，坐南朝北，是一座因采石炼矾而生而盛的村落。该村历经 700 年采炼，留下温州矾矿遗址 20 世纪 50 年代这完整的采炼生产、生活系统，也留下大量特色民居和石头屋，形成了工业村落民居风格，即依次为矿硐(采矿区)、居住区、炼矾区的基本布局。大部分工业遗存保存完好。至今仍在少量运行“半机械、半体力”的炼矾工艺技术，被认为是迄今为止浙江省级文物保护单位中首个仍在生产的工业“活遗址”，也是矾矿采炼技术发展、工艺变迁“活的教科书”。

此外，矾矿工业遗产科普小镇紧跟时代步伐，推出了“世界矾都明矾文化旅游节”，并在近年来持续推进。旅游节的前身是矾山自 1991 年起就开始举办的“矾山明矾节”——纪念炼矾祖师爷秦福的节日。明矾节的活动内容有迎神祭祀、文艺演出、物资交流、民间游行等。2016 年起，明矾节更名为“世界矾都 · 明矾文化旅游节”，活动的形式和内容进一步丰富，包括美食节、露营节、读书会、非遗展演等多个项目，吸引了数万游客的参与。近年来该小镇又逐渐发展出现代文体活动，如举行全国第四届伞翼滑翔表演，邀请歌舞团和大型杂技团献艺，利用矾山溪办水灯活动，举办闽南话对诗会和花卉展览等。不论是对于传承当地独特的民间宗教信仰，还是展示地方文化风貌，明矾文化旅游节都具有重要作用。同时，矾矿工业遗产科普小镇成功提炼出了独特的矾矿文化元素，打造出了具有鲜明特色的文化符号，使之成了工业遗址的亮点。矾山依矾而生，当地人利用丰富的明矾矿产资源创造出“矾塑”这一独特的民间手工艺术。矾塑内部材料五彩缤纷，外部结晶的明矾晶莹剔透，形状千奇百怪，是温州市著名的非物质文化遗产之一。福德湾街区内就有不少店铺出售矾塑作品，离街区不远的温州矾矿博物馆内也展出矾塑精品。乡村文创街区的创建为这一遗产的展出和推广提供了窗口。

矾矿工业遗产科普小镇通过发掘村庄本身独有的工业资源，将村落物质形态与内在精神文化形态贯通，将历史遗产积淀与新时代文化创意发展结合，成功实现了从工业废矿到工业遗产特色小镇的转型，彰显了农村工业遗产保护更新与乡村振兴工作同频共振的特征。

63. 阳朔糖舍

（阳朔县糖厂旧址）

阳朔糖舍位于广西壮族自治区阳朔县漓江边的一处山坳，是一座由工业遗产改造的度假酒店。前身是阳朔县糖厂，始建于20世纪60年代，当地盛产的甘蔗通过漓江水路运送到糖厂码头，再通过桁架吊运送往压榨车间。为了保护当地水资源，这座工厂在1998年被迫停产。2007年该糖厂开始改造更新，整个项目由青年设计师董功领导完成，目前是广西壮族自治区内较有特点的工业遗产再利用项目。

阳朔县糖厂是整个度假酒店的核心主题，但是经过几十年的风吹雨淋，老糖厂已是危房，将其改造为度假酒店并保留本来的结构和形态并非易事。在设计过程中，设计师将老糖厂厂房改造为餐厅、咖啡厅等公共区域，酒店客房则需要建立新的建筑主体，最具挑战性的是如何将建立的酒店与老厂房新旧交融。为了达到这一目的，在场地布局设计上，建筑师把新建的标准客房楼体与别墅分别置于老糖厂两翼，使得老糖厂和工业桁架在最终的布局中占据整个酒店建筑群的中心轴线位置。为了使新老建筑相互融合，新建房屋色彩素雅，外形简单，以避免过于外显的表现力对老建筑造成干扰，体量也被严格控制，应低于老厂房，并沿用老糖厂的坡屋顶形式与屋顶角度，继而使新、老建筑在同一个秩序中演进、更迭。

休闲度假酒店是老糖厂改造的方向，因此在改造过程中首要的是满足顾客居住的需要。原先的老厂房成为酒店公共区域，大堂、酒吧、餐厅与图书馆都由各个车间改造而来。制炼车间改造成了画廊餐厅：一楼设计成画廊，展览糖厂以往的生活片段；二楼设计成公共用餐区；三楼则是包房。甘蔗的压榨车间被改成酒吧，该车间建于 1969 年，因此被命名为 1969 酒吧。而炼制车间则被改造为主餐厅。

老厂房两侧以水景为界，分别安置由设计师设计的新式建筑。两栋建筑成为标准客房和花园套房的休闲空间。在阳朔喀斯特地貌的启发下，他将建筑用栈道和溶洞几何化的呈现来表现当地人与自然的相处之道。客房建筑的整体立面采用了专门为这个项目烧制的木纹形混凝土“回”字形砌块。这种复合立面材料在材质肌理和垒砌逻辑上与老建筑的青砖保持一致，但当代的构造技术使其呈现出更为灵动、通透的视觉效果，同时提升了建筑的通风、采光性能。

阳朔糖舍拥有 113 间客房，酒店基础房型和别墅采用现代设计，简约中不失时尚的元素。山居及山房面积 55 平方米，房间内宽敞明亮，视野开阔，顾客可饱览阳朔充满魅力的园景及山景。酒店的设计在满足顾客基本需要的同时，也充满了艺术感。例如酒店的茶几运用了广西壮族特有的铜鼓元素，将民族文化融入酒店产品中；酒店主楼设计本着尊崇当地自然和建筑文化的原则，运用了将本地石材和竹子相结合的手法。

厂房之后是阳朔糖舍的标志性地标。当年的码头是特意建在漓江转弯处的，为了方便卸载甘蔗原料，残旧的“桁架”后来被改造成为极具度假感的无边泳池。

整个场地是一个可以游走的空间系统，老糖厂、工业桁架与新体量在其中共同界定出封闭或开敞的空间。在标准客房楼体内部，作为水平游走系统在垂直向度的延伸，一条 1.25 米的公共步道沿着楼体外部界面向斜上方展开。公共步道系统独立于水平向的客房功能走廊系统，既将整个酒店作为一个完整的游览空间，也不妨碍顾客的居住需求。

酒店在改建过程中与当地风格融为一体。基地南侧临江，北侧是繁忙的省道，四周群山以近乎垂直于地面的角度拔地而起。建筑师选择了水平横向的长方体作为新建筑主体的外形，希望人工化的水平几何体量和自然的山体形成相互衬托的关系。围绕着老建筑建起的新主楼建筑在融合了当地喀斯特地貌特征的同时，和老建筑交相辉映，串联起老糖厂的过去与糖舍的现在。受喀斯特地形地区挖进山体的山道系统与溶洞启发，设计师设计出了渐渐爬升的线型公共步道，将三个带有强烈空间指向性的“溶洞”式空间串联。漫步其中，人们可不断体验到空间明与暗、高与矮、远与近。此外，设计师还建了三个景观池，把周围的群山引入室内——层峦叠嶂倒映在水中，顾客即便在室内，也仿佛身在山水之中。

自 2020 年 7 月开始，糖舍开始开展各种文化活动，2020 年 11 月，北京大学教授戴锦华来到糖舍，开讲塔可夫斯基的《乡愁》。这个名为“影像的诗行”的讲座，吸引了众多听众，清华大学建筑学院教授周榕、三联生活周刊主编李鸿谷、策展人欧宁、电影人叶静等人均来到现场。戴锦华的讲座是糖舍持续两个月的“糖火艺文祭”的一部分。自 2020 年 10 月 31 日以来，这里举办了丰富多样的文化活动，从讲座、摄影展、民谣之夜到山体三维投影艺术展，直到 12 月 31 日跨年夜迎来最高潮——燃烧火塘，寓意去旧迎新，为新的一年祈福。

阳朔糖舍的设计改造获得了多项荣誉。2018 年，董功把糖舍带去了威尼斯建筑双年展。将自然之美、建筑之美、残缺之美完美融合，糖舍迅速“出圈”，风靡设计圈。2018 年 1 月，超模杜鹃来到糖舍，泛舟漓江，漫步山间，为杂志《卷宗》拍了一组时尚大片。2019 年 1 月，在 Ahead Global 国际酒店设计大奖上，糖舍战胜一同参赛的东京“虹夕诺雅”酒店，斩获“最佳度假酒店”，并拿下“全球终极大奖”。2019 年 7 月，法国建筑专业杂志 *Architecture d' Atoourd* 以糖舍为封面，法文标题直称“建筑的根本作用是发现和揭示一个世界的精神”。

阳朔糖舍设计频频得奖，产生频繁“出圈”的效应。糖文化与阳朔山水共同塑造了一个具有文艺气息的阳朔糖舍，也使得阳朔糖厂的改造成为诸多老工厂改造的模板。

64. 上海八万吨筒仓艺术中心
（民生码头八万吨筒仓旧址）

上海八万吨筒仓艺术中心是在上海民生码头八万吨筒仓的基础上改造而成的艺术中心。八万吨筒仓始建于 1991 年，于 1995 年完工并投产使用，是改革开放工业遗产的重要代表。

由于舱室存储方式的革命性改变，筒仓在 2005 年停止运行。虽然建成时间较短，但是筒仓作为一种特殊形式和特殊使用功能的建筑在未来不会出现，因此具有一定的历史价值。2016 年 6 月，“2017 上海城市公共空间艺术季”根据“以黄浦江、苏州河旁的重要城市空间节点为主”的选址原则，在综合考虑区位、建筑特色及环境空间实用性、方案可行性等要素的基础上，最终确定了浦东新区民生码头以八万吨筒仓为核心的区域作为此次艺术季的主展馆。

2016年开始进行八万吨筒仓的一期改造过程，由同济大学教授柳亦春负责设计，规划将其改建为全新的公共空间，与当时所承办艺术季的主题“连接:共享未来的公共空间”契合。其时筒仓经过10多年停产闲置，建筑破损十分严重。在改造之前经检测，整体结构安全，但房屋存在整体构件铁胀、钢筋锈蚀、楼板断裂等损坏现象。因此，一期改造首先需要保证观展人群的安全，即进行房屋修缮、结构的抗震加固，使其满足消防安全疏散要求，其次才是满足观展体验。筒仓顶层位于40米的高处，展厅规模超过3000平方米，这对垂直交通的要求非常高，因此建筑师首先利用了30个筒中的4个筒放置了垂直疏散楼梯和消防电梯，仅供紧急情况下使用。

因筒仓建筑结构特殊和出于对旧建筑的保护，建筑师只是将建筑的一层和顶层改造为展览空间，对一层进行局部修复和展陈设计，加强筒仓圆形阵列的空间印象。作为艺术季的主展馆，展览主要使用筒仓的底层和顶层。由于筒仓建筑高达48米，要将底层和顶层空间整合为同时使用的展览空间，必须组织顺畅的展览流线，并处理好必要的消防疏散等设施。因此，在改造过程中，外挂的一组自动扶梯将底层的人流直接引至顶层展厅。除了悬浮在筒仓外的外挂扶梯，筒仓本身几乎不做任何改动，既在最大程度上保留了筒仓的原本风貌，又呈现出重新利用所注入的新能量。

扶梯通廊的立面采用的是设计师自行设计的白色波点渐变纹样的定制玻璃。玻璃赶在艺术季开幕前安装完成，取得了非常好的室内外效果。扶梯仿佛云朵一般漂浮在筒仓前，玻璃透射出扶梯内天花上相互交错的极细的灯带，同时反射出天空。人与建筑相对位置变化，映射的景色也随之改变，因此被命名为“云梯”。筒仓是旧的，外挂的扶梯是新的，通过新与旧的对比，形成连接起过去和未来的场景。同时，在外挂扶梯的底部，设计师还邀请了艺术家“跨界”合作，利用艺术作品中独特的拓片肌理的反射不锈钢板作为外挂扶梯的底面装饰，它倒映着民生码头周遭景象，而外挂的这组巨大体量的扶梯也因此变得轻盈。外挂的玻璃自动扶梯也解决了筒仓改造的主要矛盾，即一个相对封闭的仓储建筑与开放性的矛盾，外挂的扶梯采用全透明的幕墙，通过引入黄浦江景色揭示它坐落在黄浦江边这一事实，并将滨江公共空间带入这座建筑，建筑的公共性由此获得。同时，透明扶梯靠近筒仓的一侧刻意不封闭，游客能够随着扶梯的上升看到筒壁间的青苔和被风雨冲刷的印痕。

筒仓建筑的一层是展览的主要空间，10 个筒仓的底部形成巨大的圆锥形漏斗，距离地面仅 10 米，与数十米高的立柱形成的空间带来了强烈的视觉震撼力。不同于大部分空旷展览空间会作为展览作品的纯净背景，筒仓建筑给展品提供的是斑驳与厚重的工业感。该空间本身就是艺术季亮眼的艺术作品。

八万吨筒仓艺术中心的主要出入口一个在西面，一个在北面。筒仓的入口被白色半透明的阳光板包裹，可谓现代感十足且特色鲜明。这种透明轻质与筒仓的厚重敦实形成一种对立，显现出一种迎接未来的姿态。通过建筑师设定的观展流线，游客被有序地带入各个展厅。特别是到达三层的平台后，通透的玻璃外的景色将人引到了筒仓北立面外侧的通廊里，从第三层起观展人群被扶梯分成三段带到 6 层(约 32 米)的高度。通过通廊与筒壁所衔接的接口，人群成功进入筒仓的内部。

在艺术季进行的三个月时间里，八万吨筒仓艺术中心成功举办了“公共空间形态、社会生活多样、基础设施连接、上海都市范本”四大主题展，还有 12 个特展，26 场学术讲座，23 场儿童互动活动，以及摄影大赛、国际艺术家演出、滨江行走等多种多样的活动，吸引了大量的观众。我们了解到，在整个艺术季期间，观展人次达到了 13 万。

空间艺术季民生码头改造，只是整体改造的阶段性成果。展览结束后，民生码头再次进入改造工程，现在，八万吨筒仓除承担艺术展场的功能外，还成为光影秀的载体。2020 年，中法团队联手，运用光影和音乐，结合地域特色、中国科技鲜明元素和建筑承载的历史气息，打造出原创的更具节奏感的文化演绎，使八万吨筒仓成为新的地标。不久的将来，民生码头将会成为一个充满生机与活力的综合性公共空间。

民生码头作为上海滨水空间的一部分，其改造将作为具体的案例来呈现如何连接和重整原先的城市空间，构筑开放平台，有助于提升黄浦江两岸开放空间的潜在价值，并对其他未来公共空间提供借鉴方案。

65. 大华 · 1935 园区

（大华纱厂旧址）

大华·1935 园区位于陕西省西安市太华南路 251 号，地处西安火车站北侧，西邻大明宫国家遗址公园，距西安城墙约 600 米。项目占地面积约 140 亩，建筑面积约 8.7 万平方米。此处原来是中国军队的军需厂，在抗日战争中发挥了积极作用。1951 年大华纱厂实行了公私合营，1966 年 12 月收归国有。2008 年因经营不善，大华纱厂申请政策性破产。总体项目由西安曲江大明宫投资（集团）有限公司投资建设，总投资额约 3 亿元人民币。大华·1935 项目建筑方案由中国工程院院士、天津大学崔恺教授领衔设计，由西安曲江大明宫投资（集团）有限公司旗下西安曲江大华文化商业运营管理有限公司投资运营管理。

项目方案设计最大程度地将原有建筑风貌与现代城市功能相结合，注重公共空间和交流空间的打造，加入现代设计元素，利用原有民用建筑材料与现代装饰材料，结合灯光设计，以及独具创意的景观绿化，打造出纺织文化传承、精品剧目视听、艺术品展览、都市时尚休闲相融合的大型综合文化中心。

大华纱厂的更新分为两期。一期建设始于 2011 年，主要以物质更新为主，通过采用“谨慎的加法”策略，以严谨而缜密的拆、改和介入式策略全面梳理了厂区的历史脉络，对原有建筑进行清理和修缮，保留了原厂区建筑天际线、下水井盖以及混凝土花格作为设计元素，将这些元素融入建筑立面、景观小品、景墙中，实现了对大华纱厂的物质更新。

规划设计通过对现有建筑格局的景观进行整合，形成了“两纵两横一广场”和“三线一线多庭院”的景观格局。依托道路形成“两横两纵”的商业步行街区和餐饮休闲街区，基本满足以购物、娱乐、休闲活动为主的线性景观。改造的主入口位于太华路，与大明宫国家遗址公园东门呼应，设计入口为文化广场。在西侧主入口文化广场经餐饮休闲街区到达南部入口，设计三个景观节点，即餐饮休闲街区、艺术中心广场、南入口。同时以休闲会所、餐饮文化、老南门文化区等形成几个代表性庭院空间景观，建筑围合的空间具有一定的私密性，各个庭院景观有各自的主题。

二期建设始于2017年，主要以商业性再利用为目标，不改变原有建筑外貌，包括纺织厂特色的屋面形式，锯齿形屋面完好地呈现工业建筑独有的造型，遵循商业逻辑对公共空间的格局及中庭的位置进行了整体及局部调整，形成更密集的商业流线结构，实现商业人流的全面渗透，重新激活了大华・1935园区还未启动运营的大部分空置区域，通过丰富活跃、年轻新鲜的业态引入，实现更深层次的价值体现。

改造后的大华纱厂有着很多功能区，在修旧如旧原则的基础上，将“新”与“旧”结合，巧妙地将一体化设计渗入项目的方方面面，通过将原有的工业区域改造为特色工坊、创意办公区等形式，将现代休闲办公理念和特色工坊融入原有的厂房区域，实现了对区域的升级换代。通过空间的分割和组合，形成休闲购物、餐饮娱乐、配套服务等项目。通过引入博物馆、小剧场、艺术沙龙等文化项目内容，实现了旧厂房的功能转换。

如厂区内最具标志性的大华博物馆，位于大华・1935园区东侧，由原长安大华纱纺织厂老布场厂房改造而成，总建筑面积约4000平方米的西安大华博物馆主展厅共分为三部分，以长安大华纺织厂发展史与企业文化为主线，以大时代背景为辅线，分别讲述大华纺织厂的“兴建创业”“新生发展”与“嬗变涅槃”等历史发展过程，并采用史料及科研文字介绍、实物展陈、图片展示、模型复原、多媒体等多种形式，融历史性、人文性、知识性、科普性于一体，充分展现大华纺织厂这一西北近代纺织业先驱的历史沿革、人文风貌等，形成开放、自由、流动、互动的参观游览空间。

大华・1935小剧场集群位于大华・1935园区东侧，由原长安大华纺织厂新布场厂房改造而成，总建筑面积约为3300平方米，是西北地区首家高规格、高品质的集群式剧场，并按照国际标准设置照明与舞台设备。作为大华・1935园区内的特色文化展示区之一。

我们调研发现，大华纱厂旧址的保护更新虽然取得了较大的成功，但目前仍然存在着运营上的一些问题，即在文化产业高质量发展的背景下，相关业态的调整升级仍未跟上，部分业态萧条甚至整个园区发展停滞，如何通过新兴业态特别是“元宇宙”视域下虚拟消费业态的介入，以提升整个园区的活力，这是尤其值得思考的问题。

66. 景德镇陶溪川陶瓷文化创意产业园区（原宇宙瓷厂）

陶溪川陶瓷文化创意园区位于江西省景德镇市东城区，2016 年 10 月正式运营，以原宇宙瓷厂为核心启动区，在原来建筑的基础上加入新的元素改造，通过结构改造、活力再造，融传统＋时尚＋艺术＋高科技于一体，从而形成陶溪川文化创意园区。陶溪川文化创意园区前身是国营宇宙瓷厂，1996 年经历改革阵痛破产后，逐渐成为“瓷都”衰败而没落的街区。2012 年，景德镇市委市政府邀请清华同衡规划研究院遗产中心对景德镇老城改造、景德镇工业遗产保护进行具体研究，寻求出路。经过对景德镇城区梳理，市委市政府决定将东部的十大瓷厂片区作为城市副中心进行开发。集聚了“陶瓷”“溪流”和“山川”的工业遗址集中区被命名为“陶溪川”，成为景德镇的文化创意园区。而在整个陶溪川片区中，宇宙瓷厂地块产权条件最为成熟、工业建筑质量最高，成为景德镇陶瓷文化创意产业园区的启动区，被规划为工业遗产博物馆群，以公共建筑和公益功能的定位开启整个文创园区的营造工作。目前，陶溪川文化创意园区总面积 18 万平方米，至今仍保留着不同时代的建筑风貌，建有陶溪川美术馆等公共文化空间。

首先，以清华同衡规划设计研究院遗产中心牵头的设计团队，在宇宙瓷厂厂区开展了不同层面的设计和改造工作，即在路径上采取“修旧如旧”的原则，对陶溪川建筑进行改造，在材料上则采用翻新、新旧对比、表皮置换等改造手法进行设计，将旧的砖墙与新的钢材料相结合，并运用大面积的玻璃幕墙给园区注入现代化气息。在室内结构上用钢结构支撑置换了木结构，在保证厂房结构安全的基础上，最大限度还原传统结构特色，以求保留原始建筑风貌。

其次，是对建筑进行功能再造，根据建筑的空间大小进行新功能的植入，这是一个非常鲜明的特点。

在改造的同时，陶溪川文化创意园区已经开始了预招商工作，中央美术学院、北欧艺术中心、瑞典艺术中心等设计类机构开始入驻文创园区。目前，该园区已成为工业遗产成功转型、文创产业发展升级的样本，是景德镇的文化新地标。

陶溪川文化创意产业园区功能再造的项目有两个：景德镇陶瓷工业遗产博物

馆和陶溪川美术馆。景德镇陶瓷工业遗产博物馆总占地面积5.9万多平方米，建筑面积3.2万平方米，是陶溪川文创街区的核心景点，由常设展厅、临时展厅、学术交流区、公共活动空间、休闲商务区、办公区、多功能区、库房区等组成，可满足收藏、展示、研究、培训和教育等各项功能需求，平均每年接待参观者近10万人。陶溪川美术馆坐落于景德镇陶溪川文创街区，建筑面积约7500平方米，展陈面积约3000平方米，是一所集展示、研究、收藏为一体的现代型美术馆。按照发展定位，陶溪川美术馆致力于推动现我国当代艺术与世界的交流，是我国目前重要的当代艺术美术馆之一。

我们经过多次实地调研了解到，陶溪川的成功有多种原因。

第一，政府、业主、设计师构成社区设计联盟，实现了多方的全程参与。政府在决策层面给出了重要支持，并在资金扶持、社区联络等方面起到重要作用。例如，陶溪川改造初期的厂区移民、棚户区都需要政府的大力支持。陶溪川首倡者刘子力及其团队的工作经历、专业知识也为宇宙瓷厂的转型起到了关键作用，正是他们认识到工业遗产的价值，避免其在城市化过程中遭到破坏。设计师对建筑进行修复和改造，使其符合文化创意园区的功能，并对后续业主（当地小业主、商家）进行相关的休闲文化商业引导，确保建筑及其环境的完整性。社区的业主、艺术家、青年学生等也多次参与陶溪川项目改造。

第二，陶溪川积极创造文创产品，通过互联网技术在淘宝、京东等网络渠道开设线上文创旗舰店。我们调研发现，陶溪川文化创意产业园区内有数十个直播带货的大型直播间，而每个工作室也都有直播带货的硬件设施。此外，园区还大力举办文化活动、交流讲座和学术报告，开展国际瓷博会等各大展览会，宣传优秀陶瓷文化，邀请国内外知名人士交流陶瓷文化经验，组织优秀年轻艺术家出国参加艺术交流展会等，依靠硬件与软件的“两手抓”，以新的艺术形式、技术和理念，鼓励陶艺创作者为文化产品增添新的元素和内涵。

第三，陶溪川大力引进艺术家和培养创意人才，专门设立艺术家工作室，吸引各国艺术家前来，各国艺术家给陶瓷文化产品注入了多元化的元素，还通过打造陶溪川文化创意产品品牌，扩大其影响力。陶溪川文化创意企业积极采取走出去战略，不仅在景德镇本地举办各式各样的陶瓷展览会，而且到同样富有陶瓷文化底蕴的首都北京开展陶瓷艺术交流会，促进以陶溪川为品牌的文创产品的输出。

第四，陶溪川立足陶溪川美术馆构建中国当代艺术的国际化发展平台，曾推出以“安迪·沃霍尔的1962—1987”为代表的国际水平当代艺术展览，中国当代艺术界，该馆与上海当代艺术馆、北京798尤伦斯当代艺术馆等重要美术馆齐名，构成了当代中国艺术国际化展示、交流的重要平台。

2019年11月14日，李克强总理考察江西景德镇，在参观完陶溪川陶瓷文化创意产业园区后说道：“中国是瓷器的发明国，但目前我们在高端瓷方面与一些国家有了差距。希望你们既师承古人精髓，又萃取海外精华，创出一片新天地，创出千年瓷都新风光，打造国际瓷都。”

陶溪川文化创意产业园

第四章

文化创新

67. 丝联 166 创意产业园区
（杭州丝绸印染联合厂旧址）

丝联 166 创意产业园区是在杭州丝绸印染联合厂（简称“杭丝联”）旧址的基础上建立的集聚创意商业、展示、创意办公、文化交流等多种功能文化创意空间。杭州丝绸印染联合厂位于浙江省杭州市拱墅区金华南路 189 号，建于 1957 年，占地 6000 多平方米，主体建筑层高 5～7 米，设缫丝、织造、印染三大车间。其外墙采用清水砖墙，为钢筋混凝土梁柱结构。该厂建筑造型简约，一排排的锯齿状屋顶营造了强烈的秩序感。2000 年前后杭丝联原厂房中的缫丝、印染及其他配套建筑因城市建设陆续拆除，原丝织车间的大部分厂房及附属用房保留了下来。2007 年锯齿厂房内开始创办文化创意产业活动，逐步成为文艺青年们热衷的“杭丝联文艺空间”，为日后形成“丝联 166 创意产业园区”打下了重要的群众基础。

该园区在外观造型上按照“修旧如旧”的原则，尊重历史建筑原貌，建筑所呈现的沧桑感和历史感被保留，清水砖墙构成的建筑立面和岁月遗留的痕迹现在仍依稀可见，只是添加了花池和雨棚等设施，且与建筑原貌相协调。丝联厂的改造延续了工业的历史，同时工业的历史特质也催化出了文化创意空间，并增加了入口的标示，保护了原有的树木，对铺地进行了适应性的改造，保留了原有的肌理。

该园区内部空间为单一通透的开敞式大空间，厂房较大的层高与锯齿状屋顶让空间在竖向有了更多的可能性。在设计上，设置的隔墙将厂房划分成大小不一的若干空间，以满足不同的功能需求。在改造中，有些做成了 Loft 空间，有些做成了中庭空间，使文化创意空间与原有的功能结构协调共生。再利用空间内部结构系统，依照过去主构架，在新的空间中延续使用，只对部分进行了加固修缮，精美的梁顶与 T 型柱直接裸露于空间中。而正是这种对原有结构的保留和将其与新加固的结构相结合，且直接裸露于空间中的方式，人们可以在开展各种展览和文化活动时感受建筑的结构之美。

丝联 166 创意产业园区是杭州最早将老工业厂房改造为文创产业园的尝试。园区内主要设有四大功能区：创意工作区、创意展示区、中心广场和休闲娱乐区。创意工作区是为创意企业及个人开辟的专区，他们可以在此随意分割空间，进行个性化装修，是创意人士恣意挥洒才华的个性空间。创意展示区主要是用于创作、展示及交易的区域。中心广场是一个充满情调的地方，游人及创意人士可以一边观鱼赏竹，一边交谈沟通。休闲娱乐区是一个以咖啡厅、品茶室为主的区域，旨在为创意人士提供一个休闲、娱乐、交流的空间。

2017年，丝联166创意产业园区提升改造工程开始。此次提升改造以“丝蕴杭州、文创联动”为主题，通过打造“一带”（东侧文化商业景观带）、“一路”（园区丝绸文化景观环路）、“一庭”（丝联历史文化中庭），对园区重新布局、调整优化产业结构，将运河文化和丝绸文化有机融合，提升园区的产业竞争力。

我们调研了解到，目前丝联166创意产业园区共计吸纳入驻企业90余家，创业及从业人员1000余人，营业性收入每年递增20%以上。再利用文化创意空间除了有多家创意设计工作室外，还有数家休闲娱乐等创意商店：“也许”Bar馆创意咖啡馆，位于园区入口处；“蜜桃”咖啡馆是杭丝联的网红打卡地，“杭丝联”的丝巾设计室，以Loft空间形式，充分利用厂房层高的优势，将小面积再创造，从而使其各功能空间改造成奢华空间。再利用的文化创意空间布局比较灵活，可以满足不同业态的需求，每个使用空间都经过专门设计，与创意业态相协调。

在发展文化创意产业的同时，园区也尤为注重对工业建筑等遗产的保护。园区保留了较多的原有工业元素，这些元素在入驻的店铺中被设计、利用，如制造的机器、漩涡轮等成为入驻园区商铺中的特色，众多店铺的天花板仍保留了旧厂房的高顶、斜坡屋面与密集玻璃窗户。部分纺织生产线得以保留，设置成杭丝联历史展示空间，通过图片与原有器械设备展示杭丝联的历史。

丝联166创意产业园区的文化理念也逐渐影响了周边业态。随着城市的更新和产业的转型，园区沿金华路侧绿地定位为城市开放绿地，以开放式的城市公园为设计目标，目的在于使杭丝联的文化积淀和Loft的活跃因子融入城市生活中。该绿地通过大台阶解决原有被围墙隔绝的城市与厂区的“落差”问题，以五线谱的形式，将绿色空间渗透到整个带状绿地。最特别的是，台阶侧面上印刻着杭丝联大事记中的片段，讲述着杭丝联过去的故事。

丝联166创意产业园区通过引入创意产业，将旧工业建筑空间活化，打破原有空间自我封闭的性格。改造后的文化创意空间，成为公众参与的开放城市空间，改变了杭丝联原本只作为工业生产功能空间的命运。该园区通过连接社区、公众记忆、城市文化与生活，为杭州运河打造开放的设计与创意交流平台，实现了旧建筑的再生，是文化创新介入工业遗产再利用的重要范例。

68. 1954 陶瓷文化创意园

（淄博瓷厂旧址）

1954 陶瓷文化创意园位于山东省淄博市淄川区昆仑陶瓷风情小镇的核心区域，前身是始建于清末民初、于 1954 年改制的原国有重点陶瓷企业——淄博瓷厂。该创意园总体规划占地面积 129003 平方米，是在淄博瓷厂老建筑基础上，由昆仑瓷厂投资 7.5 亿元，专门聘请德国标恒设计机构与中国台湾设计师简学义联合组成团队，秉承“修旧如旧，新旧升级”的设计理念而建成的陶瓷文化特色产业基地，曾被授予“山东省工业旅游示范基地”称号。

1954 陶瓷文化创意园由原淄博瓷厂老厂房原址进行新建、扩建。该创意园既保留了老厂房、老设备，又融入了现代艺术设计元素。厂区内仍然完整保留了许多 20 世纪 30—60 年代的旧厂房，有包豪斯风格、苏（联）式风格、日式风格等风格各异的历史建筑。其中数个建筑在全国范围内均属于保护完整的大型稀有工业建筑，是现存 20 世纪初具有较高历史价值的大型工业建筑群，它见证了陶瓷曾经作为当地支柱工业的兴衰历史。该园区的保护更新，让工业废墟尝试被赋予新的生命。

值得一提的是，该创意园的升级转型工作并没有停留在旅游层面，而是不断延伸产业链，将创意元素拓展到具体活动中，从而满足游客休闲度假需求。例如该园内每年都会举办推介陶瓷文化的“国际木火节”、集休闲游览于一体的“台湾美食节”，园内还会助力非遗、民俗资源同步举办新春戏会和花灯会。为了增强游客参与感和体验感，园内还常设少儿手工制陶体验、大师工作室交流展览等项目，其中陶瓷博物馆、大师工作室免费向公众开放，陶瓷体验区、陶瓷孵化器、陶琉烧制工厂等都成为游客们心中的网红打卡点。在陶瓷历史博物馆，游客可以体验各种陶瓷、琉璃器皿制作、烧成的过程；陶瓷老作坊是由 4000 多平方米的老厂房改造成的一个个独具特色的两层空间，吸引了 30 多户陶瓷大师工作室入驻。

供给侧结构性改革的大背景下，大量之前被淘汰或即将被淘汰的第二产业进一步向服务型经济转型，工业遗产文创园因其特殊的地理位置和特色的文化资源，成为一个应时所需的切入点。而淄川区恰是一座“因煤而发、因瓷而兴”的历史文化名城。齐文化与陶瓷琉璃是淄博地区的特色与骄傲，依据这两种资源，淄博市重点打造了以齐文化为代表的10个地域文化品牌和以陶琉文化为代表的10个产业型文化品牌。1982年，淄博瓷厂生产的鲁青瓷刻瓷文具荣获德国慕尼黑第34届手工艺品博览会金奖，这是中华人民共和国成立以来中国陶瓷艺术品在世界上获得的第一枚金牌，鲁青瓷还数次作为国礼赠送给外国政要。创意园积极发掘此项资源优势，将陶瓷与生活日常紧密结合，与茶文化、禅文化等融合后，相继推出了一些系列文创产品。

2016年10月11日，住建部公布首批中国特色小镇名单，淄川区昆仑陶瓷风情小镇位列其中，而其核心正是1954陶瓷文化创意园。以此为契机，文创园的发展迎来新的发展机遇。当前的形势要求文创园活用“文化＋”创新思维，融合创意产业、旅游、人才等多个领域，带活区域发展“一盘棋”。在具体措施和规划上，文创园的陶瓷博物馆、陶瓷学院、体育场已经投入使用，下一步将重点发展亲子旅游，设计亲子互动游戏。未来计划把1万平方米的车间改为观光工厂，而淄川区政府正在规划用一种非常传统的蒸汽绿皮小火车将石谷煤矿、1954陶瓷文化创意园等串成一条旅游线路和一条工业遗址游专线，形成一个微型的工业遗产旅游廊道。

目前1954陶瓷文化创意园已经不再单纯是一个园区。这里是融合了现代服务业、文化创意产业、娱乐业、餐饮业、影视基地、展览业等，形成了一个新业态、新模式、新平台、新经济的文化创新空间。未来，这里或将按照规划，发展为工业旅游全业态的旅游目的地和中国北方最大的特色文化产业园区之一。

69. 醴陵瓷谷

醴陵瓷谷位于湖南省醴陵市，总占地面积为650亩，总建筑面积100万平方米，总投资人民币27亿元，是世界陶瓷行业规模最大的陶瓷文化艺术主题的大型文旅综合体，也是湖南乃至全国文化创新介入工业遗产保护更新的重要范例。

醴陵市是清朝末期新兴的瓷器官窑产地，也是20世纪50年代以来国宴用瓷和国家礼品瓷器的主要产地。醴陵瓷谷占地面积大，其核心部分是园区内由多个瓷器造型的大型建筑。这些独特的异形建筑是由意大利设计师迪斯特罗·安德里亚亲自操刀，以陶瓷器皿作为建筑造型，以中国围棋的棋盘与棋子作为建筑装饰元素，直观看来就是“杯碗盘碟”，既有中华餐饮文化特色，也有现代艺术特征。

景区由瓷谷核心景区、瓷器口风情文化街和陶子湖三部分组成。瓷谷核心景区即造型独特的建筑群，由国际陶瓷展览中心、图兰朵酒店、醴陵瓷谷美术馆、醴陵市陶瓷博物馆等 11 个单体建筑巧妙地在内部连成一个整体，项目整合湘阴县岳州窑、长沙市望城区铜官窑、醴陵市东乡沩山窑等湖湘陶瓷文化历史资源，打造陶瓷工业廊道，并在当中形成博物馆、酒店等新兴综合业态。

瓷器口风情文化街是一条以陶瓷文化为主题的明清风情街。由迁建的明清古建筑及仿古建筑群组成，其中 5 幢明清古建筑是从江西、福建等地平移而来的，包括江西清代最后一位状元刘绎的状元楼，曾国藩率湘军在江西与太平军作战时所住的追远堂。上海世博会湖南馆主体装置——莫比乌斯环展示系统也落户在瓷器口。

醴陵瓷谷在规划时是放在产业城区规划设计的大背景下中进行讨论的，通过结合产业发展实现城市布局优化。醴陵瓷谷各大工业组团与城市的住区、公共活动区、商业区进行融合发展。自 2016 年 11 月 16 日开园以来，醴陵瓷谷成功举办了两次世界级的陶瓷艺术大展、两次中国醴陵陶瓷产业博览会，多次举办专业性、高规格的陶瓷文化艺术主题大展、陶瓷文化艺术主题论坛与学术讲座，连续三年每年接待服务各类旅行者至少 200 万人次。2017 年，醴陵瓷谷获评为“国家十大工业遗产旅游基地”。

醴陵瓷谷不同于一般的在工业遗产原址上建立的工业遗产旅游目的地，而是通过将醴陵数百年的陶瓷文化有机融合，建成的以陶瓷文化艺术为主题的大型文旅综合体，避免破坏陶瓷工业遗产原址，同时又打造了醴陵新的地标和名片，促进了醴陵的经济发展和转型，体现了文化创新介入工业遗产保护更新的积极作用。

70. 宜昌 809 小镇
（809 厂旧址）

宜昌 809 小镇是在 809 厂旧址的基础上经过保护更新建成的度假小镇，位于湖北省宜昌市西陵区下牢溪姜家庙。1966 年，在“三线”建设的要求下，809 厂（华强机械厂)筹建组在宜昌小溪塔镇桐木坑公社姜家庙一带选址建厂。809厂曾是西部重要的兵工厂,以生产防毒面具为主。1988年,按照国家政策和宜昌市城市建设规划,809厂搬迁至宜昌经济技术开发区,原厂房遗留在姜家庙村,20多年无人管理,多数厂房损坏严重,周边环境衰败不堪。2010年,导演张艺谋取景于此,拍摄电影《山楂树之恋》,给该地带来了一定的社会影响。

2015年后,宜昌交通旅游产业发展集团有限公司启动了下牢溪旅游综合开发一期工程,对道路交通、河道进行了升级改造,同时还对809部分厂房进行了维护与改造,将其规划更新为一个集工业旅游、红色研学、餐饮住宿等服务于一体的综合性工业风主题小镇。整个小镇占地55.8亩,总建筑面积1.6万平方米。

809厂区由于兵工厂保密的需求,建于下牢溪峡谷中,群山环绕,景色优美,本身就是宜昌市民夏季避暑的首选地,周围分布了大量的农家乐和小型度假区。该地距离宜昌市中心仅半小时车程,交通较为便捷,具有广阔的客源,自然条件与区位环境皆较为优越,具备一定的市场基础。近年来,以城市为中心、向周边扩展的"微度假"旅游模式成为宜昌市民周末消费的新模式。宜昌市政府决定,由宜昌市旅游投资公司主导,将809厂旧址改造为度假小镇,这是该小镇保护更新的背景。

809厂旧址本是"三线"工程重要的工业遗产,反映了三线时期的历史和建筑文化价值,在改造过程中始终注重厂区内历史建筑的保护。首先对老建筑的风貌价值和房屋质量进行评估,保留风貌价值高并能够进行修缮的建筑,并按照建筑的风格、类型改造为不同用途的建筑。如将厂区宿舍楼改造成安全、经济又极具三线风格的主题酒店客房,将原工厂食堂改造为包括酒吧的多功能厅。建设过程中,原厂区的外墙被完全保存下来,重新进行改造和粉刷,并对房内脱落、老旧的房梁、内墙等进行加固,同时注入现代新时尚的元素,让三线建设的历史与现代化相互融合。我们通过调研了解到,改造方案大致如下:

首先拆除部分比较差的建筑,给新建筑和室外空间提供场地,然后在小镇重要的节点设置新建筑,形成空间和视觉上的锚点,如酒店大堂、区域入口处的3D电影院、儿童游乐区与崖顶的茶吧等。不同于其他工业遗产改造风格统一的特点,809小镇特意设计为新旧对比的方式,通过新旧建筑风格、建筑材料的对比,游客明显地感知到新建筑不同于其前身的新属性,创造出一种视觉上的张力。

从风格上看,809小镇是一个工业风的旅游主题小镇,通过构建工业风指示牌、“三线”建设标语和主题墙绘来展示“三线”建设时期的精神风貌，用建筑物、工业废弃物等营造游客容易感知和记忆的图景，如 809 食堂门口的“自力更生，奋发图强，胸怀祖国，放眼世界”标语。此外，景区中工业元素随处可见，如主题酒店部分房间的屋顶保留了原始的槽板，墙面也在特定位置暴露部分原始墙面，装修风格和家具特意选择了工业风的产品，与整个区域的工业主题呼应。

在改造初期，设计团队和当地居民讨论之后萌生了要在改造后的厂区内创造 50 个“吸引眼球的拍照点”的想法，因此设计出造型独特、具备视觉性和传播力的建筑。景区门口的大堂和环形展廊采取不规则的形式，倚靠堆叠在一起的四个建筑体，既相互独立，又自成系统。二层是一个 360°的环形展廊，采用全玻璃幕墙。崖顶茶吧也是标志性建筑之一，建筑通体纯白，采用玻璃和白色铝板材质，营造出轻盈感，满足了游客休闲、喝茶和观景的需求。此外，为了满足部分游客拍婚纱照、举办婚礼的需求，老锅炉房被改造为时光礼堂，很快成为备受社会关注的网红景点。

在基础设施建设上，景区内的导览图、指示牌、景物介绍牌齐全，满足了游客的游览需求。在景观设置上，对小镇周边的下牢溪流域河道进行了综合整治，实施了防汛通道和停车场、下姜桥加固、河道疏浚、景观绿化等改造工程，提升了游客的感官享受与综合体验。场地内重要的树木得以保留，新建筑避让树木，与树木形成了共生关系，如小镇内大堂的独特造型就是为了避让树木，利用地势高低设计的。

在改造前，809 小镇周围已经有了大量的农家乐和小型度假游乐场，有了一定的产业基础，一直是宜昌市民消暑度假的好去处，将其改造为微度假小镇具备得天独厚的优势，改造后的 809 小镇吸引了大量游客来此游玩、度假。它能够满足不同层次游客的需求。充满“三线”记忆的厂房、标语是老一辈“三线人”缅怀历史的重要空间，同时也是传承历史记忆，学习“三线”历史、“三线”故事的绝佳载体。小镇内的亲子乐园中众多将现实与虚拟的高科技娱乐体验结合起来的项目，如真人 CS、密室逃脱、VR 体验、镭射迷宫等，也吸引了不少游客。

值得一提的是，809 工厂相关筒仓、办公楼、子弟学校等均分布在下牢溪姜家庙风景区之中，除了 809 小镇，旁边还有新近开发的白马营艺术区，工厂老建筑被改造为溪山酒店，旁边设有艺术家工作室，目前周边已经逐渐形成了稳定的区位因素与聚集效应。因此从路径上看，809 小镇属于文化创新介入工业遗产再利用实践。

目前，中国工业遗产的保护更新方向多集中于产业园区、文化创意园区，在地域分布上集中在北京、上海、重庆、广州、武汉等大型城市，这对普通城市甚至乡村区域，尤其是中西部地区按照“山、散、洞”等布局的三线工业遗产并不适用，809 小镇是近年来工业遗产保护更新中较为独特的类型，对中部地区中大型城市乃至乡村工业遗产的再利用提供了很多创意和启示。

宜昌 809 小镇酒店大堂主体建筑外景

71. 上海东方尚博创意产业园
（上海海狮钢珠厂旧址）

上海东方尚博创意产业园位于上海浦东新区东方路 3539 号，全幢建筑物原为上海海狮钢珠厂厂区，园区位于周家渡创意服务板块北部，与世博园区相邻，紧邻黄浦江，总用地面积约为 120 万平方米。园区由上海尚博投资管理有限公司投资建设。园区内还建有占地 4000 平方米的尚博美术馆。

该园因 2010 年上海“世博会”而兴建，2010 年 8 月 8 日正式开园，是上海浦东地区较有影响力的创业园之一。创办于 1958 年的上海自行车钢珠厂是上海知名企业，所生产的“海狮牌”钢珠，曾占我国自行车钢珠配件领域“半壁江山”。该厂改制迁址之后，经过保护性改造和利用，融合了现代建筑风格和上海时尚风情，改造为现有文创园区。

该园利用上海海狮钢珠厂原有旧厂房、车间与仓库改造更新，实现了工业遗产空间转换，使之从单一意义上的第二产业生产空间变成第三产业空间与生活空间。如将车间改造为Loft创业公司总部，将原有办公楼改建为共享办公空间等，并在园区开设了共享食堂、咖啡馆、社区超市、停车场等新兴业态，满足了目前产业机构转型升级的实际需求。

作为上海市较早开发的工业遗产保护更新项目，该园区注重产业结构转型与新兴产业集聚，目前园区文创企业占园区企业总数的四分之三，初步形成了以文创开发、文旅融合、文化咨询与文教培训等新兴业态为主的文创产业园区，被视作浦东地区文创产业的高地。

该园区分为文化创意区、创意功能区、商务会展区与配套功能区等四个功能区域，并重点推动影视文化、中医中药文化等特色文化。开园以来，该园多次举办过文化活动，如2014年举办的“海派中医耀行申城”、2021年举办的“海上敦煌文化月”系列活动等，影响甚大。

东方尚博创意产业园靠城临江，具有得天独厚的地理优势，又具有工业遗产特色，是文化创新介入工业遗产保护更新的旗帜性项目，被誉为“新海派十景”之一。但需要指出的是，正因该园区开发时间较久，部分设施已经老旧，再加上先前规划缺乏一定的前瞻性，导致目前园区入驻企业难有质的提升，而且随着近年来上海工业旅游的迅速发展，该园区的竞争力逐渐降低，这是许多早期工业遗产园区都迫切需要解决的问题。

72.1905文化创意园

（北方重工沈重集团的二金工车间旧址）

1905文化创意园位于辽宁省沈阳市铁西区北一路，由北方重工沈重集团的二金工车间旧址改建而成。该车间始建于1937年，原占地面积4000平方米，改造后商业总面积约10000平方米。2009年5月18日，沈重集团的二金工车间的工人师傅们在这里用最后一炉铁水浇筑了“铁西”两个字后，二金工车间在这里就完成了它的历史使命，自此该车间旧址长期闲置。2013 年，沈阳壹玖零伍文化创意有限公司正式接手这处工业遗产。经过重新设计与改造，该旧址成为融合了文化、历史、艺术、休闲等的文化商业街区。

为了保护与传承沈阳铁西工业文化，1905 文化创意园保留了原建筑的设计风格和主体结构，按照国家一级博物馆的陈列标准，将很多原始遗迹进行了保护展陈，并对建筑内部按照不同需求进行了分割，开辟出多个寓意不同的主题空间，重新进行新功能的植入。在外观上，建筑本体仍然保留了原有车间的包豪斯风格的建筑结构和框架。而且，基于功能利用和采光需要，还将铁皮屋顶用通透的玻璃进行置换，并在建筑内部空间的改造上保留了主体结构，如金属楼梯和地面等，而其他可分割空间则被设计者们进行改造重组，形成了新的艺术性空间。

为了充分利用建筑内部空间，大部分原有的工业生产设备都被移出了厂房，只有少部分的生产设备作为具有历史记忆和艺术性的建筑小品被重新摆放在建筑内部，以供参观者学习、观赏或休憩、拍照之用。而艺术家、城市创客和文化机构在进驻过程中也充分与巧妙地改造利用了这里的空间，使之逐渐发展成为以特色餐饮、创意手工、文化空间、创意工作室四大空间业态为主的、具有国际化色彩的艺术聚集地。园区内有 50 余家创意店铺，涵盖特色餐饮、实体书店与创意工作室等“小轻新”业态，店铺面积最小的只有 29 平方米，最大的可达 1200 平方米。

1905 文化创意园定期举办大量艺术活动，与国内、国际多个文化机构、艺术院校建立了密切的联系与合作，曾举办了“WE ARE HERE”国际青年艺术家计划、“勒梅特夫妇国际影像收藏展”、日本电影回顾展、中国国际女性影展巡展等 50 余场具有国际影响力的艺术展览及艺术活动，与中、美、德、法等国近 70 位艺术家合作，促进艺术思想交流，同时也吸引大众走进艺术活动之中。

在文化展演上，1905 文化创意园也是沈阳本土“黑匣子剧场文化”的启蒙地。以剧场与室内乐厅两个不同的空间场景，呈现潮流音乐、话剧、舞蹈、儿童剧、电影、艺术沙龙、文学讲坛等不同类型的文化艺术活动。目前，园区正着力打造沈阳戏剧文化聚集地，让戏剧爱好者与戏剧创作人都能够汇聚于此，形成属于沈阳城市的独特的戏剧文化空间。

在文化活动方面，1905 文化创意园举办了犀牛市集、法语活动月、中法文化节、毕业季、日本电影回顾展、法国爵士乐演出季、青年艺术家驻在计划、节日活动、公益活动等大型文化活动。这些文化活动贯穿全年。例如1905文化创意园最成功的品牌项目——犀牛市集，倡导将艺术融入生活，举办了各种主题的创意市集，如微笑市集、农夫市集、旧书市集，给沈阳市带来了新鲜的艺术氛围和创意平台。犀牛市集已经不仅仅是当地文创群体的聚集地，更是成为城市文化发展趋势的风向标和城市文化态度的发声地，并将城市文化态度与思考融入市集之中，形成一种独特的城市氛围。

此外，1905文化创意园还积极推进公众教育项目。我们调研发现，自2015年5月至今，共计推出了油画、沙画、木艺、茶道、皮具、鸡血藤、彩铅、插花、陶艺、爵士鼓、乐高机器人、婴儿推拿、摄影、暗房、英语、烘焙、红酒等60余种面向社区居民的业余生活美学课程，累计1000余课时。

1905文化创意园外部与沈阳市铁西区重型工业广场相结合，在广场周围布置了各种具有工业元素的景观雕塑或小品与主体建筑相互呼应。工业广场的设立起到了“退线”的处理作用，有效地将创意园与周围其他类别的建筑群体分割开来，突出创意园的重要地位和独特存在，有利于以1905文化创意园为核心形成微环境，使人们已进入1905文化创意园就有着强烈的求知欲和认同感。

未来，1905文化创意园将立足于“艺术空间”“1905剧场”“1905音乐现场”等空间，发挥在艺术策展、视觉设计、独立剧场等产业内容中的先导优势，继续组织更多艺术展览和文化演出活动，同时不断支持本土文创内容的发掘和输出，推进文化产业的平台化发展，为沈阳的文化产业发展讲述新的故事。

1905文化创意园的成功源自政府的支持。沈阳市文旅局、工信局和人社局均通过不同方式，给予发展方面的指导和扶持，也为集结在1905文化创意园中发展初期的个人和小型企业提供创业辅导等发展支持。同时，又源于1905特有的品牌概念，即“探索艺术并感悟生活”，在这里，文化艺术与商业有机融合，工业文化焕发出新的活力，创造出全新的生活概念。

我们调研也发现，1905文化创意园存在标志性符号特征不明显等现实问题，如园区内的标志符号有的与上海松江文化创意园相似，有的与北京798艺术区相似，这大大削弱了园区符号本能体现的文化意蕴。在改造上，1905文化创意园的改造特色并不突出，未能与城市文化深入结合，导致景观新旧文化元素的结合性比较弱，造成了历史文化的断层。1905 文化创意园想要跻身具有世界影响力的工业遗产保护更新项目，则需要深入挖掘城市文化，在文创领域持续发力，构建更加完备的产业生态链，推动和帮助更多的文创内容在园区内扎根，实现文化创新与产业结构转型的深度融合。

73. 1978 文化创意园

（增城糖纸厂旧址）

1978 文化创意园位于广东省广州市增城区江东岸增城糖纸厂旧址。2001 年，为响应城市环境改造工作，糖纸厂关停。2015 年，基于促进城市土地有计划开发利用与优化产业结构需要，在增城区委、区政府的大力支持下，广州壹玖柒捌文化创意产业园有限公司出资对糖纸厂以及周边的旧厂房、旧仓库、散落民居和旧村庄进行保护更新，用地面积 11.85 公顷，总建筑面积 73012 平方米，项目曾获得 2015 年和 2016 年 APDC 亚太室内设计精英邀请赛、2016 APIDA 亚太区室内设计大奖等奖项。

其改造方案是在维持现有建设格局基本不变的前提下，通过建筑局部拆建、建筑物功能置换、保留修缮，以及整治改善、保护、活化，完善基础设施等办法实施的更新方式，将糖纸厂旧址改造成为一个带有记忆性元素的全新文化创意区域。该园区是以生态旅游、创意文化为主体的综合性创意产业园区，主要吸引电影、音乐、广告、设计等文创产业入驻，旨在打造以电影产业为核心的特色小镇，是广东省首个旅游文化创意产业园。

从改造路径来看，1978 文化创意园是工业遗产文化创新的典型案例，其整体设计与改造均尊重老厂区原有的文化历史、建筑形态、景观结构等。园区依据旧糖纸厂的整体特点，合理规划布局，置换建筑物功能，完成新与旧的融合。改造不是推倒新建，而是延续特有的历史文脉。例如，1978 文化创意园的核心生产车间被更新改造变成园区管理中心的“1978 商务办公室”，卷纸部被改造为一座西式婚礼庄园，成为文化创意园中的标志性建筑；增城造纸厂的切包车间改造为美食街；造纸车间改造为 1978 电影城。

园区在改造过程中高度重视工业遗产的历史文化价值，利用旧糖纸厂的历史文化内涵，把工业遗产变成一种象征性的创意园品牌。创意园内设置了三组橱窗，以“民生百态”“居民日用品”“三转一响”为主题，显示了20世纪80年代特有的日常生活场景。园区内大面积采用墙绘艺术进行装饰，将园区的主要展示立面与公共空间串联起来。利用闲置的垂直立面，结合墙绘，搭建20世纪80年代的生活场景，游客可以置身其中，增加了人与空间的互动性。

创意园业态丰富，涵盖了吃、喝、玩、乐、住等多种文化、娱乐、休闲体验，建设了创意办公区、文创产业孵化中心、文创产业交易中心、游艇码头、商业配套等功能区。园区可分为四大功能区：会展品牌区、创意办公区、摄影艺术区和生活服务区。会展品牌区由会展中心和创意酒店组成，成立品牌中心，为入驻企业的品牌推广提供“一条龙”服务，举办大型论坛、展览、时尚新品发布会等，把企业的创意和产品向社会推广；创意办公区则引入设计、传媒广告、科技、动漫、现代艺术及教育培训类企业，打造增城地区创意、设计和培训企业的孵化基地；摄影艺术区则以打造婚庆产业景点为主，其中由香港里德（LAD）设计团队设计的“白教堂”成为中国互联网上人气最高的婚庆景点之一。

相比较于其他平地而起的工业遗产特色小镇，1978文化创意园打造出的知名品牌“华语电影传媒盛典”成为创意园营销推广的关键。2017年3月21日，华语电影传媒盛典正式落户。1978文化创意园与广州南都光原有限公司当日举行了签约仪式，合作打造中国首个电影传媒小镇。小镇规划设计了电影产业孵化中心、后期制作基地、影视体验区、青年创业工厂、电影文化广场、发呆部落、游艇码头、创星工厂、商业配套区等功能分区。

截至目前，华语电影传媒大奖、广州（国际）纪录片节金红棉影展官方指定展映点、中国国际儿童电影节影视教育培训实践基地等先后落地该园区，近30部电影在此拍摄，电影文化氛围浓厚。目前该园区已发展成为以电影产业为核心，集文化创意、休闲旅游为一体的特色小镇。未来，该园区将依托电影嘉年华、华语音乐传媒盛典等超级IP，打造涵盖电影创作、电影拍摄、电影投资等以电影为主题的相关产业，形成了文化创新介入工业遗产保护更新的局面。

不仅如此，该园区利用其位于珠江两岸的优越地理位置，开发增江画廊游船项目，与南山古胜风景区、雁塔公园、鹭鸟天堂等景点联动，延长了1978文化创意园的文旅产业链。至今，该园区荣获“中国乡村旅游创客示范基地”“广东人游广东最喜爱特色小镇”“广东人游广东首发站——1978增城记忆文创小镇”“广州市首批特色小镇”等称号。

1978文化创意园的成功来自得天独厚的区位优势，交通便利，地处珠三角黄金走廊，两小时能够覆盖8000万人口。在政策上，广东省委、省政府提出打造“广莱坞”的目标，广州市、增城区两级党委政府对该项目给予极大的扶持，依托华语电影传媒大奖这一超级IP，该园区的文化竞争力得以快速提升。1978文化创意园作为工业遗产改造的典范，为我国其他地区同类工业遗产的保护更新提供了较高的借鉴价值。

但需要注意的是，1978文化创意园也存在着一些不可回避的问题，其中一个最重要的因素是它背靠蕉石岭森林公园，面朝增江，地形局促，周边居民较少，难以推动社区参与，商业业态总体上较为薄弱，仍以网红打卡地或文创企业入驻为主。就此而言，1978文化创意园在未来发展方向上仍较受局限，因此其发展空间、业态选择较为有限，这都是未来长期发展规划中不得不面对的问题。

74. Big House当代艺术中心（武昌第一纱厂旧址）

Big House当代艺术中心（简称Big House）是在武昌第一纱厂旧址的基础上建成的集艺展、社交、教育、商业等功能于一体的当代艺术空间。武昌第一纱厂办公楼建于1915年，是民营资本家自筹资金建造的第一幢西式办公楼，隶属商办汉口第一纺织股份有限公司，位于湖北省武汉市武昌区临江大道76号。当时由外资建筑设计公司景明洋行设计和建筑公司汉协盛营造厂共同打造。而武昌第一纱厂本身也是当时本地域规模最大、产量最高的纱厂。1949年后，纱厂先经历了公私合营，后又被收为国有，改名为国棉六厂，20世纪90年代，该厂倒闭并成为武汉市重要工业遗产。该工业遗产保护更新项目于2015年正式启动。

武昌第一纱厂办公楼为三层混合结构，正面有二层外廊，由古典爱奥尼克式廊柱支撑，立面装修精致，中部入口略为凸出，多处饰以曲线，两端侧部做成半圆形牌面，外观造型严谨对称，又富于形体和线型变化，为新巴洛克式建筑。董事会大楼虽然是西洋建筑，它的建筑材料却是本地的，建筑砖是洪湖新堤“吴兴合”砖厂的红砖，木料是湖南常德放排到鹦鹉洲的原木，钢筋用材则来自汉阳铁厂。

依据修旧如旧的原则，此次改造最大限度恢复了老建筑的风貌，室内保留了原木制楼梯与地板，墙面先用雾化的水浸润，将其表面一层层剥离下来进行修复，原建筑的彩画玻璃窗与三角屋梁都反映了空间的历史感。

在改造过程中，设计师以对立割裂的方式加入新的元素，新与旧的界限清晰化，以加强空间的二元性。例如，办公空间里的一些设备和老空间保持距离，不论是色彩还是质感，都采取“新旧分离”的改造理念，将新的建筑材料与旧有材料放置在一起，制造出“对话”的场景，保持时间与空间的跨度感。

同时，为了满足现代人的需求，改造时也引进了现代化的技术和设备，进行适应性改造。第一，为了解决老建筑封闭性问题，调整冷暖气控制温度。第二，通过色彩的运用，对所有的照明系统重新进行调整，让历史遗迹和当下人的审美产生连接。第三，提升配套区域的品质，例如洗手间、更衣室等，更符合当下人对生活品质的要求。

为使 Big House 承载更多的功能，尽可能克制地梳理了现有的空间结构，将原有小空间合并为大而空旷的中厅，将原有房间的墙拆掉，重新清理了里面的细条龙骨，建造了现在展览空间里的木质展墙，令它能够承载展览、沙龙、交流平台等需求，并围绕这些需求做功能分区。

艺术中心包括非营利美术馆、艺术空间、艺术放映厅、基金会艺术吧、华中地区最大的艺术酒窖等。整个艺术中心共分为四层。一楼和二楼是艺术展厅，可以用来举办画展、设计展、当代艺术展等。三楼是文化交流区，是用于交流的沙龙空间，可以容纳 100 人以内进行交流。此外有一小部分用作办公空间，即整个 Big House 运营管理的自用办公空间。负一楼地下室经过改造后如今是酒窖。平时开放展览的只有一楼和二楼。此外，Big House 还配置了小型商业空间作为支撑，例如咖啡店和茶室等，也便于为艺术活动提供配套服务。同时作为公共空间，许多相关配套如卫生间也精心考虑，满足当代人对于卫生设施品质和功能要求。

Big House 成立至今，举办大型艺术展览十余次，例如法国大使私人晚宴、波尔多葡萄酒品鉴会，以及宾利、劳斯莱斯、玛莎拉蒂等豪车的品鉴会，代理艺术家作品近百件。该项目立足于武汉本地文化艺术的传承和发展，引进国内外优秀艺术家、艺术作品及文化创意产品，将先锋的展览引进美术馆，为文化创意产业贡献自己的资源和力量，力图成为武汉的文化名片。此外 Big House 也希望通过 Big Lab 地下艺术实验室，发掘并扶持优秀青年艺术家，关注青年艺术家的艺术创作生态，持续推动具有实验性质的当代艺术展览。

该项目的再利用，为城市新建住宅小区将历史遗存与现代居住环境互补共存提供了借鉴。作为百年城市历史的载体，当代艺术中心身上多了更多标签——非营利美术馆、文创空间、国际设计中心、艺术空间、艺术放映厅、公益艺术课堂等，成为工业遗产改造的标杆。

但我们调研发现，该项目也存在着一些实际困难。一是地方政府作为产权方，租金较高，缺乏必要的政策支持，使得一些服务于民众的一般性业态很难进驻，退租率、空置率都较高；二是该园区面积有限，停车较难，最方便的公共停车场

Big House 主体建筑外景

步行有 300 米的距离；三是该园区属于蓝湾俊园小区的一部分，与小区几乎没有距离，不能举办高分贝与有强光照明的活动（如户外音乐会、颁奖典礼），这大大束缚了该项目的盈利渠道与社会影响力的传播。

75. 创意 100 文化产业园
（青岛刺绣厂旧址）

青岛创意 100 文化产业园坐落于山东省青岛市南京路 100 号，由原青岛刺绣厂的旧厂房保护更新而成。青岛刺绣厂是于 1954 年建立的国有企业，曾是全国最大的机绣品生产厂家之一，在国内有较高的知名度，产品远销海内外。自 2000 年该厂迁出青岛时起，旧厂房便一直处于闲置状态，直到 2006 年对创意 100 文化产业园老厂房进行了一次改建规划设计。设计启动于 2006 年 3 月，同年 11 月竣工，项目由青岛理工大学设计，青岛麒龙文化有限公司投资建设并运营管理，是山东省首个在旧厂房的基础上改造的文化创意产业示范园区。园区形成了以创意礼品设计、包装、制作、展示交易、广告策划等为主业，文化创意、商务、休闲、餐饮等多元素并存的文化创意产业集聚区，同时也是集工业旅游与文化创意体验为一体的主题景区、特色旅游购物街区。

改造后的园区总占地面积 15 亩，园区建筑面积约 2.3 万平方米，主要包括创意业态集聚功能、平台增值服务功能、旅游休闲娱乐功能。园区配套包括创意礼品街、创意礼品店、文化艺术品展示交易服务平台、原创礼品线上线下展示交易服务平台、文化创意产业实训和书店、咖啡馆等配套业态。

2011 年开园之初，园区总入驻率已达到 98%，其中文化创意类达 95%。园区设计对相关产业拉动已达 65 亿元，带动就业达 3900 余人，2012 年园区又与青岛市北区政府合作，用品牌影响力成功整合了位于青岛市嘉定路 5 号的“青岛工业设计产业园东孵化区”项目，通过先进的运营经验与模式，深度整合工业设计上下游产业链，为入驻企业和加工制造企业提供高端增值服务与设计前端服务，历经十余年的发展，目前园区已成为山东省首家实现大范围盈利的文化创意产业园区。

从经营模式来看，为了实现自身的可持续发展，该园区从发挥产业功能与适应市场需要出发，打造了“平台＋业态”的特色化运营模式。在拓展国际视野方面，园区还积极实施了“国际化高端业态引入”策略。特色化的运营模式与国际化的运营视野，不仅为园区搭建了稳固的平台，同时也为园区引入了先进的文创理念，形成了较好的循环发展。

此外，创意100文化产业园还通过举办一系列公益性的文化活动，协助政府普及文化艺术，将艺术作品通过展示平台对接到市场，实现从作品到商品的转换，形成文化艺术品市场的良性循环。该园区通过举办各种类型的公益展会，渗透和引导艺术品消费观念，在十余年里，还先后推出“MAX”系列“音乐艺术博览会”、“万圣文化艺术节”等包含国际文化元素的音乐、艺术类活动，吸引了国内外游客及当地市民的共同参与，并借助青岛地区的高校优势，为高校艺术设计专业的师生提供了毕业设计展的平台，加快了创意人才的挖掘、培养与孵化，为青岛文化创意产业的发展积蓄了后备力量。

该园区的成功之处主要体现在以下方面。第一，细化园区的功能分区。多方位细分文化园区的功能市场，使园区具有条理更加清晰的经营模式。第二，导向合理的产业优惠政策。园区用品牌影响力成功整合市区文化创意产业重点资源，并在政府给予的若干鼓励政策基础上制定长远发展规划。第三，结合“互联网＋”背景加大园区宣传。产业园自身打造了专业网站“中国文化创意产业网”，为国内外的文化产业交流提供咨询服务和业界互动服务。第四，营造创意城市氛围。该园区利用品牌知名度招商引资，使越来越多的机关团体、企事业单位、国内外游客了解工业遗产保护与工业旅游，从而通过工业遗存展示、文化艺术传播、文化休闲体验、艺术品展示交易等热点方式打造集文化旅游、工业旅游、创意深度游等为一体的旅游新景区。

我们调研发现，该园区也有不足之处。首先，园区的交通路线设置有待优化。受园区原有厂房建筑空间布局的限制，现有的交通路线可进入性较差，存在一定的安全隐患。由于路线缺乏总体设计，人们在园区中的非线性游动容易缺乏头绪。其次，园区的空间组织规划有待加强。园区的实际面积不大，而且整个空间的组织要素较少，条理性较薄弱，空间的处理手法较简单，并且缺少人与人的交流空间，绿地面积和景观也显得不够充足。最后，园区的文化定位有待加强。园区内对工业遗产没有太多的强调，历史文化感总体较弱，所以需要进一步加强文化的定位。对于旧厂房的保护不仅局限于对有价值、有特点的厂房保护，同时对于形象与价值较为普通的构筑物与建筑物也要予以恰当再利用。

整体来看，青岛创意100文化产业园区的建造模式是将工业遗产进行文化创新式保护更新的典型案例，通过对旧厂房进行重新设计包装，实现旧貌换新颜，既在城市文化产业发展过程中最大程度地保留了城市发展的历史文脉，也为旧城改造、旧厂房等资源的再利用提供了新的途径，培育了新的经济增长点，对青岛的文旅融合工作起到了积极作用，体现了文化创新之于工业遗产保护更新的积极意义。

76. 上海“半岛1919”文化园区
（国营上海第八棉纺织厂旧址）

上海“半岛1919”文化园区前身为国营上海第八棉纺织厂（后文简称“上棉八厂”），即大中华纱厂旧址，座落于上海市宝山区淞兴西路258号，占地120亩，建筑面积约7.3万平方米。该园区的地理位置优越，项目周边交通四通八达，各种基础设施配套齐全，地铁三号线直达园区入口，且园区周围共有六个公交站点。

2007年，随着上棉八厂老建筑改建，半岛1919文化园区正式建成开园。由于园区在蕰藻浜与泗塘河交汇处的半圆形陆地上，故命名为“半岛1919”。“半岛1919”文化园区不仅是上海具有时尚元素的国际创意园，也是上海市工业旅游景点开发的典型代表。

大中华纱厂始建于1919年，占地面积8万平方米，建筑面积75432平方米，厂区内较完整地保存了多幢不同历史时期建造的各式建筑。

该厂承载了近代中国实业救国的梦想，彰显了纺织业作为上海支柱产业的豪气。2009年6月，上海市政府有关部门正式向联合国教科文组织提出申请，以“设计之都”的主题加入联合国“全球创意城市联盟”，标志着上海城市的转型步入创意发展的新阶段。“创意产业蕴藏着巨大发展潜力，要真正把创意产业打造成上海经济发展的新亮点。”当时隶属于上海纺织控股（集团）公司的上棉八厂，在上海产业升级及城市空间布局调整的大背景下，所在集团希望通过对旧有建筑的功能置换与改造，实现存量物业的保值增值；同时基于政府控制上棉八厂的排污等环保行动计划的实施，上棉八厂的改造全面启动。

整个改造计划的要点：以现代建筑和历史保护建筑为依托，集多种业态为一体，在纺织产业文化的积淀中注入创意文化的新元素，突出“老建筑、老厂房、新产业、新生命”的格局。2008年，“半岛1919”文化园区本着“修旧如旧”的原则，对大中华纱厂及华丰纱厂旧址上的诸多历史建筑实施保护性修缮，园区内的座椅、椅背和椅面均由纺织机上的纱锭和梭子拼接组装而成，展现了纺织工业特有的风韵。

在旧城空间秩序布局上，园区位于上棉八厂的旧厂址内，周边是老城区，城镇空间秩序需要优化。在对上棉八厂的旧厂址空间进行秩序优化时，以功能转型为导向，以公共环境优化为目标，以建筑风貌优化为重点，以基础设施优化为难点，以文化要素布局优化为亮点，满足地区新功能，延续城市文脉，形成城市特色，实现城市可持续发展。

“半岛1919”文化园区在改造过程中采用BOT运营模式，旧厂房改作办公及商业空间，赚取级差地租；旧厨房通过改造及装修，品质大幅提升，改善了园区整体环境，创造了附加收益；参与性的公共及社会活动提供了增值服务。项目利用工业建筑独有的建筑形态，基于产业文化背景与现代艺术资源，形成以上海国家设计中心为主导的复合型创意文化业态组合，园区划分为四大功能区域——30%的艺术设计展览展示区（上海艺术与设计中心）、30%的文化艺术交流区（艺术库）、30%的创意休闲服务区（集庄乡）和10%的配套商业区（休闲娱乐和特色餐饮），涉及设计培训、设计生产到设计咨询等系列服务，形成以设计为主的产业及独具特色的业态。

依靠宝山区独有的人文环境，以20世纪20—30年代的旧厂房为基础，“半岛1919”文化园区配合充满现代气息的新建筑群，集聚影视传媒、网游动漫制作、艺术培训机构、艺术家工作室、创意体验中心等一系列文化产业项目，园区也因此吸引了不少剧组前来取景拍摄，成为上海一些重要文化艺术活动的会场，为上海的文化艺术产业带来新的契机。园区目前已签约入驻艺术库的艺术家有周长江、殷雄等本土艺术家。此外，上海戏剧学院创业实验基地——动捕工作室、中央美术学院第九工作室与日本文化村（日本首个大型综合文化村落）等也签约入驻。

从路径上看，“半岛1919”文化园区属于典型的文化创新，园区内保存近百年的老建筑群开始了“时尚＋文创”的改造之路。园区将独特的工业资源与科技、艺术等元素结合，融入了娱乐、运动、教育等多元化服务，为这座老厂房赋予了更多更新鲜的体验，逐渐形成了办公、生活、休闲合一的文化创新风貌。经过多年的耕耘，“半岛 1919”文化园区被称为上海“滨水时尚新地标”，不仅是国家 AAA 级景区，也是上海市工业旅游景点服务质量优秀单位，2011 年其旧址大中华纱厂及华丰纱厂旧址被宝山区人民政府公布为“宝山区文物保护单位”，2014 年又被上海市人民政府公布为“上海市文物保护单位”。

就影响力而言，“半岛 1919”文化园区作为上海市响应国家可持续发展战略推出的典范，园区主管单位通过开展各类文化沙龙、艺术展览等活动，吸引了大量的企业和工作室入驻。同时园区受惠于地方政策，政府给园区提供了强有力的政策保障，成为吸引企业入驻和创意人才的另一个重要因素。

作为国内中心城市的文化创意产业园区，“半岛 1919”文化园区对我国工业遗产的再利用具有重要的借鉴价值。但调研也发现，整个项目确实也存在着一系列问题和较大的改进空间。首先，入驻商户的级别不高，定位不明确，大多影响力有限，同质化现象明显，特色不突出，整体形象还有待提升。其次，产业结构上，餐

半岛 1919 文化产业园区主建筑

饮、休闲占据了很大的部分，与创意园区的总体定位有所出入，并不能较为全面地形成城市工业文脉的延续，难以加深到访者对我国纺织工业光辉历程的了解。再次，园区与周边的社区、城区发展建设不同步，资源、设施共享程度较低。在上海"退二进三"的城市经济发展战略引导下，城市原有的制造业用地及其工业建筑亟待重新定位和再利用。随着宝山区迎接发展新契机、实现产业升级转型战略的推进和蕰藻浜沿岸环境整治等一系列重大项目的开展，园区也面临着更为深入的转型发展。

77. 晨光1865文化创意产业园
（金陵机器制造局旧址）

晨光1865文化创意产业园位于江苏省南京市秦淮区中华门外。园区的前身是在晚清的洋务运动期间（1865年）由李鸿章创建的金陵机器制造局。这是中国民族工业的先驱，是南京第一座近代机械化工厂，也是中国四大兵工厂之一，素有"中国民族军事工业摇篮"之称，也是中国最大的近现代工业建筑群。

园区经历了从金陵兵工厂到华东军械总厂、南京晨光机械厂再到晨光集团的演变，构成了南京夫子庙5A级风景区的重要组成部分。2007年，晨光集团与秦淮区政府联合，对金陵机器制造局厂区进行了保护性改造再利用，在其旧址创办了"晨光1865文化创意产业园"，将这些分属于不同历史时期的工业厂房进行功能转化，将工业遗产与文化创意进行了嫁接，形成了工业遗产的文化创新再利用。目前金陵机器制造局旧址已被改造为科技、文化创意产业孵化、集聚、展示基地，总建筑面积10万平方米，2007年正式开园。

晨光1865文化创意产业园原有建筑本体多数是1949年之后新建的，因此在设计手法上比较单一，普遍重功能，轻形式，强调空间最大化利用。对原厂区进行的改造通过将多种风格的景观作品布置在园区内，突破园区原有的布局风格。此外，对建筑的改造上，重点保留了9栋晚清建筑、19栋民国建筑，同时，根据利用方向对部分建筑进行拆除和改造。此外，园区非常重视对原有公共设施的保留。原有水池的喷泉、工业冷却池、小凉亭、树池、车棚、集体洗手池等设施都得以修缮再利用，它们共同构成了一个用于纪念工业场景的空间。

除了公共设施的保留，南京晨光集团还加入了阐述其企业文化和表达历史事件的设计语言，比如在航天产品68实验站原址中，将制造于1962年的贮液罐安置在场地内，使之作为一种历史文化的呈现。与此同时，1988年晨光集团浇铸“香港天坛大佛”的同期工艺件也展示在场地中。创意产业园道路上保留了当时的器械设备，它们被设计者后期安置在场地中，重新安置的特征性器械渲染了工业时代的氛围。有的原设备就地保留，在后期改造设计中也未将其移除，让其安静地留在原处，游人走到该处的时候，可以感受到原汁原味的工业感。甚至连中华人民共和国成立初期具有鲜明时代感的工作标语也被一一保留。

经过改造后的创意园引进国内外知名高科技企业和文化、艺术、设计等时尚创意公司，整个园区分为时尚生活休闲区、科技创意研发区、工艺美术创作区、酒店商务区、科技创意博览区5个功能区，目前已形成科技、文化创意产业孵化、集聚、展示基地和创意产业中心。

在金陵机器制造局这一招牌下，园区借助园区内部及周边地区人文历史积淀，一直重视加大挖掘保护和开发利用自身深厚的历史文化资源的力度。如园区着手编撰出版的《手绘1865》一书，以手绘图文形式为公众呈现了1865文化创意产业园区独特的文化、环境和产业发展路径，提升了园区的社会影响力，为文旅融合提供了重要的宣传载体。

晨光1865文化创意产业园区在发展过程中的明显优势主要体现在运营上，晨光集团和秦淮区政府共同组建了南京晨光一八六五置业管理有限公司，政企合作确保了园区的顺利发展，提升了招商引资的优势，降低了企业的压力。从文化积淀上看，该园具有丰厚的历史底蕴，运用文化创新改造更新了工业遗产，延续了城市文脉，并且再利用的工业遗产也成为激发创意的灵感和源泉，而且该园地理位置优越，周围有便捷的交通和运输网络。创意园可以依托周边大报恩寺遗址公园、600年明城墙、老城南片区、雨花台旅游区等独特文商旅资源，打通园区与周边片区，为游客提供一条方便快捷的南京旅游线路。

但晨光1865文化创意园在文旅资源的开发与利用上仍然存在一些不足。园区与周边旅游片区之间虽较近，但没有进行深度融合，各个景点之间相互独立。我们调研发现，南京市内的旅游项目（如一些社团、机构的“徒步游学南京”等项目）都未将该园纳入景区范畴。因此，作为具有深厚文化底蕴和工业遗产特色的晨光 1865 文化创意园仍需进一步挖掘自身历史文化内涵，延长旅游产业链，加大与相关机构以及整个南京旅游大市场的交流合作，共同打造具有综合性、趣味性和观赏价值的旅游区，促进园区的转型发展。而且，该创意园在盈利模式上仍然走普通园区的路子，缺乏文旅融合的新路径，尤其忽视了沉浸式体验、“微旅行”等新兴盈利模式。目前，营业压力增加，转型更加困难，园区内部分业态发展不容乐观，如何在高质量发展的同时提升园区的抗风险能力，这显然是国内各大工业遗产园区亟待解决的问题。

78. 成都“东郊记忆”文化园区

（红光电子管厂旧址）

“东郊记忆”文化园区前身为成都东区音乐公园，是红光电子管厂旧址。该园区坐落于四川省成都市成华区二环东外侧建设南支路 4 号，占地 282 亩，建筑面积约 20 万平方米。该园区的地理位置优越，项目周边四通八达，各种配套齐全，地铁八号线直达园区入口，并设有东郊记忆站，且园区周围共有十个公交站点。该园区 2009 年开始进行总体改造和单体设计，2011 年 9 月底正式开园。2012 年 11 月 1 日，成都东区音乐公园更名为东郊记忆，2019 年 7 月正式挂牌“东郊记忆·成都国际时尚产业园”。东郊记忆文化园区不但是成都首个城市工业用地更新与工业旧址保护项目，而且是全国首家集生态、体验、消费、结算等全产业链于一体的音乐主题文化街区。

红光电子管厂始建于 20 世纪 50 年代，是“一五”期间进行布点建设的国有骨干电子企业，也是中国第一家大型综合性电子束管骨干企业，中国第一支黑白显像管和彩色显像管都是在这里研制成功的。该厂初建时，东郊地处偏远，但是随着成都市区版图的不断扩张，原来的东郊已然成为成都市区的一部分。为构建成都市工业新高地，提升城市形象，2001 年起，成都市政府开始展开东郊的工业企业搬迁改造。2009 年，成都市将全市的战略性新兴产业定位于文化产业，制定出台了《成都市文化创意产业发展规划(2009—2012)》。在文化产业繁荣发展的大趋势下，成都市政府斥资 50 亿元进行东郊的工业建筑遗产大改造，命名为“成都东区音乐公园”，项目由家琨建筑事务所进行总体规划与设计，而园区内的单体建筑交由其他国内建筑师设计。

整个规划方案如下：在实施“东郊记忆”规划建设前，先对原有的土地进行修复。因为红光电子管搬迁遗留下的场地属于污染土地，长期以来的土壤及水体污染影响到了工业遗产的再利用。园区要先经过生态修复后，才能进行规划建设。东郊记忆整体的公园道路以中央大道为主轴，左右为规划主区。西门是中央道道的起点，依次布局了西门铁炉瀑布、鱼池、明星墙、龙门刨床等景点。当中创意商店的集聚区则形成了一条特色购物街。

中央大道的布景由工业生产遗留下来的废弃物改造而成，保留了东郊老工业基地的历史文化气息。北街分布有少许的餐厅和画廊，以及无线音乐基地的办公楼。东段保留老工厂的食堂景象，形成了具有成都特色的小吃一条街。其中最具代表性的火车头是东郊记忆的一张名片，车头镌刻有“东方红号”和编号“1519”，车厢被改造为咖啡厅。

园区内还有大量怀旧主题的宣传画和宣传标语，如许多标语以宣传体书写，反映了特定时代的精神追求与怀旧氛围，同时也加强了东郊记忆的体验感。其中还穿插了当代艺术涂鸦作品，不同的艺术风格作品将不同时代相连接。此外，园区内还有大量以音乐和艺术为主题的景观小品，如拟人化的音乐符号铸铁人偶，突出了东郊记忆的音乐主题。

目前，园区聚集了近百家优质文创与时尚艺术类企业，占园区引入企业总量的75%，年产值突破10亿元；拥有成都舞台、演艺中心、展览中心、国际艺术展览中心等20个功能完善的文化展演场馆场地，形成了集时尚创意、数字音乐、教育培训、新媒体、展览演艺、娱乐体验等产业于一体的文创产业园区。

“东郊记忆”文化园区曾被媒体称为“中国的伦敦西区”，曾先后获批国家音乐产业基地、国家4A级旅游景区、国家文化产业示范基地、成都国家级文化和科技融合示范基地、国家工业遗产旅游基地、首批新闻出版产业示范项目与第二批国家工业遗产等荣誉。

作为我国工业遗产保护更新的重要项目，“东郊记忆”文化园区利用红光电子管厂遗留下来的诸多工业元素放置于场景中，通过装饰、修改，形成了比较有特色的艺术品，使场地延续了工业历史，也在一定程度上避免了损耗。在更新过程中，整个园区的铺装采用比较质朴的红砖墙体和地面，与遗留下来的建筑物进行呼应，保证了整个园区的整体感。

就影响力而言，“东郊记忆”文化园区是我国首个音乐主题文化园区，园区主管单位通过开展各类节庆、艺术展览等活动，吸引了大量的企业入驻。同时政府给园区提供了强有力的政策保障，这成为吸引企业入驻和创意人才的另一重要因素。

作为国内中心城市的文化创意产业园区，“东郊记忆”文化园区对我国工业遗产的再利用具有重要的借鉴价值。但调研也发现，整个项目确实也存在一些不可避免的问题，还有较大的提升空间。首先，“东郊记忆”文化园区的改建工作由成都传媒文化投资有限公司负责，建设规划权力归属于当地政府，为政府主导型的开发模式，较少依赖于市场化力量，公司股权较为单一，其综合抗风险能力仍有较大提升空间。其次，由于该园区最开始定位为音乐产业园区，后偏重于文化创意园区改造，目前以咖啡厅或特色地方餐饮如串串香、火锅店等入驻为主，并不能较为全面地形成城市工业文脉的延续与对“东郊精神”的弘扬，难以加深到访者对我国电子工业发展史的了解。再次，园区总体绿化面积较少，难以形成城市公园的绿化效果，难以突出成都“锦官城”的城市绿化风貌。

从形式上看，“东郊记忆”文化园区确实属于文化创新，譬如在园区的“手模墙”上，制作了姜文、李宇春、张靓颖等艺人的手印，成为成都的一道文化风景线。当中一个很大的原因是成都地区在 2010 年前后产生了一批因“超级女声”选秀活动而走红的青年歌手，并催生了一批较有影响力的音乐酒吧。但需要注意的是，从文脉上看，该园区并无音乐文化积淀，电子管应用于音响工程只是极少数，因此音乐产业方向基本属于“无中生有”式的改造，一些昙花一现的歌手很快被遗忘。尽管当中保留了音乐广场，并不定期举办音乐会，但这种完全脱离了既有工业文脉只是“跟风”的创新，确实存在着生命力不强的内在问题。当音乐选秀活动式微、成都地区酒吧行业疲软的时候，这类音乐主题空间自然会受到冲击，譬如目前“东郊记忆”文化园区中的音乐活动以少儿音乐培训为主，但在当前“双减”环境下，这势必会带来不确定的连带性风险，如何规避上述因“跟风”而形成的不确定及因政策演变而带来的次生因素，需要引起足够重视。

79. 楚天 181 文化创意产业园

(楚天印务总公司印刷厂胶印车间旧址)

楚天 181 文化创意产业园位于湖北省武汉市武昌区东湖路 181 号，地处湖北日报老采编大楼与楚天传媒大厦之间，原址为楚天印务总公司印刷厂胶印车间。园区占地约 60 亩，建筑面积约 61300 平方米，紧邻武汉大道，周边文化单位如湖北省版权局、湖北省作家协会等机构云集。2008 年，楚天印务总公司整体搬迁，经过广泛的市场调研后，湖北日报传媒集团决定将印刷车间改造为文化创意产业园项目，改造后的园区以传媒为核心、以产业融合为特色，致力于打造文化与科技融合的全媒体产业链园区，是文化创新介入文化工业遗产保护更新的重要范例。

原厂内空间单调，建筑缺乏明显的时代特征和文化符号，因此楚天 181 文化创意产业园改造的空间较大。

一方面，充分考虑到武汉的地域文化因素，将城市文化融入园区的改造中。具体方案是从武汉地域和民俗文化着手，通过对原有园区的场地分析、流线梳理以及保留、拆除和加建的对比判断，利用功能的重新组织和园区构建，力图创造一个具有现代创意产业园文化特征，同时又投射出场地历史的文化创意产业园形式。此外，园区通过结合武汉特有的里份空间，并发展其作为交流空间的序列性，注入原始工业院落，来表达和强调作为创意产业空间所需必要的交流性。不仅如此，整个设计还引入武汉里份特有的竹床阵这一概念，目的在于通过此种载体创造一种文化创意交流平台空间，唤起对过去生活方式的回味，并对当代社会的过度能耗提出反思。

另一方面，考虑到园区改造为文化创意产业园这一核心定位，补足了园区内与发展文化创意园不适应的部分。例如，基于原场地绿化率低的状况，为适应武汉特殊的场地气候，在概念“竹床阵”里竹床的虚化部分，通过种植高大的阔叶乔木使二层平台具有良好的遮阳效果，同时改善整个园区的微气候以净化空气；针对原厂区存在的区域特征不明显、园区沿街面和东湖路人行道的距离过长以及原始建筑表皮特征较弱等问题，在入场设计上，在建筑和入口广场之间用桥作为连接过渡，并以此来处理场地和城市道路之间的高差问题；针对原建筑物一层设置了过多设备房、缺少导向性强的趣味空间等问题，园区将建筑的底层外墙改造成玻璃立面，玻璃面的大量使用使得建筑变得通透，且更富有现代气息。

改造后的园区充分体现了园区的特色，保留了老厂房厚重的砖墙、挑高的空间、纵横交错的管道。由于原始场地特色不鲜明，在设计时还特意增加了烟囱以及包豪斯风格的画场等一系列工业印记。最引人瞩目的是保留下来的曾用来传递报刊的一个个巨大的红色出报筒，突显园区浓郁的设计风格。园区门口设置了两座12米高的巨大雕塑“报业飞天”，以镂空透雕、弧面曲线相互穿插形成轻盈向上的飞天形象，飞天人物一手挥动羽翼，一手托起报纸，既展示出园区过去的印刷功能，也体现了园区的核心功能。

经过3年的建设和积累，2011年7月10日，楚天181文化创意产业园正式开园。园区起初年均客户入驻率保持在98%以上，客户主要涵盖文化传媒、广告设计、建筑设计、文化科技融合、创新型企业、金融配套、服务配套七大类，入驻多家上市公司、主流媒体和新媒体机构，以及部分艺术设计、广告文案、文化创意或商业配套企业。

相较于一般的文化创意园，楚天181文化创意产业园的成功首先在于园区核心定位明确，园区以现代传媒为主体，引进传统媒体和新媒体企业，有选择性地吸纳与文化创意产业相关、为媒体服务的文化运作企业。其次，园区还以181秀场为平台积极运营文化活动，打造传媒文化产业链，引入了广告策划、演艺配套类企业近10家，形成和深化了集前期包装、活动策划及运营、后期宣传于一体的传媒文化产业链；181秀场还承接各类大型公益和商业活动，并邀请园区内相关媒体进行活动造势和后期宣传，在媒体的助推下，活动影响较大。再次，楚天181文化创意产业园的运营主体是湖北日报传媒集团，具有强大影响力，在2008年，园区尚未正式开园前，就已经签下了20多家企业。最后，园区在建设过程中还得到了国家、湖北省市区各级政府的重点支持，获得了多项政策和资金扶持，同时被列为湖北省重点文化项目和国家新闻出版总署的重点项目。不仅如此，产业园也受到了社会各界的广泛关注，接待了从四面八方前来考察和参观的客人。早在2008年，世界英国创意经济学泰斗约翰·霍金斯就曾为楚天181文化创意产业园的方案“点赞”。

园区目前在运营过程中，经过品牌塑造，已经在全国范围内有了一定的影响力，但仍存在局限性，一是位置过于局促，门前是武汉二环线，停车位相当紧张，对入驻业态有较高要求；二是与湖北日报大楼毗邻，决定了其总体氛围的严肃性，一些具有娱乐性质的活动难以开展，因此，其开发前景受到了一定局限，这也是它在社会影响力上逊色于其他工业遗产园区的原因；三是该园区毗邻武汉市二环线武昌段，交通虽然便捷，但不在步行生活圈之内，周围有省博物馆、省美术馆与东湖宾馆，相关访客与园区的关联度较低，因此难以形成文旅综合园区，导致部分业态（如餐饮、娱乐）等难以青睐。

80. 船厂 1862

（上海船厂旧址）

船厂 1862 位于上海市浦东新区滨江大道 1777 号，北侧面向黄浦江，前身是上海船厂，曾是中国现代工业文明的发源地之一，记录了中国造船业的发展史。船厂 1862 于 2018 年 9 月开业，16000 平方米的商业空间引进了以文化创意产业为代表的新兴业态，通过该“文化磁场”形成了推动上海文化创意产业发展的新兴地标，也是中国工业遗产文化创新的研究样本。

在大力发展浦东，创造以陆家嘴片区为金融中心的背景下，船厂片区整体搬离浦东。上海船厂船舶有限公司积极响应，决定将上海船厂旧址改造为一个全新的文化商业综合体，并命名为船厂 1862。这是国内最早的工业遗产保护更新项目之一，也是上海市极具代表性的工业遗产再利用项目，具有独特的文化创新价值。

2011 年，日本建筑大师隈研吾应邀主持船厂 1862 的改造，总方针是修旧如旧，展现老建筑结构及老砖块的上海特色，打造一个充满历史感和工业感的时尚艺术空间。在隈研吾领衔的团队设计改造下，船厂 1862 最终成为占地 26000 平方米的时尚艺术商业中心，包含 800 座中型艺术剧院“1862 时尚艺术中心”以及约 16000 平方米的沉浸式艺术商业空间，是集购物、休闲、文艺、演艺发布、旅游于一体的上海城市文化艺术新地标。

为了让上海船厂区域悠久的工业文明在开发中得以延续，规划阶段前瞻性地保留了两处具有代表意义的建筑：船台及造机车间。上海船厂地处陆家嘴金融贸易区，具有良好的承重结构，在厂房内部形成了开敞的大空间。黄浦江两岸作为上海重点开发地区之一，其定位为集休闲娱乐、商业居住、商务办公于一体，而缺少全新的文化综合设施。该地块恰好可以借助优越的地理位置，优化空间资源布置，起到区域功能均衡互补的作用。整个上海船厂外部都是平坦开阔的草地，绿化面积较大，所以在改造中保留了绿化，并且增加了景观和休憩平台，将内部空间延伸至室外。该设计结合滨江绿地和大平台空间，将公共活动有机地组织在一起，提高了室内外的空间利用率。

在对上海船厂的改造中，设计者特别加入了音乐文化中心，提升了整个地区的档次。该剧场并非传统的演艺中心，而是一个以电声为主的室内音乐和音乐剧演出剧场。厂房的大跨度和高度满足音乐厅的功能要求，厂房的空间设计上尽可能地保留原有工业厂房独特的氛围。船厂的升级改造项目多次获奖：荣获 2015 年度上海建筑设计研究院有限公司优秀（工程）设计一等奖；荣获 2017 年度上海市优秀工程一等奖；荣获 2009—2019 年中国建筑学会建筑设计奖“建筑创作大奖”。

从格局上看，船厂 1862 是一个上下联动的多功能综合区，它的成功既来自上海市“开发开放浦东”的政策，更来自中央政府对改革开放趋势的高瞻远瞩和统一规划。船厂 1862 自开放以来，已成为黄浦江第一沿岸及黄浦江步道中一个重要的场所，黄浦江步道的打通包含多个重要的节点串联，提升了黄浦江整体的品质。船厂 1862 拥有独特的地理位置和独特的剧场，通过独特的运营方式，开启了丰富多样的活动方式。其独特性吸引了众多的名人，许多重要的活动在此举办，有效提升了船厂 1862 的知名度和吸引力。

船厂 1862 不仅成为上海市创新性改造工业遗产的风向标，也为上海留下了珍贵的城市记忆，有利于延续这座城市独有的文脉。“开发开放浦东”政策的提出是我国改革开放史的重要组成，更是记录浦东新区历史的重要载体。将浦东开发开放作为重要的历史记忆重新利用和开发，有助于留下上海发展的城市记忆，并为上海市的发展提供源源不断的精神动力。

作为工业遗产转变为新兴产业的典范，船厂 1862 在实践工业遗产保护更新的文化创新，但是由于园区侧重于商业价值的开发，大大阻碍了园区文化价值的健康发展。商业盈利固然是园区持续发展的增长点，但是背后独特的文化内涵才是支撑其永续发展的强大精神内核。目前园区的对外宣传主要集中在会展承办、

船厂 1862 主体建筑外景

休闲娱乐活动开发的层面，而忽视了文脉的创新性诠释与利用，因此，如何平衡商业盈利和文化保护开发之间的关系，仍是船厂 1862 未来需要思考的问题。

81. 鹅岭二厂
（中央银行印钞厂旧址）

鹅岭二厂位于重庆市渝中区鹅岭正街 1 号，前身是民国时期的中央银行印钞厂，专印钞券、税票、邮票等有价证券和政府文件，是抗战期间我国印刷行业的中枢。中华人民共和国成立之后，1953 年该厂改名为重庆印刷二厂。在 20 世纪 50—70 年代，印刷二厂一直是重庆的彩印中心和西南印刷工业的彩印重镇。

随着城市化进程发展和产业结构调整，重庆印刷二厂在 2012 年整体搬迁。重庆积极践行“城市双修”的理念，希望通过对城市消极空间的完善来改善人居环境，满足现代城市发展的需要，渝中区决定将原厂区保留下来，并在原址上打造一个文创公园，邀请英国设计师威廉·艾尔索普领衔设计。2014年，借鉴英国国际艺术园区“TESTBED”理念，艾尔索普等人历时四年打造了“重庆印制二厂·文创园既有建筑改造与城市更新工程”项目，因该项目位于重庆母城、渝中之巅的鹅岭公园旁，故得名鹅岭二厂。目前此地已成为重庆承载工业文化记忆的一个重要范本。

鹅岭二厂在改造过程中，尽力恢复和保护建筑原貌，保留其原有构造和空间肌理。全厂完好保留了一处厂房，即承载着抗战辉煌历史的中央银行印钞厂，并在其入口处放置文字解说标识。其他建筑进行改造时完整保留了老厂房的木梁，同时又加入了颇具现代感的房顶设计，打造专属于该园区的“文艺范”。

鹅岭二厂位于鹅岭山顶，拥有良好的视野，因此，根据其所在的山地环境，将其改造为“三明治”空间格局概念。园区内的建筑多为3～5层，在建筑的顶层可以看到山城景致。在空间规划上，每栋建筑的首层和顶层都作为开放的公共空间，中间楼层用于办公、酒店等空间。首层则是商业区，汇集了画廊、咖啡馆、特色餐厅、文创集市、书吧等业态，连接着广场和街巷，是人流主要汇聚点。每一栋建筑的屋顶，都设计了一个功能性的主题，如屋顶艺术天台、屋顶社交平台、屋顶餐厅等。

在印刷厂的再设计中，图像、色彩、艺术装置与建筑、街巷、广场、道路、阶梯等空间相结合，表达时代对艺术的态度。园区内的“自然街道”以印刷为主题，在街道地面印刷文字，在红砖墙上印刷植物，在空间中印刷各种关于回忆和活动的图像符号，展示了印刷厂的工业记忆。此举吸引了不少文创企业和青年艺术家、艺术爱好者等入驻，开发了以创意、文化、艺术、设计、体验为特色的特色酒店。

要使厂房重现活力就必须新建建筑空间，以形式成新旧相生的局面。该园区的历史痕迹随处可见：掉漆的扶手、斑驳的外墙、生锈的铁门、颇具年代感的旧厂房。观景平台、天梯过道、个性标牌以及部分“寄生建筑”（在现有的较大建筑物上额外增加的一个风格完全不同的小型建筑），受到游客们的青睐。

建筑之间的缝隙通道被利用起来作为艺术装置的场地。多个大型反光镜挂在墙面，反射周边的建筑和路过的人群。球型灯光装置填充在狭窄的通道上部，不经意设计的建筑等成为人们驻足停留的拍照地。场地中间还有极具视觉冲击力的彩色廊桥，连接了间距18米的两栋建筑，采用镂空雕刻钢板包裹桥的构架，不仅发挥了组织流线的功能，还成为园区内标志性的艺术小品。重庆地貌复杂，多丘陵山地，有大大小小上万座桥梁，被称为“中国桥都”。通过彩色廊桥连接两座建筑物，一方面是方便游客在建筑物之间穿行，另一方面是对重庆桥文化的传承与发扬。

2016年国庆前夕，正值电影《从你的全世界路过》热映，片中出现的大部分场景几乎都在鹅岭二厂实地拍摄。当年国庆节期间，此地游客数呈井喷式增长，使鹅岭二厂很快为全国所知。鹅岭二厂抓住被电影“带火”的契机，不定时地举办电影放映会、作品交谈会，给影迷们提供了展示和交流的平台，重庆籍导演张一白的电影工作室也设在此处。

鹅岭二厂是近年来“现象级”的工业遗产地，是文化创新介入工业遗产保护更新的典范，但同时也有一些问题。一是周边居民对鹅岭二厂社区的归属感和满意度较低。作为一个文化创意园，其地理位置位于山顶，周边以居民区和公园绿地为主，缺乏日常客源，交通可达性较差。二是园区文创氛围单一，艺术业态以中小型零售为主。三是园区对于鹅岭二厂的历史挖掘度不足，缺乏介绍园区历史文化的场地，虽然电影带动了园区的走红，给园区的发展提供了基本客流量，但是游客来这里的目的主要是拍照打卡，二次到访率比较低。该园区要想可持续发展，仍然需要深入挖掘其文化资源和历史资源，掌握园区发展的时代主动性，使之成为承载工业记忆与重庆近代城市史的重要空间。

82. 汉阳造文化创意产业园

（武汉鹦鹉磁带厂旧址）

汉阳造文化创意产业园，又名“824创意工厂”，前身是武汉鹦鹉磁带厂，地处湖北省武汉市汉阳区龟北路1号，占地面积6000平方米，建筑面积4.2万平方米，是我国重要文化工业遗产。自20世纪90年代开始，周边大型企业陆续停产外迁。当中，一些老厂房被零星出租给服装厂、拉链厂、涂料厂等小企业，不但很难创造经济价值，而且带来了水体污染、城市噪声等问题。

为了走出困局，汉阳区政府邀请全国各地的学者、专家研讨这些旧厂房的出路，并在2008年确定了发展文化创意产业的思路。当“汉阳造”这一概念被提出并重新定位后，《汉阳区关于发展文化创意产业的若干意见》随即出炉，该意见提出为扶持文化创意产业，政府将对园区企业提供租金补贴、政府贴息贷款，减少行政事业性收费等，并将文化创意聚集区领导小组办公室设在晴川街，为入驻企业提供“贴身”服务。为了理顺产权关系，汉阳区还特意成立了一家企业作为承租平台，与园区内众多的业主单位签订合同，承诺土地性质和房产及相关配套设施产权不变，并交由运营商统一招商管理。

2009 年，由汉阳区政府招商引进上海致盛集团，遵循“科学规划、挖掘文化、强化特色、提升层次”的原则，按照“政府主导、企业参与、市场运作”的模式，在保留龟北路片区工业遗址的基础上，按照“整旧如新，差异发展”的思路，对原有标准厂房进行重新定义、设计、规划。原鹦鹉磁带厂被改造为一座集文化艺术、创意设计、商务休闲为一体的专业化管理、规范化经营、市场化运作的综合性文化创意产业园，2011 年正式开园。

在设计之初，设计师基于开发商、政府和市民三方面需求，多角度思考设计的全过程，寻求其中的契合点来确定设计的方向。首先，这个地块的“亮点”，即核心建筑“汉阳会”确立，其他建筑按照使用的安全需求和建筑的老化程度确定拆除、改造和保留的范围，尽可能保留可以反映各个历史时期的建筑和场地中的植被，再增加新的元素，重点打造文化艺术、商业休闲、设计创意三大功能区，同时建设汉阳造艺术中心、博物馆和滨湖景观带与绿色生态景观带。设计师在对主题核心区建筑进行设计时，对整个园区地块内的景观空间进行梳理，设置滨湖景观带与绿色生态景观带。园区入口形成阶梯式景观草坪，并对原来的加油站进行优化处理。

汉阳造文化创意产业园通过保留老工业基地风貌，进行市场化运作，为园区入驻企业提供“一站式”服务，还引入中介服务机构，为企业提供针对性、专业性的个性化服务，形成一套独特的服务发展模式，让老产业园实现新价值。2012 年 6 月 19 日，原国家工商总局(现为国家市场监督管理总局)与湖北省政府签署推进湖北省广告产业发展战略合作协议，将汉阳造文化创意园确定为国家级广告产业试点园区。2014 年，该园成为国家级“文化产业示范基地”。2015 年，该园又入选全国“大众创业、万众创新”典型，《中国企业报》专题报道其经验。2015 年底，《中国文化发展指数报告》发布，在文化创意类文化产业园排名中，汉阳造文化创意产业园名列全国第10位。

武汉鹦鹉磁带厂原有的厂房在改造中遵循“整旧如旧，差异发展”的理念，进行重新定义、设计、规划，成为了汉阳造文化创意产业园的主体建筑群，既保护了工业遗产，又实现了国有资产保值增值和文化创意产业发展共赢的理想追求。该园区是将老工业基地打造成文化产业孵化区、知名企业聚集区和特色文化包容区的典范，也是汉阳区实现从“汉阳制造”向“汉阳创造”的见证。改造的园区分为五个功能区：①公共活动景观区；②主题核心区，标志性建筑“汉阳会”融展览、接待、活动等功能于一体；③艺术原创商务区，聚集画廊、名家艺术家工作室；④休闲服务区，配有物业管理、银行等辅助性企业，餐饮等休闲娱乐设施；⑤商务区和综艺功能区，汇集创意文化及其他企业，包含综艺酒店，实现园区文化休闲方式的多样化。

我们调研发现，汉阳造文化创意园的成功改造离不开当地政府的支持。首先，武汉鹦鹉磁带厂所在的厂区产权非常复杂。政府“一手托两家”，一手托着国企，一手托着民企，园区的建设才能够走上正轨。其次，汉阳造文化创意园在改造前，原业主多年来以租养人，将厂房出租给一些小商贩和小企业。建设新园区需要清退与园区以后发展方向不一致的企业，汉阳区委、区政府为做好清退工作，聘请了律师、街道工作人员等组建专门队伍，晓之以理，做了许多思想工作，最终实现双赢。

客观来说，汉阳造创意产业园也存在一些问题。第一，园区的宣传力度不足，民众对其认知度不够高，因为汉阳造文化创意园尚未找准自己的特色，与武汉市其他文化创意园同质化明显，均以艺术设计、室内设计为主要业态，导致其吸引力不足；第二，其名字虽为汉阳造，但与生产“汉阳造”步枪的汉阳兵工厂没有直接联系，很容易被人误解为汉阳兵工厂遗址，而园区又没有相应的军工文化陈设展览，因此给人名不副实的错觉；第三，地理位置不佳，该园区处于长江大桥下的一隅，缺乏较好的区位因素；第四，园区内现有的产业链不完整，园区集聚效应不明显，企业内部之间没有较为清晰的产业上下游关联性，几乎完全是自发形成，难以产生规模经济。2021年，我们追踪调研发现，该园区已经出现了一些商户退租现象，可见其抗风险能力也相对较低。

83. 深圳华侨城创意文化园

（深圳东部工业区）

深圳华侨城创意文化园位于广东省深圳市南山区锦绣街，前身是深圳东部工业区，是20世纪80年代“三来一补”厂房的聚集地，也是深圳改革开放工业遗产的重要区域。园区占地面积约15万平方米，建筑面积约20万平方米，分为南、北两区。改造后的东部工业区成为开放型的集体验、消费、休闲、创意产业于一体园区，是深圳市具有代表性的文化创意产业园，也是中国创意产业园的研究样本。

2000年前后，深圳开始了传统工业“退城下放（到周边）”的大浪潮，华侨城东部工业区的企业也不例外。2003年，东部工业区的空置厂房越来越多，如何对废弃的厂房进行利用成了华侨城企业面临的难题。同年，旅美作家陈逸飞来华侨城参观旧厂房时，他建议不要拆除厂房，可以仿造美国纽约苏荷区的建设路径，引进知名的艺术创意机构或工作室，发展文化创意产业。

与此同时，深圳于2003年开始实施“文化立市”战略，相继出台了一系列政策文件，给予创意产业园项目重点建设和直通车服务的优惠。华侨城集团积极响应，决定将东部工业区改造为华侨城创意文化园，这是国内最早的工业遗产保护更新项目之一，也是深圳地区最早的工业遗产再利用项目，在深圳具有文化创新的独特价值。

2004年，华侨城投入3000万元用于工业园区南区的改造。为了吸引艺术家和艺术机构入驻，华侨城集团给予了充分的改造权利，入驻艺术家和艺术机构可以充分发挥创意对工业园区进行改造。华侨城创意文化园南区现已引进了高文安、梁景华等设计师的工作室，历史悠久的国际连锁酒店品牌“国际青年旅社”（YHA）与OCAT当代艺术中心等约40家文化创意或设计机构。2005年12月，首届“深圳城市/建筑双年展”在创意文化园举行。2006年5月，华侨城创意文化园正式挂牌。

自2007年起，基于创意文化园南区的成功运作经验，华侨城启动了北区项目改造升级计划。在南区改造经验的基础上，北区更加注重公共空间的营造，北区的改造和推广围绕着北区中心B10展开，以触媒的方式提升了名气，吸引了大量创意企业入驻。北区定位为以创意设计为主的前沿地带，是作为艺术创作的交易、展示平台，融合“创意、设计、艺术”于一身的创意产业基地。此外，北区还启动了3000平方米的艺术大众共享平台，聚集了一批涉及多个领域的小微创意设计企业。

2008年开始，创意园受惠于深圳政府出台的《深圳文化产业发展规划纲要》等政策的影响，得以快速发展，获得了全国首批“国家级文化产业示范园区”荣誉。2009年，深圳市政府又投入300万用于园区基础建设和公共平台的搭建。2011年5月14日，华侨城创意文化园实现整体开园，园区的入驻率自开业来就保持在95%。目前，华侨城文化创意产业园已经形成了以文化创意类企业为主，辅以配套的商业服务类以及办公类企业的产业园区。

华侨城创意文化园是一个自上而下的文化创意聚集区，它的成功既来自深圳市“文化立市”政策，又来自华侨城集团作为央企的实力。华侨城集团是园区单一的开发运营主体，在对园区进行规划时，华侨城集团坚持规划先行，在园区改造方面，华侨城集团没有采用大拆大改的改造手段，而是用一种更加绿色、人文、环保的方式，采用小规模渐进、分阶段改造的方式进行改造。同时园区出租的都是清水墙，艺术家可以利用艺术结构发挥创意，使园区形成不同风格的混搭。在园区业态规划上，华侨城集团采取置换和有针对性地引进的思路，合理布局产业功能，避免同质化竞争，使华侨城创意文化园获得了良性发展。相较于北京798艺术区，华侨城集团始终坚持低租金策略，吸引了各类创意产业争相入驻。即使在园区产业趋于饱和后，仍有大量机构申请入驻。

此外，华侨城创意文化园通过举办公共文化艺术活动，来增强园区的影响力和吸引力。华侨城创意文化园还利用华侨城的品牌效应，举办公共艺术活动，如每个月都举办T街创意市集、OCT-Loft爵士音乐节、明天音乐节等，有效提升了华侨城创意文化园的吸引力。而且每年深圳读书月的活动主场，也设在园区。

华侨城创意文化园不仅成为深圳市发展创意文化产业的标杆，也为深圳留下了重要的城市记忆，有助于延续深圳这座城市特殊的文脉。“三来一补”产业的建立和发展是我国改革开放史的重要组成，更是记录深圳特区历史的重要载体。将“三来一补”工业遗产作为重要的历史记忆重新开发利用，有助于留下深圳发展的城市记忆，并为深圳市的发展提供源源不断的精神动力。

作为工业遗产转变为创意产业的典范，华侨城创意文化园在实践工业遗产保护更新的文化创新，但是园区盈利增长模式单一化，大大阻碍了园区商业模式的可持续发展。我们调研发现，目前园区的盈利主要收入来自租金收入，而园区始终坚持“低租金”策略，因此园区盈利增长缓慢。为了避免出现像798艺术区那样因租金上涨导致一些艺术家和艺术机构被迫离开的现象，华侨城创意文化园亟须打破园区利润瓶颈，实现IP与资本的良性转化，推进收益结构的均衡化发展。

华侨城创意文化园

84. 赛马会创意艺术中心

（石硖尾工厂大厦）

赛马会创意艺术中心位于香港九龙石硖尾白田街30号，建筑总面积33528平方米，前身是石硖尾工厂大厦。20世纪70年代，石硖尾工厂大厦主要有钟表制造、五金、塑料、木工、扎纸等家庭作坊，是香港工业快速发展时期的代表工业遗产。

香港回归前后，香港逐渐从亚洲轻工业生产中心转型为亚洲金融中心，相关产业也逐渐转移至内地。2005 年，香港特区政府对石硖尾工厂大厦进行综合评估，决定保留大厦建筑本体，并活化为艺术中心。同年底，该工程改造由香港浸会大学负责启动。香港赛马会慈善信托基金提供了 9440 万港元捐款，用以资助翻新、改造大厦工程。特区政府以期限七年托管协议形式把赛马会创意艺术中心的经营权交予香港浸会大学，以自负盈亏模式运作对外开放，赛马会创意艺术中心遂成为浸会大学的校属企业。2008 年 9 月，香港赛马会创意艺术中心正式开放。

石硖尾工厂大厦的新装和改装过程由巴马丹拿(Palmer and Turner)建筑及工程有限公司承担，由 MDFA 建筑事务所负责室内设计。在改造中，赛马会创意艺术中心以“新旧结合、整合空间、循环交通、增加绿化”为改造思路，采用多种设计手法对石硖尾工厂大厦进行设计处理。

首先，利用工厂大厦的空间优势和原有的交通空间，结合人的尺度活化再利用。横向空间根据创意产业的功能按照比例将空间分割成数个小空间，竖向空间将原有的一层大空间分成两层加以利用。石硖尾工厂大厦改造后为艺术家及艺术团体提供了 128 个工作室，面积 27～573 平方米不等，包含不同功能。创意中心三至四层作为香港浸会大学、艺术发展局及香港艺术中心的活动场地，举办艺术课程、艺术工作坊和艺术推广活动。石硖尾工厂大厦其他大部分空间以低于市值租金租予本地艺术工作者、非营利艺术团体和艺术代理，用作工作坊、画室、陈列室、创作工场、艺术数据库及办公室等，建筑内将容纳不同类型租户，互相配合，产生协同效应。

其次，石硖尾工厂大厦将环境和人文氛围进行统一的处理，将工厂大厦转换为适合创意产业的外部开放空间。艺术中心在改建设计中尽量保留了石硖尾工厂大厦的特色，很多旧招牌都被原样保留，建筑外墙上“石硖尾工厂大厦”的原迹清晰可见。翻新的材料也尽量保持 20 世纪 70 年代现代主义的粗朴风格。此外，一些展厅将原厂物品制作为艺术装饰品，突出了环境的场所感。这项改造在 2010 年被评为香港建筑师学会“全年境内建筑大奖”。

驻场的不少艺术工作者和团体，运用收集自石硖尾工厂大厦的废弃物料，包括当年生产的塑料衣架、钟表配件、蒸笼、烛台等，以崭新的演绎手法，创作匠心独具的艺术品和艺术装置，为这些旧物注入新的生命力。

香港赛马会创意艺术中心以自负盈亏模式运作并对外开放，其功能定位如下：一是出租给艺术家及大众，举办多样的艺术活动、艺术展览和演出；二是让进驻中心的艺术工作者及艺术团体进行合作和交流，从事与艺术有关的商业活动；三是为公众提供艺术教育与训练；四是成为社区艺术中心，包括举办社区艺术节及与学校进行策略联盟。现如今，很多香港本地的舞蹈和话剧艺术家都租用过香港赛马会创意艺术中心进行演出和彩排。

香港赛马会创意艺术中心外景

改造后的赛马会创意艺术中心定位为一个多元艺术村，一边支持艺术创作，一边推动当地艺术教育，汇聚艺术家，让艺术与社区之间互相交流，形成自然的艺术环境。这里还汇集了各类型的艺术小店，包括绘画、雕塑、陶艺、玻璃艺术、版画等。赛马会创意艺术中心最大的特色在于活用艺术创意来营造社区文化，让公众参与活动有利于互惠共生。这是让公众、社工、非政府组织、文化艺术工作者、区议会相联合的一种跨界别、再创造的集体创意。

香港赛马会创意艺术中心为了加强艺术家与群众的互动，不仅策划了一年多次的“山寨市集”与“工作室开放日”计划，还通过定期举行展览活动打造多元化艺术村，并通过“深水埗社区中小学艺术巡礼”“校园艺术大使计划”等活动加强艺术中心与学校的合作，推动当地艺术教育的发展。香港特区政府一手培育创意设计，一手着力打造创意教育，把香港赛马会创意艺术中心当作创意基地与平台，鼓励创作与推动教育双管齐下，并在政府、基金会、大学的合力之下推动香港创意产业，使之最终发展成为具有本土文化特色的创意摇篮。

香港赛马会创意艺术中心的经营模式是依靠政府、社会机构和市民互相配合来运作，不仅有效挖掘了工业建筑的历史内涵，还发挥出其更深层次的社会功能。在政府和专业人士的监督下，将工业遗产交予社会机构运营，既减轻了政府负担，又保证建筑的历史文化价值在运营过程中不被破坏，还提高了公众对工业遗产保护更新的关注度。

尽管赛马会创意艺术中心通过低廉的租金吸引了一大批艺术家入驻，但是项目改造主要基于单体建筑，整个建筑占地面积较小，缺乏足够的空间营造绿化景观。就创意行业的客观需求来说，该中心功能的多样性确实不足，户外公共休闲娱乐空间互动性不高，缺乏相应活动设施。就内部空间布局而言，创意中心注重创作而非展出功能，展览对外机构较少，导致活化后的创意中心活力与生命力不足，经济效益缺乏后劲。

85. 高雄驳二艺术特区
（高雄港第三船渠第二号接驳码头旧址）

“驳二”是指台湾省高雄港第三船渠第二号接驳码头，建于1973年，原为港口香蕉仓库，是港口遗产与筒仓遗产的混合型遗产。后来随着香蕉出口业的没落，这类存储仓库被闲置废弃。2000年，因当地居民寻找烟花燃放场所，“驳二”进入公众的视野。2002年，驳二艺术特区旧仓库初步完成了各项修复工程。在艺术家及文化工作者的推动下，驳二旧仓库进行了整建并注入文化艺术活力，历经高雄驳二艺术发展协会与树德科技大学发展艺术工坊经营，驳二艺术特区日渐成为以前卫、实验、创新为理念打造的台湾省最成功的艺术文化特区和艺术展示平台。2006年，驳二艺术特区由高雄市文化局接手经营。

驳二艺术特区在旧仓库的基础上发展而来，运营机构对园区内的工业遗产进行了整修，将不同业态功能混合布置在园区内，辅以配套的公共服务设施和绿地建设，吸引了不同类型的游客，提高了园区空间的活力，形成了居民社区、文创园区以及商业街区的融合。在空间上，驳二艺术特区分为三个片区：大勇区、大义区和蓬莱区。三个片区的功能各有侧重，相互补充。大勇区以文创企业为主，注重对驳二艺术特区的推广功能；大义区具有较多街巷空间，适合游客购物闲逛，以休闲购物为主；蓬莱区因其地势开阔，户外空间较大，以展览类功能为主。此外，三个片区内都有艺术广场，每个广场都是创办文创集市活动的重要场地。

驳二仓库的改造大部分是在不破坏建筑历史感的前提下，对建筑外墙和结构进行加固。驳二艺术特区内进驻的业态和商家具有多样性，建筑再利用方面采取了不同的利用模式：对于使用建筑面积需求大的租户，如哈玛星台湾铁道博物馆、诚品书店等，采用空间完整利用的模式；对于一些小型店铺，采用空间重新划分的模式。建筑空间的使用更加灵活。对于部分破坏比较严重或现有建筑难以满足需要的，则对建筑重新改造，拆除部分结构和墙体，通过新旧空间的融合实现对仓库的更新使用。

驳二艺术特区虽然以文创艺术为主，但是并没有忽视其作为工业遗产的价值内涵。过去驳二作为码头，有着独特的码头文化和渔业文化。艺术特区内分布着造型别致的搬运工人和渔妇的雕塑，这些雕塑上画着各种彩绘。园区随处都有以货柜码头、渔业聚落为主题创作的文创、彩绘、雕塑作品。游客在其中游览时，可以感受到高雄的城市变迁。此外，驳二艺术特区内建有全台湾省唯一的劳工博物馆，模拟展示劳工们工作的场景，博物馆定期会更换展示主题。驳二艺术特区内原来的铁道园被改造为钢雕公园，在此定期举办钢雕艺术节和高雄国际货柜艺术节。艺术节制作的富有创意和历史内涵的作品摆放在蓬莱区的铁道公园，唤醒游客对驳二码头的记忆。

驳二艺术特区不仅影响了当地文化艺术的发展，对于更广阔区域内的文创产业的发展都有一定的推动价值。如每周举办的创意市集，来自各地的手工艺人借此推广自己的手艺和品牌，一些文化创意厂商也会与手工艺人联络探讨合作事宜，促进了文创产业的发展。不仅如此，驳二艺术特区在发展过程中，也对周边地区产生了较大的影响。驳二艺术特区的人流量大，在商业利益的推动下，周边地区的闲置空间也逐渐得到了利用和更新，带动了相关产业的发展，逐渐构建起高雄地区的艺术创作网络。

驳二艺术特区不仅吸引了更多游客、创作家，还吸引了各类文化创意产业入驻，如索尼计算机娱乐、HuHu Studios 的卡通动画制作中心等国际上知名电影特效公司及动画公司，使驳二艺术特区成为亚洲地区的好莱坞和本土电影后期制作的重镇。在文化方面，驳二艺术特区引入诚品书店，诚品书店规划出高雄专区，引入高雄的文创平台，打造具有地方特色的阅读空间。

在驳二艺术特区的创意活动中，别具特色的是一项传统农业体验活动——"蓬莱一亩田"。这是台湾文创园区中唯一展示和体验传统农作的艺术园区。"蓬莱一亩田"有着深厚的寓意："文化与农业都须深耕于土地与文化，才能发展出更多的可能。"每到收获的季节，特区附近学校的学生会来此收割农作物。

从政策扶持上看，驳二艺术特区的发展与高雄市对文创产业的重视密切相关，高雄市过去是一个工业城市，对文化产业的重视有限。进入 21 世纪后，由于产业结构的调整，高雄市开始认识到文化建设的重要价值，此时，驳二给高雄市发展文化产业提供了重要的平台。高雄市文化局直接负责驳二艺术特区的运营，将艺术特区的发展纳入城市规划中，并给入驻企业、个人提供优惠。高雄市每年还给驳二艺术特区划拨大量资金预算来举办艺术活动，希望借助于其带动高雄市的产业结构转型。

从经营方式上看，驳二艺术特区的成功与特区的经营和创作方式有关。驳二艺术园区由专业团队"驳二运营中心"进行运营管理，在引进业态、创办公益性项目、培育人才上都发挥了积极作用。相较于其他创意园，驳二艺术特区所具有的开放性以及对高雄地方文化的保护是其成功的又一重要因素。借助文创集市、艺文展览等平台，民众能够在特区内与艺术家、艺术作品互动，整个园区内呈现积极开放的氛围。驳二艺术特区是我国工业遗产保护更新的重要范例，值得国内其他同类创意园参考借鉴。

但需要注意的是，高雄市并非文化重镇，流动人口较少，本地市民的经济能力有限。目前，驳二艺术特区更为冷清，许多铺面经营困难，总体空置率较高，未来如何再以社区参与（如改造为养老社区）弥补文化创新之不足，是今后需要考虑的问题。

鸟瞰高雄驳二艺术特区

86. 羊城创意产业园

（广州化学纤维厂旧址）

羊城创意产业园位于广东省广州市天河区黄埔大道413号，前身是广州化学纤维厂旧址，曾是华南地区唯一生产粘胶短纤维的国有企业，后因经营不善被羊城晚报报业集团兼并。园区总用地面积17.1万平方米，总建筑面积10.8万平方米，地处广州东部新城区中心地带。改造后的化学纤维厂旧址成为创意产业的办公集聚区和各类文化创意活动的基地，是广州市具有代表性的文化创意产业园区。

1999年，在广州市政府的决策下，羊城晚报报业集团并购了广州化学纤维厂地块，2001年11月，羊城晚报印务中心在此地建成投产，2007年羊晚集团抓住改革开放新浪潮带来的机遇，积极配合广州市“退二进三”的部署，正式启动羊城创意产业园建设。随后产业园利用旧厂房改造，进行功能置换，现有羊城晚报报业中心、酷狗音乐等100多家文化传媒、信息科技、艺术设计企业入驻。

项目第一阶段以羊城晚报报业集团为依托，通过对广州化学纤维厂旧厂房进行低碳改造，在保留旧时代印记的同时融入时尚元素，由此创造一个优美宜人的办公环境。此次改造以引入文化和设计类企业为主，通过装饰改造，将原有的厂房、仓库等改造为设计工作室、展厅、画廊等，同时将建立和完善园区公共服务平台。羊城创意产业园区在改造中保留了大量原厂区的建筑物，在对环境和建筑空间的改造中注重工业时代的场所精神，同时又为新入驻的产业提供独特和创新的空间。

羊城创意产业园园内绿树成荫，自然环境优美。旧厂房形态各异，艺术氛围浓厚，符合创意类公司企业的个性化办公要求，得到多家大型品牌设计企业的青睐。尤其以民营建筑设计公司为龙头企业进驻，带动了大批相关设计公司聚集，迅速形成了优质创意类行业集群。此外，产业园为引入企业提供了全方位软硬件配套设施和服务：不仅搭建了公共服务网络平台“羊城创意网”，而且利用羊城晚报品牌的统一管理和运营，整合品牌策划、执行团队和活动资源，举办相关商业、文化、艺术活动及宣传活动，从而进一步提升产业园的知名度、影响力及商业文化氛围。

随着广州文创产业的迅速发展，羊城晚报报业集团申请自主开发建设园区，以加大园区开发建设力度，并申请将《羊城创意产业园概念规划》纳入金融城二期总体规划之中。园区第二阶段建设主要对园区进行升级打造。羊城创意产业园今后还将全力打造成为华南地区最大的设计类、文化类创意产业孵化器，为设计企业和人士创作、交流空间，着力推动广东本土设计行业的发展，为建设“文化大省”和“创新型广东”服务。

2010 年，羊城创意产业园成为第一批“国家文化产业示范基地”，2012 年又被广州市政府划入广州国际金融城的扩展区，毗邻广州国际金融城的起步区。此外，羊城创意产业园还是广州市第一批重点文化产业园区，同时也是广东省现代产业 500 强项目、广东省重点建设项目、广州市战略性新兴产业发展规划、广州市重点建设项目。

就影响力而言，羊城创意产业园是我国起步较早的工业遗产创意产业园，业主通过开展各类商业、文化艺术等活动，吸引了大量企业入驻。同时该园区得益于优越的地理环境和优惠的政策环境，成为吸引企业入驻和创意人才的另一重要因素。

作为国内中心城市的文化创意产业园区，羊城创意产业园对我国工业遗产的保护更新具有重要的借鉴价值。但我们调研发现，整个项目目前依然存在一些客观问题，因此仍有较大的提升空间。

首先，羊城创意产业园目前收入来源较单一，主要依靠招租、举办展览、活动等创收，出租面积和租金单价成为影响创意园收入的主要因素。而受城市规划所限，建筑面积一般难以变化，租金每年也只能按一定的比例上调，产业园的经济效益难以实现裂变式发展。虽然产业园产业类型多样，但产业之间内在联系不大，产业链不完整，束缚了产业园的发展后劲。

其次，由于我国文化创意产业发展较晚，政府政策法规层面尚未形成法定产业划分标准，如目前国土资源用地指标明细中没有明确的文旅或文创产业用地类别，作为新兴业态，文化创意产业又缺乏规划管理的标准等，政策法规的不健全导致园区土地规划存在着一定的滞后性与不合理性，当然这一问题也普遍存在于其他同类园区中。

最后，近来频繁出台的文化产业扶持政策，多是通过项目方式和企业租金补贴的方式，却没有相对应的针对产业园区的扶持政策，这在一定程度上也制约了产业园的可持续发展。而且，园区原有建筑面积不满足园区内企业高速发展的需求，而且园区土地开发利用明显与最新城市发展规划不符，园区的未来发展需要更适应城市发展步调的整体规划，才能取得事半功倍的效益。

87. 越界创意园

（上海金星电视一厂旧址）

越界创意园位于上海市徐汇区田林路140号，前身是上海电视一厂，是我国彩电制造业发展的典型代表，也是上海改革开放工业遗产再利用的重要案例。1972年，在周恩来总理的亲自关怀下，上海金星金笔厂改制为上海电视一厂，1978年，国家批准该厂引进全国第一条彩电生产线，1982年工厂正式投产金星牌彩电，它与“上海牌手表、大白兔奶糖、回力牌运动鞋、永久牌自行车”成为当时闻名全国的“上海五大品牌”。2003年，上海电视一厂的母公司上海广电集团公司宣布金星牌电视机停止生产。

上海是我国“文旅融合”介入工业遗产保护更新的重镇，2006到2010年，从中央到上海市相继出台若干创意产业的鼓励政策，2008年《国务院办公厅关于加快发展服务业若干政策措施的实施意见》及《上海市加快创意产业发展的指导意见》等政策相继出台，工业创意产业园这种“非正式更新”受到政府的保护，在一定程度上平衡了政府、企业、投资方等各利益相关方的权益，创意产业园区进入了一个高速发展阶段，上海广电集团公司积极响应，顺应漕河泾产业升级之势，邀请上海锦和置业与SVA集团联手打造了越界创意园，将上海电视一厂改造成为国际化时尚商业综合街区。2007年7月包装改建开始，2009年底一期、二期整体包装改建完成，目前是上海较大的单体创意产业园区。改造后的越界创意园总建筑面积13.8万平方米，集休闲商业、创意产业、商务服务于一体，是上海市具有代表性的文化创意产业园，也是改革开放工业遗产再利用的范例。

在改造上，越界创意产业园采用延续性、人性化和开放性改造策略，保留了原建筑结构基础，在内部空间和装饰上做文章，营造舒适的办公空间和互动自由的商业空间。园区大部分建筑都在保留原建筑主体结构基础上进行立面改造或局部扩建，减少拆建工程量，节约材料，控制改造成本。原办公楼被改造为创意办公楼，针对创新人才特有需求将厂房改造为Loft办公楼，将原来的仓库改造为办公和展览区。

在园区的规划建设中，锦和置业特邀海外团队进行整体规划，引入国际前沿的“Office Park(商务园区)”概念，将园林艺术融入公共空间，融合“办公、创意、休闲配套”三大功能，囊括生产、生活全方位需求。开放式生态园林街区形成产业互动，将绿色餐饮、设计研发、文化传播、广告创意等文化创意产业形成完整的产业链，助推园区企业发展壮大。园区开园以来先后被授予上海市文化产业园区、上海市品牌建设优秀园区和徐汇区四星级创意园区等称号，是2010年上海第六届国际创意产业活动周的主会场，成为上海创意产业园区的一面旗帜。

功能分区上，园区分为商务办公区、商业休闲区和创意产业园区三大区：商务办公区主要分布集聚区综合管理单位；商业休闲区集中分布了餐饮、购物、休闲运动等企业单位；创意产业园区是整个集聚区的主导区域，吸引了电子产品设计、展示、创意商务等众多创意企业入驻。

越界创意园先期就强势引入大量国内外知名企业，奠定园区高起点品质，同时吸引技术型创意产业及智慧型企业，将创意工作室、绿色餐饮、广告设计、文化传播等创意产业形成完整的产业链条，助推园区企业的发展壮大。目前，园区累计入驻创意企业200多家。

越界创意园的成功离不开优越的区位条件、交通条件和浓郁的文化气息。园区距离上海徐家汇商圈约3千米，处于漕河泾开发区、田林康健成熟社区交界之处；园区交通便捷，轨道交通9号线、12号线、中环、内环、沪闵路高架在项目周边形成立体交通网络；园区周边产业环境极佳，距离上海漕河泾开发区仅1.5千米，上海交通大学、上海师范大学与华东理工大学等高校分布在周边。

在运营主体上，园区以“互联网+”的创业思维为指导。锦和置业作为新型业态的投资运营公司，采用了具有特色的运营模式，同时采用线上及线下双重服务模式，用跨城市、跨区域的连锁产品满足未来需求，发展相关品牌型产业园，提高了越界创意园的品牌影响力和知名度。在管理运营上，物业方针对园区内中小企业需求，免费为其搭建各种平台，积累商业物业管理经验，打造“越界”物业运营品牌，形成多重赋能、横纵发展的机遇。

越界创意园不仅成为上海市发展创意文化产业的风向标，也为上海留下了宝贵的城市记忆，有助于延续上海这座城市独有的文脉。创意文化产业作为推进我国国民经济产业结构升级转型的重要组成部分，将越界创意园的改造史作为重要的历史记忆加以开发，留下上海创意文化产业的记忆，为上海市的发展提供源源不断的精神动力。

作为工业遗产转型为创意产业的典范，越界创意园在实践工业遗产的文化创新之路，但是一味侧重打造园区的商业模式阻碍了园区工业文化的可持续发展。

上海越界创意园中心主干道

而且，越界创意园在盈利增长模式上与同类型、同级别的文化创意园差别不大，对工业文化资源的挖掘程度不够导致园区发展同质化，长板竞争优势略显不足。因此，越界创意园应进一步植根于自身特有的文化优势，突破园区开发利用方式单一的瓶颈，真正走出有自身特色的发展之路，再造“金星牌彩电”的历史辉煌。

88. 运河五号创意街区
（第五毛纺织厂、航海仪器厂、常州梳篦厂等工厂旧址）

运河五号创意街区位于江苏省常州市钟楼区三堡街141号，世界文化遗产京杭运河常州段南岸。该街区原先是常州第五毛纺织厂、航海仪器厂、常州梳篦厂等工厂所在地，由于20世纪90年代产业结构调整，上述企业陷入困境。2007年，厂区内的企业全部停产关闭。2008年底，常州产业投资集团有限公司（前身为常州市工贸国资有限公司）对这片区域重新规划，经过改造后，这片区域形成了一个以艺术设计、传播工业文化为主的创意街区。

该街区总占地面积36388平方米，总建筑面积约32000平方米，主要景点有常州市档案博览中心、恒源畅历史陈列馆、秋之白华馆、大运河记忆馆、常州画派纪念馆、五号美术馆、五号剧场、恒源畅书坊、记忆广场、运河五号码头、艺术雕塑以及配套的商业服务设施，是文化创新介入工业遗产保护更新的重要范例。

该园区进行改造前，先对运河五号创意街区场地进行了更新，修复了道路和基础设施，并建成了水塔广场、记忆广场、运河五号码头，初步形成了进一步建设的基础。

在此基础上，一方面园区被改造为展示常州历史文化的场所：如将文保建筑改造为恒源畅历史陈列馆，展示了民族工业中小资本家发展的历程；由运河五号与常州市档案局、文化部门联手改造的常州画派纪念馆，展示了上百幅常州画派珍贵作品；由车间改造的展示近现代工业历史的常州工业历史博物馆和工商文档博览中心，完整接收了恒源畅厂以及更多“关停并转”工业企业的纸质档案，并留存下近百年来“常州制造”的大量史料和实物，开创了国内工商档案保管、利用、开发新形式的先河；由风机廊道改造而成的常州首家工商业历史陈列馆，展示了清代以来的地契、老账册、旧办公用具、老设备、老单据等史料，成为展现民族工业发展史的文化长廊。

另一方面，一大批文化创意企业被引入，实现厂区与文化创意产业的结合。这些产业涵盖视觉、影视、广告、休闲娱乐、餐饮等创意产业和配套商业设施，还创办了各类艺术展览，如运河五号创意讲堂、常州友好城市论坛、惠风和畅女摄影家作品展，突出了园区的展示功能，带动了特色创意旅游。

运河五号创意街区还积极推进辐射项目的建设，勤业桥畔的常州梳篦厂被改造成常州梳篦历史博物馆，与梳篦生产车间共同形成梳篦制作工艺的旅游景点。在梳篦历史博物馆的基础上新建乱针绣、留青竹刻博物馆、常州三宝传统手工业展示街区。此外，运河五号创意街区凭借独特的厂区环境多次成为影视外景基地，《秋之白华》《青果巷》《古玩江湖》都曾来此取景，提升了运河五号创意街区的影响力。

运河五号创意街区项目在不但实现了工业遗产的文化创新改造，还赓续了常州的历史文脉。运河五号创意街区旁边就是世界文化遗产——京杭大运河，运河五号创意街区将运河文化作为其特色，也在不断推广运河文化。运河五号创意街区内有大量以运河为主题的文创产品，还开通了中国大运河常州段水上游。游客可以从运河五号码头、千年古驿篦箕巷码头、皇帝南巡登岸的东坡公园御码头登船乘坐仿古游船观赏大运河风貌。此外，作为常州古运河上唯一的水上游船，运河五号创意街区在建党百年之际，还以“常州三杰”为主题打造了“红色游船”。

运河五号创意街区不仅是一个文化创意园区，同时也是游客和市民感受城市记忆与历史文化的场所。项目落成以来，受到了社会各界的青睐，先后获得了文创产业合作实验示范基地、国家 3A 级旅游景区、江苏省工业旅游示范点、江苏省重点文化产业园与长三角优秀文化创意产业集聚区(2011 年)等称号。

作为文创产业合作实验示范基地，运河五号创意街区积极为来当地创业的台湾青年提供良好的创业平台。目前园区已入驻台湾青年创业项目 20 多个，企业 70 多家，每年举办百余场文化活动，青年在这里交流合作、资源共享，实现融合发展。

运河五号创意街区在改造过程中，尽可能采用“修旧如旧”的原则，减少对周围历史原貌的破坏。这样能够保留城市文脉，让市民找到城市归属感。然而，运河五号创意街区在改造过程中并没有太重视周围社区居民的现实需求。举例而言，运河五号创意街区的业态设施等主要针对年轻消费群体，然而运河五号周边的建筑大多为20世纪50—60年代的民居，居住者多为外来务工人员或曾经在工业区内工作的工人，他们难以成为运河五号创意街区的消费者。这使得运河五号创意街区与周围社区有着较强的疏离感。城市居民只有在此找到归属感，才能推动运河五号创意街区获得可持续发展。为实现这一目标，亟须周边居民与创意街区互动，需要老常州人进入街区，并认同历史建筑的今日面貌。

此外，运河五号创意街区还存在一些限制其发展的因素，如园区为商家入驻配套的基础设施不够全面，开发设计缺乏系统性，园区的整体布局缺乏设计感，工业遗留物件、建筑整体改造再利用等方面缺乏创意开发等，导致运河五号创意街区缺乏常态化的产业链，这是运河五号创意街区在今后发展中尤其要注意的问题。

89.108智库空间文化创意产业园
（云南圆正轴承有限公司昆明轴承瓦分公司旧址）

108智库空间文化创意产业园（简称108智库空间）位于云南省昆明市五华区昆建路5号，是昆明首个文化艺术商业城市综合体，由云南圆正轴承有限公司昆明轴承瓦分公司的老厂房改建而成。该公司始建于1960年，前身是昆明轴承厂，以生产深沟球轴承、圆锥滚子轴承、圆柱滚子轴承、汽车离合器轴承等为主。该公司不仅是云南省最大的以生产轴承及轴承配件为主的专业工厂，还是全国轴承行业的重点企业之一。1982年，昆明轴承厂搬迁至目前108智库空间所在地。1984年，昆明轴承厂迎来了辉煌，在当时整个西南地区技术都处于领先地位，1998年，该厂更名为云南圆正轴承有限公司昆明轴承瓦分公司。和所有在昆明主城区的老旧工厂一样，该厂也面临生产缩减和搬迁的命运，为响应政府“主城区重工业工厂要么转型，要么搬迁至工业园区”的号召，该厂试着寻找转型之路。2010年，该厂正式停产，并于2013年将厂房租赁给108智库空间。

2013年，经过全国范围的考察后、占地14亩，商业体量2万平方米的108智库空间终于开始动工改造。吸取以往的经验,云南同景企业把对项目的统一开发、统一招商、统一运营管理作为重要的开发理念,先后投入7000多万元对老厂房进行提升改造。与其他商业项目不同,108智库空间不足2万平米的商业体量仅有大约6000平方米是以餐饮、娱乐业态为主的集中式商业,其余部分主要是工业Loft风格的办公空间和一个智库美术馆。目前园区内主要分为5个板块:Loft创意办公区、创意街区门店、集装箱门店、智库美术馆、酒吧商业街区。园区将传统的 高度集约的城市街区建筑群体重新定义为HOPSCA(城市艺术综合体,即hotel、office、park、shopping mall、convention、art),展现出便捷、共享与高质量的Loft环境。目前108智库空间入驻了一批知名设计工作室、国内当代艺术画廊、艺术家工作室、传媒出版、实体书店等文化产业机构及酒吧、咖啡厅、餐厅等商业机构。艺术家、广告人、艺术爱好者、文化经纪人等参与其间,除了美术馆,园区还汇集了画廊、餐厅、传媒公司等。

我们调研了解到,108智库空间的项目定位几经辗转,最早108智库空间的项目定位与北京798艺术区、昆明M60等类似,希望以改造建筑的低租金与独特的时代烙印吸引艺术家入驻,在其中创作行为艺术,办作品展,逐步形成文化氛围,产生强大的吸引力。然而在项目的实际实施中,情况却截然不同。虽然初期确实有艺术家入驻,但是无法吸引大量人流参观,文化氛围没有形成,艺术工作室也很快凋敝。究其原因,高密度高容积的原有布局使得行人与建筑之间有着强烈的疏离感。整个园区缺少亲切的巷道空间与活动广场,艺术工作室与艺术雕塑无法形成类似商业步行街的连续展示面,文化氛围也就无从谈起。

很多创业者逐渐发现,108智库空间低廉的租金与较为安静的环境很适合新兴小微企业办公。在相关政策的鼓励下,云南大学、昆明理工大学等高校的毕业生也更愿意选择108智库空间作为事业起步的摇篮。108智库空间作为新兴企业孵化器的名气也渐渐盖过了原先其作为艺术街区的名气。随着"大众创业、万众创兴"的新浪潮兴起,108智库空间一铺难求,租金也节节高升。如今108智库空间的业态范围包含了文化娱乐、商务办公、特色餐饮、购物、住宿、社交以及游憩等,且商务办公功能占据主要地位。

从108智库空间的功能产业更新来看,园区产业包括商业酒吧街区、Loft办公区、智库美术馆和创意街区。其中创意街区包含设计师门店和集装箱门店。园区涵盖餐饮、酒吧、设计、媒体、艺术、科技等多种业态。其中设计和媒体占比最大，园区更多地吸引偏创造性、艺术性的人群，同时还容纳了餐饮、酒吧等休闲娱乐场地以及科技公司等的办公场地，使得园区具有多样性的功能特征。

从 108 智库空间的建筑改造来看，园区的建筑改造主要是在外立面上，改造方式大致分为四种：①集装箱改造式，保留了集装箱的结构和外观，设计师通过刷漆和涂鸦的方式改造，这类型的改造建筑主要作为创意街区中的时尚店铺；②钢结构改造式，保留了旧厂房的钢结构，使其完全裸露出来，并且通常局部结合现代玻璃，工业感强烈，主要应用于 108 智库空间的 Loft 办公区大楼以及旁边的零散独栋；③砖结构改造式，基本上整个建筑都使用红砖结构，局部结合石料，屋顶采用仿瓦顶形式，没有外露的钢铁构架物，主要作为酒吧、餐饮类场所；④砖混结构改造式，墙面使用砖结构，其他部分保留工业厂房固有的钢构架，包括外部的钢结构楼梯，该类型的建筑主要作为酒吧。园区中这四种建筑改造方式各具特色，同时充分体现了变废为宝的生态理念，每种建筑改造方式都是在原建筑的基础上，通过不同的材料和方式赋予其新的面貌和功能，在整个场地中各有不同却又能和谐共存，毫无违和感。

从 108 智库空间的空间规划来看，首先，在道路交通方面，园区的道路系统比较明确，可进入性较好。但园内交通路线不够流畅，需要走回头路。由于园区公共空间面积并不大，这一问题并不突出。其次，在景观配置方面，园区的公共空间有很多富有工业特色的景观小品。没有珍贵或奇特的植物品种，植物造型采用粗放型或是简单修剪型，利用旧工厂原有的一些工业材料做成花台和容器，生态环保，且与场地的工业风格相符。但是部分景观小品不能体现其场所感，没有充分结合场地文化，不利于激发游客对于场所的联想。

从整体来看，108 智库空间改造设计的关键要素也是其成功之处，主要体现在三个方面。第一，园区设计保留了工业文化的价值符号。作为工业废弃地，108 智库空间见证了工业时期的发展，留下的许多机械生产制造工具和构架物是相当重要的工业文化价值符号。设计师通过景观设计，将其改造成 Loft 创意产业园，突出了场地的工业风。第二，108 智库空间设计采用了多元化的艺术设计理念。108 智库空间在改造后注入各种业态，包括展览、餐饮、服饰与设计等，其内涵多元、丰富。第三，108 智库空间景观设计充分运用了变废为宝的生态理念。园区改造尊重原有场地中的各种元素和材料，通过改造再利用使其焕发生机，比如工业生产中遗留下的工业材料、废旧的生产设备等，将其改造再利用为景观小品、墙面装饰物等，不但节省了材料，也减少了对能源的消耗和对场地原有生态环境的破坏。

108 智库空间是将工业废弃地进行文化创新式的典型案例。将 Loft 文化创意产业园作为工业废弃地的一种改造方式，不仅有效地保护了工业遗产，传承了城市历史文脉，更延续了云南艺术学院 50 年来积淀的麻园艺术群落文化，形成文化传承与艺术交流的核心区域。在改造过程中所采用的生态理念和前卫的设计也为工业遗产保护更新提供了新视角。

108 智库空间

90. 1933 老场坊创意产业园区

1933 老场坊创意产业园区位于上海市中心虹口区，包含了沙泾路 10 号和 29 号两个地块，坐落在沙泾港、浦虹港两条水系的交汇处，其地处上海中心城区，距离外滩仅 1.2 千米，无论在商业、人文、交通，还是在休闲娱乐方面都占据优越的地理优势。这样的地理优势及独具特色的建筑空间，也是其成为创意产业基地得天独厚的条件。1933老场坊改造项目便是一个较为成功的工业遗产再利用案例，其将旧工业建筑经过再利用后成为创意园，并演绎出全新功能，是文化创新介入工业遗产保护更新工作的示范。

1933老场坊是一座代表上海老工业建筑水平的建筑群，于1930—1933年建造，原名工部局宰牲场，系我国近代重要食品工业遗产。设计师是英国建筑师巴尔弗斯，建造者是上海余洪记营造厂。这幢古罗马时期巴西利卡式风格的5层钢筋混凝土结构建筑，约3.17万平方米。整个建筑全部是按照英国的宰牲场设计建造的。在当时，这种规模的宰牲场，全球只有3个。这座建筑的空间布局非常奇特，加工车间采用了“无梁楼盖”的施工技术，柱子直接顶在天花板上，这在当时是一项先进的建筑技术。它通过打破了一般大柱上必须加梁的施工惯例，从而大大扩张了可利用空间。老场坊共有1＃楼至4＃楼四栋建筑。1＃楼建成于1933年，是当时远东地区规模最大、技术最完善、功能最现代化的屠宰场，曾被称为“混凝土工业的机器”。该屠宰场为上海租界地区十余万人提供肉类食品。随着历史进程发展，该建筑的功能一度演变为肉品厂、制药厂、廉价仓库、辅助用房等。2002年彻底停用时已破败不堪，但其价值并未被彻底埋没，在2000年被列入上海第四批近代优秀建筑名单。随着现代社会的发展，这栋建筑已经淡出了人们生活的视线。为了挽救这座上海近现代的人文博物馆，对其进行了彻底改造，以激活建筑的潜在价值，对其进行充分利用。

2006年改建项目正式启动。此改造项目充分考虑到对建筑的保护、空间的再利用、历史价值的延续以及功能的全新定位，竭力振兴老工厂，使其实现文化产业园区的空间转型。1933老场坊创意产业园区改造的成功之处主要体现在以下几方面：

一是保持自身文化历史特性。老场坊的修复遵循其建筑结构的特殊性，注意保持其原有空间结构的完整性，延续原有的空间意象。例如将原有旧屋顶翻新，以形成全新的交流共享空间；在细部处理上，保留其具有时代特点的装饰，突出重点，使之成为室内外的视觉焦点等。由于美学价值和历史价值的完好保留，老场坊已经成为备受艺术爱好者青睐的旅游地，这为1933老场坊创意产业园区创造经济价值带来便利条件。

二是融入现代社会城市功能。1933老场坊创意产业园区以历史遗留建筑为载体，以融入现代时尚为特色，充分借鉴外滩18号高档时尚的气息、思南公馆的典雅厚重、新天地的人气活力以及田子坊的艺术“灵光”。这个项目让创意体验与创意生产相结合，将互动与灵感融为一体，既实现了原有建筑结构的保护性开发利用，还植入了新型产业，引入环闭式多业态社区的概念，成为产业、商业、文化、旅游四位一体的具有现代城市功能的新地标。该项目在有效保护上海老工业历史建筑的同时，盘活了此类国有存量资源，挖掘了其自身的历史内涵，发扬和提升了建筑物的历史和文化价值。同时这里成了一个载体，为地区注入了新的文化内涵和新型产业形态，对提升虹口区都市空间的等级起到了示范和推动的作用。

三是重视人文历史景观的保护开发。在1933老场坊创意产业园区的开发中，不以利益因素作为第一驱动力，重视改善民生、公益影响、保护城市历史等因素。创意社区紧紧围绕主体建筑宰牲场，以其为中心，传承周边1.1平方千米土地中的历史人文资源，成为一个原生态的人文历史博物馆，展示上海近现代风采。创意社区中的新建筑，如鑫鑫创意园等新建的建筑均以宰牲场为参考系，尤其在建筑建材的选择上，既与之区别，又与之融合。

1933老场坊外景

四是充分利用现代营销手段进行包装。1933 老场坊创意产业园区经济价值的开发离不开现代营销手段的包装。在专业设计书刊、时尚杂志、户外媒体、网络公关等多重媒体配合下,1933 老场坊创意产业园区因“07 上海国际创意产业活动周”闻名于国内艺术界,同时给园区周边带来集聚和连带效应,形成了极大的集聚效应和地域品牌价值。

整体来看,1933 老场坊的改造不管是建筑外在的改建加建、形象再生,还是内部空间的划分合并,都成功地保留了建筑的历史痕迹。并且注重建筑功能置换后的现实需求,新旧部分和谐共生,带来了经济效应。文化创新式的改造使得工业遗产延续了原有的风格,形成了城市新兴的活力中心,成功转型成为上海中心城区重要的标志性建筑,是国内工业遗产再利用的重要案例,对其他工业遗产保护更新有很大的借鉴意义。

91. 多牛空间

(平和打包厂旧址)

多牛空间位于湖北省武汉市江岸区青岛路 10 号,此地原属英租界华昌街。前身平和打包厂旧址由始建于 1905 年的两栋建筑和分别于 1918 年、1933 年、1949 年扩建的四栋建筑共同组成,其中 5 栋单体为 4 层,1 栋单体为 2 层,各栋每层均外设走廊,总建筑面积 3 万余平方米。2013 年武汉市自然资源和规划局发布《武汉市工业遗产保护与利用规划》,该文件制定了平和打包厂旧址的规划控制图则,具体保护措施以修缮为主。由于平和打包厂旧址属于武汉市一级工业遗产,在保护与利用的过程中需遵循严格保护的原则。

2016 年,中信设计院对平和打包厂旧址进行整体规划,UAO 瑞拓设计公司参与室内公共空间改造。2017 年 2 月,武汉市启动了平和打包厂旧址的修缮工程,作为武汉修复的最大规模、保存最完整的工业建筑组群,总投资约 1 亿元。专家组采取“看病问诊、修旧如旧、延年益寿”原则,使其在保留原貌的基础上焕发新的光彩。2019 年 1 月,多牛(武汉)企业管理咨询服务有限公司对平和打包厂旧址重新规划,经过改造后形成一个功能复合型的文化创意产业园。改造后的多牛空间成为复合型的体验、消费、休闲、创意产业园,是武汉市具有代表性的文化创意产业，也是中国创意产业园的研究样本。2019 年 10 月，“平和打包厂保护与再利用工程”荣获联合国教科文组织 2019 年度亚太地区文化遗产保护荣誉奖。

多牛空间在改造过程中，尽可能保留其风格，采用“修旧如旧”的原则，减少对周围历史原貌的破坏。对原始建筑立面、运输坡道、早期消防喷淋设备、钢梁、钢窗、清水混凝土楼梯、吊滑门、标语等，最大程度恢复原貌；保持序列完整性，结合新的使用功能通过三条文化通廊对工业遗产空间进行串联；选取可逆式添建的方式设计满足新使用功能的建筑结构，如主次入口、中庭空间与楼梯等，设计语言选择充分提炼周边历史建筑坡顶、原有建筑肌理以及工业设计感极强的三角形符号，应用在中庭、楼梯间等公共空间中。

同时，多牛空间在改造中采用绿色生态建筑设计理念与技术，结合在地气候特征，整合通风、遮阳、隔热性能，设计雨水回收、智能照明、生态种植屋面、采光天井等设施与周围的建筑景观环境之间形成对话，包括历史街区内近距离的景明洋行、宝安洋行、麦加利银行以及区外远距离至长江对岸的超高层现代建筑景观，注重人们在场地内的办公、行走、观赏与聚集等活动体验，通过优化采光、设计连通顶棚、合理重组空间、整合流线、营造中庭等交流灰空间、全日制开放共享、激活屋顶露台等方式提升空间体验。

多牛空间 80%的体量用于科技、文创企业办公，另外 20%与书店、咖啡店、手工作坊、脱口秀剧场共同组合成“文化符号”，包括武汉颇有影响的“鹅社书店”。在产业分布上，建筑低层面向游客，主营文化创意产品以及饮食消费，也举办艺术展览和脱口秀演出，如武汉设计日、“朋克武汉 · 浸入未来”光影展与多牛世界城市发展论坛等等，突出了集聚区的展示功能，带动了特色创意旅游。高层被规划为办公场所，面向成熟的文化创意公司与初创文化企业，通过空间聚合促成企业合作，激发文创企业的创造活力。

上述业态涵盖了视觉传达、影视、广告、休闲娱乐、餐饮等创意产业和配套商业设施。2019 年 1 月产业园正式开园，人人视频、阿里云创新中心等文化创意企业已纷纷入驻。目前，70 余家时尚设计、科技创意、互联网企业落户平和打包厂旧址。该空间逐步成为文化艺术、前沿科技、创意设计、新媒体内容生产等多形态的内容产业和人才的集聚地。

多牛空间在发展过程中，得到了政府的大力支持。为了将多牛空间打造成独树一帜的科技文创产业基地，江岸区出台了量身定制的招商政策。2020年，受“新冠”疫情影响，园区和企业为了共渡难关，实施免收租金3个月、6个月减半收取的政策，为企业减免了约1000万元租金。同时，面对电商直播带货“二次爆发”的情况，园区专门拿出2000平方米空间启动直播孵化计划，打造直播共享基地，免费为园区企业提供直播带货“基地”，走在了全国工业遗产园区建设的前列。

需要注意的是，我们在调研过程中发现，多牛空间在改造过程中并没有太重视周围配套基础设施和环境综合整治工作。门前街道较狭窄，街道路面时常堆放有生活垃圾和建筑垃圾等，附近缺乏相应的停车场与出租车临时停靠处，导致访客黏合度较低，而且附近其他许多老建筑（如圣教书局）未能与之形成可供参观的城市遗产群，这些都不利于其进一步发展。今后该园区需要注意并综合考量如上现实问题。

武汉平和打包厂旧址内景

92. 华中小龟山文化金融园（湖北电力建设第一工程公司后方生产基地旧址）

华中小龟山文化金融园位于湖北电力建设第一工程公司（下文简称电建一公司）后方生产基地旧址，地处湖北省武汉市武昌区紫沙路附近，毗邻小龟山景区。电建一公司成立于1952年，是中华人民共和国成立后接受苏联援助的“156”项目之一。也是我国第一支打入并立足国际电力建设市场，工作时间最长、承接工程量最多的电力施工队伍。该公司现为中国电建集团下属的湖北电力建设有限公司。

电建一公司后方生产基地始建于20世纪70年代，包括加工车间与工人宿舍，至1982年，加工车间已拥有9个生产班组。除室外加工厂房外，室外场地宽阔，配备20个大跨距移动塔式吊车、卷扬机等，还有十余栋办公楼与职工宿舍，多为独栋、围合式建筑。占地面积6.7万平方米。此外，还有百余棵超过40年树龄的法国梧桐树。

2016年，电建一公司后方生产基地作为工业遗产产业园项目，由该公司的上级单位中国电建下属南国置业启动开发工作，2021年正式开园，命名为华中小龟山金融园。多个重要金融企业入驻该园区，园区内还有配套餐饮、休闲、娱乐项目以及部分文化创意企业。小龟山文化金融园是武汉市第一家金融园。我们调研发现其重要途径在于如下三点：

第一，该金融园立足武昌中心地带，增加了武昌地区金融产业的权重。武汉地区的金融业主要在江岸区、江汉区与硚口区等原汉口地区，武昌地区（青山区、洪山区、武昌区与东湖高新区）的金融业一直相对较为薄弱。随着原武昌地区的重工业退场之后，导致武昌地区“退二进三”迟缓，小龟山文化金融园的出现，推动了武昌地区金融总部经济的快速形成。

第二，为武汉市工业遗产保护更新提供了差异化竞争可能。武汉市工业遗产众多，类似园区近百个，目前工业遗产文创园区“内卷化”激烈，甚至一些园区不可避免地走向“二次废墟化”，差异化竞争尤为重要。金融业作为总部经济、共享经济与新经济形态的重要代表。调研了解到，在武汉市工业遗产主题园区中，小龟山文化金融园效益较好。

第三，符合武汉市今后经济发展的总体方向，工业遗产保护更新促进城市经济发展。近年来，武汉正处于经济发展的转型期，特别是主城区的产业结构持续调整，新兴业态特别是总部经济逐渐上升为武汉市重点发展、重点扶持的产业结构门类。小龟山文化金融园在其中扮演了一个重要角色，工业遗产保护更新要应时所需，使之成为社区、城市发展的重要驱动力。

当然，在调研的过程中我们也发现，小龟山文化金融园也存在局限性。首先，相对于武汉目前对金融总部经济的需求而言，其面积过大，因此以“金融园”命名，很容易在发展上受到束缚。随着重视实体经济的相关顶层设计政策不断出台，金融业必须走向高质量发展，武汉市金融行业究竟需要多大的实体空间？很难预料。

就目前的调研情况看，园区已经入驻广告策划、餐饮书店等一些新兴附属业态，并建设了共享会议室、共享食堂等公共空间，但总体空置率仍不低。该园区虽然位于武昌老城区，但与武昌城的文脉融合度较低，今后应重视“文化”层面的意义。

从宏观角度来看，华中小龟山文化金融园确实是我国工业遗产以文化创新为保护更新路径的一个重要案例，也是“156”项工业遗产再利用的重要范例。该项目先后获得第十四届金盘奖——年度最佳城市更新奖、第六届 CREDAWAED 地产设计奖以及 CGDA2020 视觉传达设计奖等奖项，因此在全国范围内有着较高的影响力。

93. 新华 1949 文化金融创新产业园（北京新华印刷厂旧址）

新华 1949 文化金融创新产业园是中国文化产业发展集团公司（前身为中国印刷集团公司）在向文化产业领域转型发展的过程中，在北京新华印刷厂旧址基础上保护更新的文化金融创意产业园。产业园位于北京市西城区，东临北礼士路，西为车公庄南街，北面是车公庄大街，地理位置优越，交通极为便捷，工业特色显著，现存建筑质量和密度较高，每幢建筑都有深厚的历史背景。园区周边道路状况良好，街道绿化较好，空间尺度感较佳。园区总用地面积 4 公顷，改造完成后，园区用于出租的面积达 5 万平方米，停车位 400 个，绿化率达 25%。园区内的中心庭院、下沉庭院及林荫廊架等绿化景观为入驻的文化创意企业创造了良好的工作环境。

新华 1949 文化金融创新产业园原为北京新华印刷厂的生产厂房及库房，前身为正中书局北平新华印刷厂。1949 年 10 月，北京新华印刷厂成立于此，由北平新华印刷厂更名而来；1959 年，北京新华印刷厂与北京美术印刷厂、北京印刷技术研究所合并；1965 年，这些单位与京华印书局等共同归属中国印刷集团公司管理，属于我国重要的文化工业遗产。多年来北京新华印刷厂作为国家级重点书刊印刷企业，长期承担党中央、国务院、全国人大、全国政协以及各部委重点图书和重要文件的印制工作，为我国出版印刷事业做出了重大贡献。2003 年 2 月，中国文化产业发展集团（下文简称文发集团）成立，围绕印刷产业向上下游延伸；2009 年，文发集团抓住时代发展契机，整合资源，逐步向文化产业领域转型，在内部实施主辅分离，主业改制并外迁，在北京新华印刷厂原址上打造了新华 1949 文化金融创新产业园。

从整体来看，新华 1949 文化金融创新产业园以空间规划的手段，构建功能分区，引导和推动园区内主导产业的集聚。通过前期市场调研、园区的基础条件分析，以及国家和北京市的政策支持导向，园区总体规划目标确定为一个国际化、标志性、具有文化创意产业特色的专业化园区。通过对园区内部的道路交通、开放空间与景观、绿化系统、建筑改造设计、工业遗产的再利用与生态节能等方面的规划，从而为企业入驻奠定良好的基础。

从园区建筑设计来看，厂区改造以除旧布新、突出改造再利用为思路，一方面拆除价值不高且有安全隐患的建筑，另一方面挖掘特色建筑的文化内涵，赋予其现代设计风格，彰显简约大气、新旧和谐共生的特色空间。通过改造后，园区保留了意味着从革命走向胜利、自我革命走向繁荣的中国红。现依旧清晰可见原大字本楼苏式折板屋顶的特有风采。园区分为东、中、西三个区域。东侧以楼房为主，中间为展示展览馆，西侧以独栋平房为主。园区保留大部分高龄树木，建造主题庭院，改善景观环境，体现人文、环保与可持续发展的宗旨。东部的印装大楼、办公楼、大字本楼由北京建工集团进行封闭式施工管理，印装大楼、办公楼从功能使用上分为三部分，但是整体形象做了一体化设计。大字本楼的西侧进行加建，增加园区的载体容量。西部的轮转车间、骑订车间及 4、5、6 号仓库由入驻企业自行设计装修方案，在保持园区整体风格一致的原则下，体现各入驻企业独特的设计理念，以全面提升园区品质。同时园区将规划设计与产业引导有机结合，产生积极的社会效益，具有良好的经营效益和可操作性。

从园区建设模式来看，园区采用 3＋2＋1 的建设模式，形成包括创意设计孵化平台、文化公共服务平台、科技创新交流平台在内的三大公共服务增值平台，致力于办好创意嘉年华（北京国际设计周分会场）和“新华 1949 文化金融创新产业园发展高端论坛”两大引擎活动，从而推进产业园成为较有影响力的创意产业品牌园区。该运营模式使园区既可以从物业出租、增值服务和活动策划中获取可观的经济效益，也可以借由园区平台来实现文化创意设计产业、金融产业和科技产业的融合，产生用活动吸引行业，用服务聚集创意，用融合带动北京文化创意产业发展的良好社会效益。此外，为响应国家号召，扶持和培育更多的中小微文化企业，打造新华 1949 文化金融创新产业园多层次的企业生态系统，园区采取园中园的形式，打造双创空间，引入北京市文资办的文化创新工场等方式积极对中小微文化企业进行创新创业活动的培训。

从园区的运营管理来看，园区充分利用了其人才资源优势。作为国家级企业，吸引了一批具有高素质的科研人员，形成了良好的设计科技创新氛围。园区周边聚集了中国建筑设计研究院、北京城建设计研究院、北京市政设计研究总院等数量众多的设计研发企业，属于智力密集区，具有人才集聚的规模效应，人才优势突出。园区专业的管理团队，承担园区开发运营维护等工作。目前文发集团与入驻新华 1949 文化金融创新产业园的企业已经建立了深度合作的关系，联合投资了一系列文化产业投资项目，形成了“企园互动”的新局面。

新华 1949 文化金融创新产业园作为成功的工业遗产保护更新案例，既帮助了老国企转型升级，也承载了几代中印人深深的红色记忆，记录了印刷业的沧桑变化。作为中国文化产业发展集团成功打造的标志性园区品牌，新华 1949 文化金融创新产业园改造的过程是对工业遗产的文化创新式改造，也体现北京市文化创意产业发展的活力，对我国相关类型工业遗产的改造具有充分的借鉴意义。

94. 源和 1916 文化创意产业园
（源和堂蜜饯厂）

源和 1916 文化创意产业园位于福建省泉州市鲤城区新门街 610 号，是泉州首个文化创意产业园，毗邻名门时尚休闲街区，是一个集创意空间、艺术广场、时尚街区、商务办公与休闲娱乐于一体的创意园区。园区前身为享誉海内外的百年老字号“源和堂”蜜饯厂。1916 年，在青阳摆水果摊为生的庄杰茂、庄杰赶兄弟巧变思路，做起蜜饯生意，酸甜爽口的蜜饯深受市民喜欢。20世纪50年代，庄家兄弟在泉州新门街建厂，后来成为国有企业——中侨集团的子公司，也就是今天的源和堂。源和堂是泉州20世纪50—60年代工业厂房的代表，也是泉州重要的工业遗产。

2010年，源和1916文化创意产业园开始筹建，园区规划占地总面积188亩，按照“保护性开发、创意性改造、传承性融合”的思路和土地性质、产权、主建筑风格“三不变”的原则，对破旧的源和堂蜜饯厂老厂区进行改造，基本保留老厂区的建筑、路网、景观等格局，运用工业元素，融入了闽南地区独特的“红瓦坡顶、出砖入石”建筑文化特色。在“修旧如旧”的基础上，源和堂蜜饯厂、电视机厂、面粉厂等中侨集团下属厂房相继蜕变。原源和堂蜜饯厂员工食堂经过一番改造成为源和1916游客服务中心。改革开放前，泉州面粉厂大楼曾是泉州第一高楼，如今已成为源和1916文化创意产业园第三期项目。20世纪80年代初，泉州面粉厂投建的大麦仓由38个大圆筒麦罐组成。如今，这些麦罐经过改造，成为裸眼3D“大罐秀”的会场。而面粉厂大麦仓前广场改造为文化广场，成为年轻人休闲聚集地。原蜜饯厂生产厂房变身“功夫动漫大楼”。原电视机配件厂改造后聚集了酒店以及与科技、文化艺术和传播等相关的文化业态。位于中心文化广场的门里博物馆是一家国家级民营博物馆，馆藏上万件，日常对市民游客免费开放。如今园区已有200多家企业入驻，集文化艺术、创意设计、旅游休闲、科技孵化于一体，是泉州古城代表性的“文化会客厅”。

从园区定位来看，园区凭借地理与文化特点来选择政府支持以及与发展需要相符的文创产业，其主要涉及时尚发布、创意设计办公等，配套有相对应的商业辅助功能，运用产业形态来拉动商业形态，推动旅游形态。园区科学规划包括创意产业集群、创意服务集群、生活商业集群三大集群。从园区品牌规划来看，园区将创意设计作为主要导向，侧重创建形成海西的创意设计基地。此外，园区还大量融入闽南文化元素，打造独特的文化体系，充分展示闽南文化。从价值理念来看，园区的价值思想是利用文化来滋养城市，利用创意来完善园区，利用文化来服务创意。从园区形态来看，产业形态主要包括建筑设计、时尚设计、工业设计、动漫产业、艺术品为主的设计型企业和会展交易为主的会展、广告、拍卖公司等知识服务业；商业形态包括时尚体验式消费、会所经济、创意餐饮等；文化形态则以保护性开发整修原有的街景和建筑，体现当地生活文化为主。目前园区内的产业主要涉及创意孵化企业、个体工作室、创意商品店面、创意餐饮等。

源和1916文化创意产业园的主要特色也是其成功之处，主要体现在以下几方面。第一，引入市场机制，创新改造模式。在实施改造中，园区注重理顺所有者和经营者关系，并引进具备丰富文创园区管理经验的战略合作者，全权负责园区的运营管理，做到所有权和经营权分离，发挥了管理团队的创造力和积极性。第二，注重底蕴特色，实现科学规划。改造建设将园区自身特色与百年源和堂老字号文化底蕴有机结合，在业态布局、建筑风格、景观改造等方面坚持依托闽南传统特色，并尽量保留了工业遗产记忆，使其成为闽南文化在中国保留最完整的文化创意产业园，同时积极探索文创园区与旅游景区相互融合。第三，坚持绿色"智造"，择优选择业态。在园区业态筛选中，坚持以文化、创意设计企业为主导的招商思路，推动文创企业聚集，并切实做好小微型创新企业的服务和培育工作，创造各类创意人才发挥才能的宽松空间。第四，立足"文都"建设，凸显社会效益。园区不仅形成了"源和发现计划""源和书院大课堂""缘合1916"等一批自主文化品牌，还积极承办国家、省、市各类重大文化项目和活动，如承接了首届东亚文化之都——泉州系列活动等，进一步提升了源和1916文化创意产业园的社会美誉度。

开园以来，园区先后荣获"2011年福建省创意产业重点园区""2013年中国文化创意产业最受关注的十大园区""2015年度中国文化创意产业最具特色十大园区"等称号，还成为"东亚文化之都——泉州""古城复兴计划""第14届亚洲艺术节"等大型系列活动主会场，并获评首批国家小型微型企业创业创新示范基地、市级示范科技企业孵化器等。2015年园区还被评为国家4A级旅游景区。

我们调研也发现，源和1916文化创意产业园区在运营过程中也存在一些不足之处。首先，从园区管理模式的角度来看，有关部门对文创产业园区缺乏长期有效的筹划与指引，也缺乏高效可行的政策支持与完善的人才引入及管理制度。入驻企业目前没有形成较好的集群效应。从园区品牌战略的角度来看，园区主要是缺乏龙头企业品牌的引领作用，对源和堂自身品牌挖掘不充分，园区的品牌建设没有考虑入驻企业且缺乏核心技术的支撑。从园区的盈利模式来看，园区盈利模式单一，运营成本较高，入驻企业盈利能力相对脆弱等，而且园区与泉州天后宫、孔庙、明教寺等重要景区的关联度不强。

源和 1916 创意产业园外景

作为泉州古城文化一张文化新名片，源和 1916 文化创意产业园通过文化创新，使工业遗存成功实现转型升级和再利用。如今老厂房蜕变成文创园，既保留工业遗存景观，也不乏创新创业的新兴产业，源和 1916 文化创意产业园项目也成为成功的工业遗产保护更新案例，对文化创新介入工业遗产再利用项目具有重要的借鉴意义。

95. 北仓门生活艺术中心
（北仓门蚕丝仓库旧址）

北仓门生活艺术中心位于江苏省无锡市梁溪区汉昌北街，创立于 2005 年，是无锡首个文化创意产业园区。北仓门生活艺术中心原址核心为北仓门处建于 1938 年的一个蚕丝仓库。该仓库最初原是抗战期间汪伪政府为控制江、浙、皖乃至长江三角洲所有的蚕丝商贸活动而建造的，层高 5 米，规模之大曾冠江浙皖之首。该仓库已被专家确认为我国目前已知沿京杭大运河现存规模最大的丝绸业仓库。

北仓门生活艺术中心包含两期工程。一期是由古运河畔原来废弃的蚕丝仓库等老建筑改建而成的，室内面积6000平方米，完整保留了仓库原有结构和建筑风格，具有展览、交流、创作、服务四大功能区域。二期为20世纪60—70年代的老仓库，面积为7000平方米，改造之后成为具有办公、展陈、休闲等多元作用的文化空间。

2005年9月，北仓门生活艺术中心正式对外开放，通过打造浓郁的文化创意氛围，积极举办高水平艺术展，开创无锡先锋话剧先河。该中心在短时间内成为当地文艺青年感受浪漫的城市魅力、体验现代艺术消费、追逐休闲时尚和欣赏历史文化的重要空间。2006年12月，崇安区人民政府正式批准北仓门艺术中心为崇安区文化创意产业园，无锡首家文化创意产业园依托北仓门生活艺术中心挂牌成立。2009年，北仓门生活艺术中心二期工程结束。2010年9月，该产业园被江苏省人力资源和社会保障厅批准为江苏省无锡文化创意留学人员创业园。

从建筑设计来看，北仓门生活艺术中心建筑外观老旧。比如砖墙墙面和灰瓦屋顶，锈迹斑斑的钢结构，玻璃，无修饰的水泥内部和顶面，裸露的砖木结构，总体灰色调的空间等，体现北仓门比较典型的Loft建筑特征，整体建筑呈粗犷而简约的风格。北仓门的公共空间以彩色玻璃天顶和墙面重新围合，把诸多厂房连为一体。酒吧设计中西合璧，变形的棱格隔扇与斑驳的墙面，古典家具与现代设计陈设的频频交织，西餐咖啡厅内白色垂卷帘旁悬挂的西方油画，呈现折中主义的姿态。而时装展示区以开合的区域划分商铺试衣、休息、交流的功能分区，活跃的平面设计和大面积的单色调墙面，彰显工业空间的时尚感。

从园区特色来看，北仓门生活艺术中心的特色主要体现在对园区用户群与游客群的明确定位，再加上人性化的设计理念贯穿始终，营造人与自然和谐统一、身体和精神互相契合的生活艺术空间。

从园区的运营模式来看，成功之处有如下几点。第一，园区不断调整业态，吸引更多青年文创人才入驻。从2012年开始，园区开始调整业态，在招商方面聚焦艺术产业。对于入驻企业或艺术家，园区提供政策、法律、人才、管理等服务。第二，园区注重通过联动建设文创园区。园区在运营中创造性地建设和完善北仓门文化创意产业综合服务平台，并通过平台带领企业走出去发展，参加国内文博会、创博会并与我国港澳台地区签署文创联盟协议。园区在创意市集、文化演出、非遗产品等领域重点发展，探索建立文化创意产业交流试验基地。第三，让艺术走进生活，并走出去。一方面，北仓门持续夯实内功，实施走出去战略；另一方面，连续举办多场高质量文化活动，提升园区文化内涵。

我们调研发现，目前园区内拥有 2 家上市企业设计部，共引进创意设计类企业 6 家，无锡市"530"计划（引进领军型海外留学归国创业人才）企业 1 家，已形成创意设计集聚、交流、展示的平台。在引领文化潮流方面，北仓门一期先后举办了"日本现代艺术展""'开门见喜'国际当代艺术巡回展""无锡一市三地油画展"等一系列高水准展览、演出和研讨活动。此外，在培育和挖掘文化需求方面，北仓门为那些积极开展艺术探索的社团、艺术家提供空间和舞台：推出了多场实验话剧，首开无锡非专业学生演话剧先河；多次举办中青年画家个人画展、全市诗歌朗诵会、无锡卡通论坛、电影艺术沙龙等。

在创新发展的过程中北仓门生活艺术中心也遇到了困难。例如，在招商、运营等方面受限于民营企业属性，难以给入驻企业提供更多的优惠政策，同时园区空间有限，无法深入发展文创产业。园区一直在调整业态，不断改善园区环境。

整体来看，北仓门生活艺术中心借鉴法国塞纳河畔艺术家聚集区模式，保护修复并改造北仓门蚕丝仓库，把西方时尚元素融入中华传统建筑文化，形成颇具北仓门特色的风格。老仓库改造在不改变原仓库架构和建筑风貌的基础上，以"国际化、时尚化、艺术性、学术性"的理念，建成艺术创作、创意展示、剧场演出、文化休闲和文创办公场所。"北仓门模式"是江苏民营资本保护更新工业遗产，发展文化创意产业园的典型。

北仓门生活艺术中心通过工业遗产实现了创意产业发展与工业历史建筑保护、文化旅游相结合的发展模式，体现了建筑价值、历史价值、艺术价值与经济价值的融合，是文化创新的典型，彰显了长三角地级城市立足自身优势，在工业遗产保护更新领域敢于创造、勇于实践的探索品格，也为周边同级城市开展工业遗产相关工作提供了重要的思路与经验。

96. 尚街 Loft 时尚生活园

（上海“三枪”老厂房）

尚街 Loft 时尚生活园是上海纺织控股集团旗下一个以服装服饰设计为主题的品牌时尚设计产业集聚区，是上海市知名创意产业集聚区，占地面积 11617 平方米，建筑面积 41217 平方米。尚街 Loft 时尚生活园原为三枪集团针织厂，前身是上海市第九纺织厂，建于 20 世纪 80 年代，后成为“三枪”纺织品牌的生产基地，于 2006 年停产。2006 年 8 月 8 日，尚街 Loft 时尚生活园在上海纺织控股集团公司、解放日报报业集团和上海市徐汇区政府三方联合倡导下成立，2007 年，尚街 Loft 时尚生活园正式运营。

尚街 Loft 时尚生活园是上海纺织控股集团下属的众多创意园区中与其本业最为接近的园区之一，改造面临的主要问题是既要延续纺织工业的主题记忆，又要将纺织厂房变为时尚创意的孵化器，提高厂房的功能适应性，为时装设计师和相关时尚行业提供工作、展示、交流的场所。

原建筑需要进行适应性改造。从原来的 13 幢建筑改造为如今的 4 个建筑组合，改建后可利用面积约 30000 平方米。改建工程特邀曾打造“外滩 18 号”建筑的意大利设计师菲利普 · 戈比尼主持。建筑外观大胆采用了橙色，充分体现了年轻时尚的活力，改建的理念是针对旧厂房进行创意时尚行业的再创造，分隔出工作、展示、社交、休闲等多功能空间，构建各种极具个性和品质的生活、工作方式，为创意行业的成长构建了优良的人文环境。

尚街 Loft 时尚生活园开园后不断进行改造，探索新的发展模式。2008 年，尚街 Loft 时尚生活园提出品牌园区概念，从传统制造业转型为创意园区，实现第一次转型。2010 年，园区从招租方到运营商，借助创意设计产业，实现了研发提升、产业对接，成功从传统制造业转型为现代服务业，更通过老厂房再造、产业互补和品牌运营，实现了从“创意产业”向“产业创意”的二次转型发展。同年，尚街 Loft 介入创意产业链的实践，确立未来发展的主题与主导内容，整合各园区旗下的平台，进一步明确了自身的发展目标与定位。

园区在改造时，尤为注重对工业元素的保留，尚街 Loft 时尚生活园保留较完整的设备遗产，是由报废的机器设备做成的火车头陈列品。20 世纪 90 年代，“三枪人”为了做强上海自主品牌，将“三枪”做成国货精品，获全国纺织总会赞誉为“中国针织行业的旗帜”。火车头象征着三枪企业永远成为行业的龙头，在老厂房改造时保留它，寓意着尚街 Loft 能成为上海纺织旗下创意产业园区中的火车头。

经过多年运营，园区形成了“服装服饰设计”的发展战略，已经集聚了一大批设计师和设计企业，园区为设计师和企业提供知识产权保护和设计、制作、展示的技术支持，初步集聚了一批具有代表性和号召力的客户，逐步打造出符合市场需求的时尚产业链。尚街 Loft 时尚生活园现入驻业态主要分为时尚文创（传媒文化）、时尚设计、时尚生活、时尚教育、时尚贸易、时尚餐饮六大类，集聚了较多知名服装品牌企业及相配套的文创类设计公司、传媒公司、模特公司和网络公司。园区精心打造的 FASHION MIX 项目和 DFO 项目也成功落地，将国内外时尚设计师及品牌引入尚街 Loft 时尚生活园，协助其对接中国市场、落地形成销售。尚街 Loft 时尚生活园在推广品牌的同时，提升了国内外行业及媒体对项目的关注度，为之后打造国家级纺织服装创意设计试点平台积累经验。

尚街 Loft 时尚生活园的成功改造和运营，离不开上海地区的高校资源与文化艺术的高水平发展，园区建成后一直与各专业机构、高校、媒体密切的合作，使其成为建设服装服饰类公共服务平台项目的理想地点。展示服务平台入驻尚街 Loft 时尚生活园，带给尚街 Loft 时尚生活园理念和方向的指引，并启动了国家扶持项目“上海服装服饰类设计品牌孵化平台”，建立六个中心、两个平台。Loft 时尚生活园形成新的时尚设计师集群、整合行业资源，迅速提升上海纺织业在时尚服饰、高质量家纺领域的市场覆盖率和竞争力，实现主营业务的时尚化转型，扩张集团规模实力和盈利空间。

而且尚街 Loft 时尚生活园密切关注创意力量与消费者的互动，经常举办创意市集，定期举办设计师工艺品展、时装秀等，向消费者展示前沿的创意成果，同时鼓励消费者参与设计，享受量身定做的个性化艺术生活。从 2009 年至今，尚街 Loft 时尚生活园已经开展过上百场特色集市。2017 年该园区被国家工业和信息化部评定为国家级纺织服装创意设计试点园区平台，2020 年获得上海品牌特色园区称号，被评为 2020—2021 年度上海市级文化创意产业园区。

近年来，尚街 Loft 时尚生活园推出了“创意公社”这一主题空间。该项目由概念产品店、创意市集秀和设计师创意办公平台三部分组成。尚街 Loft 时尚生活园自行管理的概念产品店，外观采用了尚街整体色调橙色和白色的设计风格，将尚街 Loft 时尚生活园的个性精神进行深度挖掘、延伸。创意公社概念店将创意设计、时尚品牌，以及人性化产品，提升到一个更高的商业层面。这无疑是一个具有开放性和灵活性的展示空间，能够为所有与时尚有关的新奇想法提供一个展示、销售平台。

而且，园区以“时尚生活方式”为导向，为入驻企业提供精准完善的配套服务，积极引入各种业态。为了营造良好的营商环境，园区在徐汇区各政府部门的支持下，成立了徐汇区首家“商标品牌指导站”，为入驻企业、设计师品牌提供一系列商标品牌方面的指导对接等服务，体现出了自身良好的运营能力与发展潜力。

97. 武汉良友红坊文化艺术社区
（湖北省粮油食品进出口集团金旭工贸公司旧厂区）

武汉良友红坊文化艺术社区位于湖北省武汉市江岸区汉黄路 32 号，是由湖北省文化旅游投资集团有限公司（简称“鄂旅投集团”）与上海红坊企业发展有限公司（简称“上海红坊”）共同投资建造，对下属湖北省粮油食品进出口集团金旭工贸公司 124 亩旧厂区进行的升级改造。项目整体占地 82000 平方米，拥有 4600 平方米的功能文化艺术综合体 ADC 艺术中心、2000 平方米的儿童艺术中心和 3000 平方米的礼仪广场。该社区以公共艺术的手法和城市再生的理念，通过建筑和环境改造，打造集文化艺术、创意设计、科技创新和专业服务为一体的文化艺术社区。

“良友”取“粮油”谐音，良友红坊文化艺术社区占地面积 124 亩，项目总建筑面积 73000 平方米，概算总投资 5 亿元，分两期改造建设。其中，一期建筑面积 18000 平方米，二期建筑面积 55000 平方米。园区前身是建材市场与农产品批发市场厂群，是 20 世纪 60 年代的老厂房，20 世纪 90 年代又作为建材市场使用。城市化进程的加快使得这个位于汉口三环线内的厂区逐步边缘化：厂区内杂草丛生，建筑破旧，排水不畅等问题困扰着这个原来的城市“棕地”。该厂区通过保护性改造和功能重塑，充分展示了对城市工业遗产保护与再利用的理念，并在再利用中渗透了具有当代艺术风貌的文化气韵。

从园区的设计理念来看，园区设计以保留亲切感和距离感的设计理念作为景观改造的构思出发点。由于园区里具有20世纪80年代典型的庭院设施、高耸的红砖烟囱、水塔等，能够给人留下深刻的印象。项目于2019年底基本建成后，红坊公司不断从上海运来更多室外艺术作品，慢慢地整个园区处处都有艺术品，也进一步加深了感知上的距离感。这种充分发掘场地的特性、对场地进行有限度的更新改造，对旧有材料的适当重复利用，其实是针对原有场地特质的场所精神再造，亲切感与距离感同在，为工业遗产的保护更新提供了一条文化创新之路。

从园区的规划设计来看，良友红坊文化艺术社区通过先进的城市再生理念及建筑形态规划设计，以公共艺术和当代技术为手段，打造开放型、复合型、功能型的文化创意产业社区。园区分为"城市主题、艺术主题、创意主题、科技研发主题"四大主题类办公区域。城市主题区涵盖了设计师酒店、城市广场；艺术主题区涵盖了儿童艺术中心、ADC艺术设计中心；创意主题区涵盖了婚庆、摄影、设计创意办公、礼仪广场；科技研发主题区指科技研发、互联网等办公企业。园区内商务办公面积约60000平方米，可吸纳近300家企业入驻。

从园区的景观设计来看，对原场地的旧物保留、利用、改造对园区亲切感的营造，功不可没。首先是保留。园区保留了红砖烟囱、水塔、老的木桁架和瓦屋面，具有年代感的雕塑小品，如蘑菇亭、白鳍豚雕塑。其次是利用与改造。蘑菇亭内植入了霓虹灯管，白鳍豚雕塑重新安置在集装箱里，用树脂补齐白鳍豚雕塑残缺的部分，一件件兼具历史感和时代感的新作品因此而生。场地拆下来的红砖，重新组合成厂区内的花坛、树池、景墙以及铺地。中心广场周边划分为步行区域，原来破损的机动车道不再使用，混凝土路面分隔缝历经风雨已裂痕累累，用切割机将裂缝切开，重新铺上红砖，形成了一种材质保留和对比的亲切感。在建筑的主入口强调对比和并置，主入口用钢结构形成高耸的外形，其斜向的屋面造型来源于Art的首字母A，"A"字和外立面的橱窗造型D、C形成"Art Design Center"的首字母缩写。该设计用波普艺术的手法直接表达了建筑的内涵，虽简单，但直接有效，字母和保留的屋面、墙面形成了强烈年代和材质新旧对比。

整体来看，良友红坊文化艺术社区在原有老旧工厂的基础上，以打造公共文化艺术平台为特色，积极引入国内外有影响力的文化创意办公企业，定期举办或赞助各类创意文化艺术活动。社区在保证其工业历史遗迹完整性的前提下，搭建集科技创新、创意设计、文化艺术和专业服务为一体的开放式、复合型、功能型的“城市艺术社区”。社区通过环境改造、建筑改造、室内改造的策略保证了工业历史遗迹的完整性，利用场地环境的形状、坡度、绿化、设备、建筑物、构筑物等物质因素，实现建筑与办公环境的充分融合，也为入驻企业提供了完善的办公条件和良好的文化氛围，是文化创新介入工业遗产保护更新的重要案例。

但需要指出的是，该社区地理位置较为偏远，与武汉多个商圈都有距离，自身又未能形成业态集群，难以吸引稳定的游客，游客回头率总体较低。我们调研了解，不少面向游客的经营性业态如超市、咖啡厅都处于亏损或半亏损状态，当中主要业态为婚纱摄影工作室，周围又缺乏必要的联动型商业业态。这不利于未来园区内多元化业态的发展。

武汉良友红坊艺术社区

98. 之江文化创意园

（双流水泥厂旧址）

之江文化创意园位于浙江省杭州市之江国家旅游度假区转塘街道创意路 1

号，伫立于钱塘江畔，占地 328 亩，是集产业发展、产业孵化、展览展示、艺术休闲特色配套等于一体的国际化、品牌化、专业化创意产业园区。之江文化创意园开园以来先后被评为中国最佳创意产业园区、国家知识产权试点园区、国家级科技企业孵化器、中国文化产业与城市发展大会金鼎奖"十佳文化产业园区"等。2011 年，之江文化创意园被国家教育部、科技部联合命名为"中国美术学院国家大学科技（创意）园"，成为全国第一个以艺术创意为特色的国家大学科技园。

杭州之江文化创意园原址为双流水泥厂。双流水泥厂建于 20 世纪 70 年代，东、西、南三面群山环抱，北侧通过一条峡谷与城市相连。到 20 世纪 90 年代，它已发展成为一家中型水泥厂，拥有三条机械水泥生产线，年产量超过 5 万吨。它是转运池区最早、规模最大的水泥厂之一，在杭州及周边地区享有盛誉。然而，水泥生产高能耗和高污染带来负面影响，使城市的空气和环境质量受到影响。在产业转型升级的大环境背景下，之江文化创意园于 2007 年底启动改造，2008 年 4 月 7 日开园。之江文化创意园由之江国家旅游度假区与中国美术学院联合申报，园区规模扩大至 2351 亩，包含凤凰・创意国际、凤凰大厦与象山艺术公社等项目。它也是全国第一个由水泥厂改造的创意园区，先后吸引蔡志忠、孟京辉等一大批文化名人的工作室入驻。

从园区的运营模式来看，之江文化创意园以市场机制和企业化方式来管理和运作，中国美术学院和之江国家旅游度假区携手合作，坚持"区校引导力、企业运作力、市场配置力"三力合一的开发机制，实现创意企业的孵化、创意成果的转化、创意人才的培育和集聚。如在体制机制方面的创新，为确保园区的特色和引领性，园区与中国美术学院合作成立大学科技园专家指导委员会，委员会由中国美术学院教授和行业领军人物组成，负责产业咨询和指导创新，保证园区与学校科研管理部门的有效联动。园区还推进"加速孵化"机制建设，孵化期未满三年或孵化期满且发展快而好的企业在同等条件下享有优先续约权，可从孵化区迁至发展区，享受规模更大的办公场地和定向投融资对接等产业服务，同时继续享受创业过程中的服务。此外园区将凤凰・创意大厦专门设成了毕业企业加速器，并牵头构建金融服务平台，每年专设 500 万元大学科技园专项扶持资金，解决在孵企业创业初期发展的资金掣肘及经营风险问题。同时，园区为吸引企业入驻，还提供了面积为 480 平方米的时尚街区空间，无偿为企业产品提供售卖场地。

我们调研发现，从园区的发展特色来看，园区主要有以下五点成功经验：

一是人才优势突出，智慧资源相对集中。园区所在的之江地区智力资源优势较为突出，区域内现已汇集中国美术学院象山校区、浙江工业大学之江学院、杭州市委党校以及正在建设的浙江音乐学院等院校，形成了多类型、多层次的文化艺术人才培育链条，中国美术学院在艺术、设计等方面具备领先优势。近几年国家高校学生科技创业实习基地、中影集团杭州基地等培训平台纷纷设立并投入运营，与区域内文化创意产业发展形成了密切的互动关系，为园区文化创意产业发展提供了源源不断的人才保障。“环美院”的知识经济圈已初步形成，智慧经济已形成一定产业基础。

二是文化资源丰富，生态环境优美。园区所在的之江地区，东临钱江，西至灵山，北靠西湖，是西湖景区向“两江一湖”（富春江、新安江、千岛湖）景区的过渡区，是“三江两湖”和“三江两岸”黄金旅游线的最佳接合部。此地积淀了丰厚的人文历史资源，造就了茶文化、龙文化、江湖渔业文化、江南山水文化等富有地方传统特色的历史文化。区内分布了龙坞风景区、九溪烟树等大片自然景观，拥有大面积的绿化空间与林地绿地，这些自然环境的优势为发展文创产业提供了坚实的后盾。

三是规划优势明显，适合空间拓展。之江新城概念规划以“旅游休闲门户地、文化创意大平台、生态示范秀美地”为目标，优先发展文化创意等项目。区域内的之江大桥、紫之隧道、地铁6号线等重大交通工程的完工，提升了园区与主城区的交通联动能力。园区附近公共交通日益便捷，商务休闲配套逐步完善，创业宜居环境日益优化。

四是文创门类齐全，产业初具规模。园区文创门类齐全，现已集聚设计服务业、传媒业、动漫游戏业、艺术品业等多个门类，1000余家企业，呈现多元化和规模化发展格局。智慧经济基础良好，杭州市先后被批准列入国家信息消费试点城市、国家信息惠民试点城市等，之江区域有以发展云产业为特色的云栖小镇，园区是杭州市首批文化与科技融合示范园，智慧经济市场逐步扩大。

同时调研也了解到，园区在发展过程中也面临一些问题。由于受地理位置及配套基础等因素的影响，园区招商较难。园区很少招到能落户的大企业，同时，一些落户园区的大企业呈现空巢办公的现象。配套基础比较薄弱成为企业落地的瓶颈，企业员工出行不便、商务难、租住难，造成员工离职率高等问题。园区内还存在缺乏优质企业的问题。园区发展起步较晚，在这些方面仍处于培育阶段，因此，还未能形成规模化、品牌化的优质科技创意企业。此外园区在发展过程中也面临着人才结构存在缺陷、园区免税资格申请困难等问题，需要在发展中逐步克服。

99. 云间粮仓

（上海松江废弃粮仓旧址）

云间粮仓文创园（简称云间粮仓）由上海八号桥投资管理（集团）有限公司投资运营。园区位于上海市松江区松金公路10053号，占地面积136亩，共68栋建筑，建筑面积近40000平方米。云间粮仓原为20世纪50年代至90年代陆续建造的粮食仓库及工厂，在修旧如旧的原则下，实践“建筑可以阅读，街区适合漫步”的理念，适当添加涂鸦、装置等时代元素，让云间粮仓重现人文、历史和建筑价值，实现园区、社区、街区、景区、校区联动，推动实现文化创新介入工业遗产保护更新的新路径。我们调研发现，云间粮仓的改造并非一帆风顺，它先后经历了产权难题、修缮难题和招商难题，这些难题的解决为文化创新介入工业遗产保护更新提供了重要经验。

第一是产权难题。云间粮仓的产权被分给了100多个小业主，地块的45%股权有11个小股东。为了使项目落地，松江区投促中心协调各方解决了项目注册落地问题。我们在调研的过程中发现，国内很多工业遗产改造遇到过类似的产权遗留问题，在这个过程中，政府应担负起应有的责任。

第二是修缮难题。云间粮仓破损严重，部分筒仓在结构上需要规模化修复。一方面，改造过程中借助声、光、电等多媒体技术，让筒仓变得时尚、科技，利用原有建筑留下的红瓦、青瓦在屋顶拼贴出科技文化元素，将修复的区域进行覆盖；另一方面，因地制宜，在修复过程中注意维护筒仓的整体性，并将松江地方文化植入筒仓建设。

第三是招商难题。筒仓改造更新，最难是招商。大量筒仓遗产因结构特殊，入住业态类型严重受到束缚。目前改造相对成功的仓筒大多为书店、美术馆等。但云间粮仓却独辟蹊径，对园区内进行精心布局选址，将各个业态合理布局在园区内，实现了对园区功能的充分利用。如引进啤酒馆“啤酒阿姨”，将筒仓及附属建筑打造成上海最大的啤酒体验空间。

该园区地理位置优越，紧邻地铁9号线醉白池站、松江体育中心站，与S32申嘉湖高速连通，距高铁松江南站仅5千米。改造后的园区内分为科研科创区、文化博览区、艺术展示区、创意办公区、体育培训区、生活休闲区六大分区。在运营期间，为了提升云间粮仓的知名度，园区在运营上特意策划了文创市集，试图通过汇聚长三角的优秀文创、非遗资源，搭建孵化和培育更多优秀原创设计工作室的市场化平台。

云间粮仓一俟落成，就吸引各方重视。百年粮仓修旧如旧，外部依旧是复古工厂风，富有沧桑感；内部却蝶变重生，呈现海派时尚风范。云间粮仓现存数十座完好苏式仓库，经过更新改建，被植入了新的功能，有的作为画室，有的作为展馆、剧场。高24米、直径5.5米的八栋筒仓是云间粮仓的标志性景观。这原是供松江面粉厂存储原料的，如今披上巨幅筒仓涂鸦《稻田守望者》——4位宇航员行走在稻田中，手持水稻，仰望星空，蕴含的是松江大米航天育种的主题，而临河的“吸粮房”也被改造为茶舍。

改造后的云间粮仓焕发出前所未有的生机，受益最大的是附近居民。云间粮仓是上海郊区城市更新的一个生动样本。将来，筒仓还将计划改建成酒店，此外，亲子休闲绿地（联合洛克公园打造）、VR体验中心、民宿等也正在推进中。园区不断完善旅游配套设施，实现智慧化管理服务，按照3A级旅游景区标准建设旅游公共服务点、旅游停车场等，并在现有基础上继续推进园区建筑修缮、夜间亮化工程、绿化种植等工作；做好院士楼建设，打造众创空间，服务长三角G60科创走廊，成为文化创新介入工业遗产保护更新的标杆。

100. 府学旧地创意园

（潮州电机厂旧址）

府学旧地创意园位于广东省潮州市湘桥区潮州古城北上水门街上水门边，系原潮州电机厂旧址。

公元1140年（宋绍兴十一年），潮州知事徐璋在潮州城东北（今上水门街23

号)建潮州府学宫。1877 年(清光绪三年)至 1952 年,此地成为著名的金山书院(广东金山中学)校地,1953 年后成为潮安第六中学校地,后又成为国营潮州电机厂厂区。2016 年电机厂被打造成府学旧地创意园。

该园区占地面积 10000 平方米,是一个集潮州美食、茶艺休闲、工艺品作坊区、潮州大戏台及茶文化客栈等于一体的美食休闲度假区。府学旧地创意园于 2018 年正式开园,是潮州首个文创园区,由湘桥区国有独资投融资企业广东瀛洲置业有限公司负责运营。目前,该产业园内已有书店(电机厂最大车间改造)、照相馆与设计工作室等业态,是广东地区工业遗产保护更新的重要范例。

潮州电机厂 1958 年 10 月创建,1962 年 10 月停产并入潮州市机械厂,1971 年 7 月复建,1997 年改制为民营企业,更名为潮州市汇能电机有限公司。该厂生产的“韩江牌”水轮发电机在国内具有一定的知名度,曾是广东省重要的电机生产企业(国家二级企业)、机械电子工业部定点生产企业,1984 年曾承担联合国援建尼泊尔的水轮发电机组生产任务。

府学旧地文创园依托潮州电机厂原有车间厂房、仓库与办公楼更新而建,成为延续潮州传统文化(潮学)、潮州改革开放精神(“潮州制造”)双重文脉的重要中心。

该园区主打文旅消费场所,如书店、咖啡馆、西餐厅、民宿等,形成了与潮州古城互促互动的功能空间。从园区规模来看,该园区比全国其他工业遗产再利用的园区规模要小,其特色更为鲜明。我们调研发现,有如下几点经验可供借鉴:

一是空间利用最大限度保护原貌,尤其是对原有结构的利用,显示“修旧如旧”的特点,如对原有车间屋顶的保留与展示,彰显出了浓厚的工业风,体现了鲜明的工业遗产园区特征。

潮州电机厂是一家规模有限的地方企业。该园区在企业搬迁之后,还一度作为中学校舍使用,因此留下的工业生产核心物项并不多。该园区的改造尤其注重对核心物项的保护,有些被遮蔽的工业建筑构件也被重新开放展示,以体现其工业遗产空间的特性。

二是注重古今之间、现代与传统之间的对接。作为一个传承千年文脉的传统文化遗产地,工业生产只是这一狭小空间中的一个较短时期,如何处理工业文明与传统文化之间的关系,也是对该项目的考验。

该园区在设计、规划中明确了自身与潮州古城的归属关系,以及“府学旧地”

与潮州电机厂之间的联系。虽然昔日府学旧建筑早已荡然无存，但该园区命名时并未强调自身工业遗产属性，仍以“府学旧地”命名，以使自身与潮州古城形成形式一体化。但是园区的内部结构和陈设上却尽量展现工业遗产的特征，将潮州古城之古与今日潮州之新尽可能结合。

整个园区在再利用的过程中，未拆除一栋建筑，原有工厂的办公楼予以合理化利用，相关水景、植物予以保留。从内部布局来看，园区的企业与国内其他地方企业大同而小异，但园区因背靠潮州古城、毗邻韩江，又体现自身厚重的文化底蕴。这是该园区有别于国内其他工业遗产园区的重要特点。

从未来发展空间来看，府学旧地创意园仍存在发展瓶颈。一是其面积局促，周围是居民区，导致空间受限，一些成规模的活动难以举办，难以成为国内有较大影响力的园区；二是潮州古城虽然可以为园区吸引大量游客，但因园区依附于潮州古城而生，其工业遗产属性很难得到强化，甚至许多游客认为该地早已无“府学”老建筑，其命名名不副实，导致其宝贵的工业文化资源被人忽视。今后如何在“古”与“今”之间真正做到“工业＋传统”的文化旅游资源利用最大化，是该园区未来发展迫切需要解决的一个关键问题。

府学旧地创意园区书店（原电机厂车间旧址）

参 考 文 献

[1] UAA(文/图),陈舒婷(翻译),赵奕龙(摄影). 武汉良友红坊文化艺术社区景观改造[J]. 景观设计,2021(2):78-87.

[2] Stefan Krummeck,Peter Barbalov,刘达斌,等. 上海船厂总体规划[J]. 建筑实践,2020(1):106-109.

[3] Alex de Dios,王裕中,吴孛贝,等. 上海艺仓美术馆水岸公园[J]. 建筑实践,2020(1):98-101.

[4] CEROVIC M,姜轻舟. 洪都老厂区改造[J]. 城市环境设计,2018(6):96-103.

[5] 曾泠翔. 现代居住区与自然环境及历史印记的亲密接触——源自对万科水晶城的喜爱[J]. 四川建筑,2011,31(2):29-31.

[6] 曾智静,刘天琪,文艺,等. 社群介入视角下的工业遗产适应性更新策略——以鹅岭二厂为例[J]. 建筑技艺,2021(S1):96-99.

[7] 陈道辉,金荣科,傅凯,等. 旧工业厂房的更新设计研究——以上海船厂(浦东)为例[J]. 城市建筑,2019,16(11):55-56.

[8] 陈华璋,向东文. 黄石国家矿山公园可持续景观设计模式探究[J]. 现代园艺,2019(8):56-58.

[9] 陈天,张阳. 传承城市文脉 营造都市氛围——天津万科水晶城规划设计评析[J]. 规划师,2006(3):35-39.

[10] 陈跃中,王斌. 首钢园区:从工业遗址到奥运遗产传承的设计探讨[J]. 城市建筑空间,2022,29(2):34-38.

[11] 陈震. 历史建筑的传承与新生　香港赛马会创意艺术中心[J]. 室内设计与装修,2009(8):120-125.

[12] 程冰,陈小娇. 洪都老厂区工业记忆下的公共景观设施设计[J]. 山西建筑,2020,46(17):25-27.

[13] 戴方舟. 结合城市设计的珠江啤酒厂旧址更新利用[J]. 建筑技艺,2021,27(3):35-39.

[14] 戴仕炳,周永强,朱尚有,等. 清水砖墙无损排盐技术及效果评估——以香港牛棚艺术村 PB570 为例[J]. 文物保护与考古科学,2013,25(2):52-58.

[15] 丁晨星,周卫. 汉口原租界区工业遗产保护更新反思[J]. 城市建筑,2019,16(20):7-12+17.

[16] 丁纯,丁阔,孙嘉龙,等. 重新发电——上海当代艺术博物馆设计实践[J]. 建筑知识,2013,33(4):88-89.

[17] 董功,何斌,王楠,等. 阿丽拉阳朔糖舍酒店[J]. 城市环境设计,2018(01):100-125.

[18] 干云妮,李振宇. 成都东郊工业遗产保护利用现状与发展研究[J]. 自然与文化遗产研究,2019,4

(7):37-42.

[19] 何小芊，吴发明. 矿山公园旅游开发价值评价研究——以萍乡安源国家矿山公园为例[J]. 资源与产业，2017，19(4):33-40.

[20] 侯梦瑶，王建国. 与自然同行的设计，从汤山矿坑公园说起——访中国工程院院士、东南大学教授王建国[J]. 建筑技艺，2021，27(4):8-13.

[21] 黄丹，罗奇，王健. 历史街区的活力复兴策略研究——以御窑厂周边片区为例[J]. 建筑与文化，2018(2):143-144.

[22] 季宏，王琼. "活态遗产"的保护与更新探索——以福建马尾船政工业遗产为例[J]. 中国园林，2013，29(7):29-34.

[23] 贾新新，蔺宝钢，杨洪波. 西安大华纱厂旧工业区景观改造规划[J]. 工业建筑，2014，44(2):31-36.

[24] 姜月华. 废弃矿坑修复利用的典范——上海市松江区佘山世茂深坑酒店简介[J]. 中国地质，2021，48(5):1367.

[25] 金磊. 马尾船政的文化传承与海防建筑遗产保护[J]. 城乡建设，2014(8):94-96.

[26] 可丽娟. 从古旧走到新鲜——水晶城景观散记[J]. 中国园林，2004，20(1):27-31.

[27] 李晶，纪卫宁. 博物馆旅游商品营销策略研究——以张裕酒文化博物馆为例[J]. 青岛农业大学学报(社会科学版)，2017，29(3):54-58.

[28] 李军，胡晶. 矿业遗迹的保护与利用——以黄石国家矿山公园大冶铁矿主园区规划设计为例[J]. 规划师，2007，23(11):45-48.

[29] 李萍，刘兴双. 文旅融合下工业遗产体验式旅游产品开发研究——以阜新海州露天矿国家矿山公园为例[J]. 对外经贸，2021(3):103-106.

[30] 李伟，陈剑霄，袁媛. 旧厂房改造中的地域和场地策略——楚天 181 文化创意产业园概念设计[J]. 新建筑，2010(4):89-92.

[31] 李伟. 从纺织工厂到"时尚工坊"——上海尚街 Loft 园区的适应性改造[J]. 城市建筑，2009(2):67-70.

[32] 李亦虎. 基于生态修复的矿坑公园景观设计探究——以南京汤山矿坑公园为例[J]. 现代园艺，2020，43(16):96-97.

[33] 梁晓丹，王丹. 上海毛巾二厂改造养老机构探索研究[J]. 工业建筑，2022，52(7):66-71.

[34] 林琳. 福建船政建筑的工业遗产价值新探[J]. 工业建筑，2019，49(7):24-29.

[35] 林太志，徐耀宽. CBD 地区工业遗产保护利用规划策略——以广州琶洲西区珠江啤酒厂改造规划为例[J]. 规划师，2018，34(S2):27-31.

[36] 林莹. 让商业和艺术的思维触角同时延伸——对话艺仓美术馆 CEO 余光照[J]. 中国广告，2018(1):32-34.

[37] 林涌波. 旧厂房改造再利用的材料与结构技术探究——以鹅岭二厂文创公园为例[J]. 建筑技

艺,2020(S2):18-19.

[38] 刘伯英,李匡.北京工业遗产评价办法初探[J].建筑学报,2008(11):10-13.

[39] 刘东洋,董功.天工与人工——董功谈阿丽拉阳朔糖舍酒店的设计思路[J].建筑学报,2018(1):34-41.

[40] 刘抚英,于开锦,唐亮.无锡"永泰缫丝厂旧址"保护与再生[J].工业建筑,2021,51(6):54-58.

[41] 刘佳燕,邓翔宇,霍晓卫,等.走向可持续社区更新:南昌洪都老工业居住社区改造实践[J].装饰,2021(11):20-25.

[42] 刘玲玲,蒋伟荣,魏士宝.工业遗产保护视野下的旧工业区景观改造——以西安大华纱厂为例[J].建筑与文化,2014(11):169-170.

[43] 刘琼.粤中造船厂:从工厂到公园[J].开放时代,2012(1):2+161.

[44] 刘斯阳,唐西娅,李响玲.成都东区音乐公园改造现状分析[J].家具与室内装饰,2017(12):114-116.

[45] 刘晓辉,郑一凡.坊子炭矿区工业遗产改造的思考——以坊子炭矿遗址文化园为例[J].城市建筑,2019,16(15):118-119+122.

[46] 刘岩.老工业基地的创意景观改造与城市记忆再生产——以沈阳铁西区的工业博物馆改建为中心[J].文学与文化,2015(2):82-89.

[47] 刘洋,黄卫昌,彭贵平.上海辰山植物园海棠园现状分析及建议[J].南方农业学报,2012,43(6):835-838.

[48] 刘怡,雷耀丽.社会价值导向下的工业遗产保护与再利用研究——以申新纱厂为例[J].建筑与文化,2020(8):146-148.

[49] 刘宇,李佩乔."破旧立新"城市双修理论影响下的南京汤山矿坑公园设计解析[J].设计,2021,34(19):135-137.

[50] 刘宇,王炤淋.城市滨水区工业遗产更新设计方法研究——以上海杨浦滨江公共空间改造项目为例[J].设计,2021,34(23):48-51.

[51] 柳红梅.基于旧厂房改造的盈利模式分析——以大华纱厂为例[J].能源与节能,2011(10):68-70.

[52] 柳亦春.艺仓美术馆及其滨江长廊:废墟再生[J].建筑技艺,2021,27(07):36-45+113.

[53] 卢成蔚.与历史一起创造历史——论武汉武重厂区改造项目的景观设计[J].海峡科技与产业,2017(08):196-198.

[54] 栾景亮.大型工业废弃地再开发与工业遗产保护的探讨——以北京焦化厂旧址用地改造为例[J].中国园林,2016(6):67-71.

[55] 莫畏,王轩哲.城市复兴视野下的长春一汽历史文化街区保护利用研究[J].吉林建筑大学学报,2017,34(4):41-46.

[56] 缪建平,刘淑虎.传承·激活·多元——福州马尾造船厂旧区规划研究[J].建筑与文化,2014

(10):100-102.

[57] 庞伟.场所语境——中山岐江公园的再认识[J].现代园林,2004(7):21-24.

[58] 戚丹华.对广州港集团太古仓码头二期项目开发经营的几点建议[J].经营者,2017,31(6):337.

[59] 乔治,张新平,史乾东.宝鸡申新纱厂工业文化价值传承及空间更新[J].山西建筑,2020,46(17):3-5.

[60] 青锋.普罗米修斯与采药人 阿丽拉阳朔糖舍酒店设计评述[J].时代建筑,2019(1):122-135.

[61] 邱跃.提高认识迎接挑战不断推进历史文化名城保护与发展[J].北京规划建设,2009(1):22-24.

[62] 荣玥芳,蔡海根."城市双修"理念下工业遗产型历史地段更新研究——以福州马尾造船厂旧区为例[J].遗产与保护研究,2019,4(3):28-31.

[63] 盛希希.论深圳 OCT-Loft 华侨城创意文化园的构建[J].青岛理工大学学报,2014,35(4):72-75+123.

[64] 施雨,杨蕊.工业废弃地景观重塑研究——以南京市汤山矿坑公园为例[J].城市住宅,2021,28(4):205-206.

[65] 宋婷.转型期创意园区与城镇要素的联动发展机制探讨——以上海 M50·半岛 1919 创意园为例[J].现代城市研究,2012,27(9):86-92.

[66] 隋晓莹,张琪,李季.工业遗产与城市后工业文化景观构建研究——以北京 798 艺术区和沈阳铁西 1905 创意文化园对比为例[J].城市建筑,2015(35):339-339.

[67] 孙颖南.城市更新背景下的工业遗产保护与改造——以沈阳市 1905 文化创意园为例[J].建筑工程技术与设计,2018(24):3563-3564.

[68] 孙玉华,胡诗文.文化创意产业园区与城市休闲耦合发展研究——以泉州市"源和 1916"为例[J].中国市场,2017(27):61-63.

[69] 孙志敏,刘璐.功能关联性视角下玉门石油系列遗产的构成与特征分析[J].城市建筑,2021,18(16):11-15+33.

[70] 陶锟,全向春,李安婕,等.城市工业污染场地修复技术筛选方法探讨[J].环境污染与防治,2012(8):69-74+79.

[71] 田美玲,方世明.资源枯竭型城市工业遗产旅游开发——以黄石国家矿山公园为例[J].资源与产业,2019,21(4).

[72] 屠莉.上海辰山植物园特殊水生植物园更新改造[J].上海建设科技,2017(2):41-43.

[73] 王璐,唐文.工业废弃地的景观再生——以昆明 108 智库为例[J].园林,2017(5):42-45.

[74] 王墨.生态修复驱动下的南京汤山矿坑公园景观实践[J].建筑技艺,2021,27(4):23-27.

[75] 王润生,张琪.工业遗产建筑保护中的真实性原则研究——以青岛啤酒博物馆为例[J].城市建筑,2021,18(20):51-54.

[76] 王兴华,乔子昭,宋振恺.潍坊坊子炭矿工业遗产的研究与保护[J].大众文艺,2020(9):258-259.

[77] 魏婷.城市工业遗址的设计再造——以重庆鹅岭二厂文创园为例[J].装饰,2021(1):138-140.

[78] 吴隽洁,江婷.度假酒店产品设计研究——以阳朔县阿丽拉糖舍酒店为例[J].家具与室内装饰,2018(4):76-77.

[79] 谢金虎,张持坚.中南海与浦东开发[J].瞭望新闻周刊,1996(17):4-10.

[80] 徐怀钊.上海毛巾二厂改建项目的总结[J].建筑结构,2016,46(S2):150-153.

[81] 徐可,白家峰,夏清绮.让美术馆成为一种生活方式——对话艺仓美术馆艺术总监张熹[J].艺术当代,2018,17(7):96-99.

[82] 徐璐,陈雪竹.标志性景观对城市文脉传承的设计体现——以中山岐江公园为例[J].现代园艺,2014(18):80.

[83] 徐洋.工业遗产视野下的玉门油田历史及现状调查研究[J].今日科苑,2021(05):82-89.

[84] 徐游.唐山南湖公园优化探讨[J].现代园艺,2017(22):103-104.

[85] 余冯月.传承与改造——以上海1933老场坊为例浅谈工业建筑保护与发展的关系[J].建筑与文化,2021(6):147-148.

[86] 俞孔坚.足下的文化遭到野草之美——中山岐江公园设计[J].新建筑,2001.

[87] 俞楠,于汶卉.民国首都电厂旧址公园[J].城市建筑,2015(13):92-101.

[88] 虞莉霞.上海辰山植物园海棠专类园改造对策[J].绿色科技,2018(13):129-132.

[89] 袁勇麟,温雅彬,涂怡弘.台湾文化创意产业园研究——以十鼓文化村为例[J].福建艺术,2020(1):14-21.

[90] 詹瑜,滕玲."亚洲第一采坑"的千古传奇 走进中国第一座国家矿山公园——湖北黄石国家矿山公园[J].地球,2019(7):5.

[91] 张成渝.国内外世界遗产原真性与完整性研究综述[J].东南文化,2010(4):30-37.

[92] 张凡.常州运河五号创意街区改造探究[J].城乡建设,2015(10):52-53.

[93] 张涵.旧工业建筑遗产的创意改造——上海1933老场坊改造设计探究[J].建筑与文化,2016(2):232-233.

[94] 张斯,齐蔚,钟迅,等.文物建筑中工业遗产的加固和改造——以武汉市平和打包厂加固改造工程为例[J].工程抗震与加固改造,2019,41(1):137-144.

[95] 张杨.长春市历史文化街区保护与利用研究[J].艺术科技,2019,32(13):171+206.

[96] 张宇星,韩晶.电厂废墟新生——沙井村民大厅设计札记[J].建筑学报,2022(05):46-51.

[97] 赵澄,邵晓峰.香港艺术村文化创意与社群互动研究[J].福建论坛(人文社会科学版),2016(6):151-157.

[98] 赵澄.香港赛马会创意艺术中心活用艺术营造社区[J].艺苑,2016(2):63-65.

[99] 郑桂堂.探索城市空间的场所精神——从知觉现象学出发解读中山岐江公园[J].建材与装饰,2018(11):77-78.

[100] 直向建筑.阿丽拉阳朔糖舍酒店[J].建筑学报,2018(1):26-33.

[101] 朱光武,李志立.天津万科水晶城设计[J].建筑学报,2004(4):34-39.

[102] 朱怡晨,李振宇.布景·在场·共享:滨水工业遗产作为城市景观的演进[J].中国园林,2021,37(8):86-91.

[103] 朱育帆.历史对象与后工业景观[J].中国园林,2020,36(3):6-14.

[104] 诸武毅,刘云刚.深圳 OCT-Loft 华侨城创意产业园的空间生产[J].华南师范大学学报(自然科学版),2013,45(5):106-111.

[105] 宗轩.工业建筑遗产保护与更新研究——半岛 1919 的前世与今生[J].城市建筑,2012(3):39-44.

[106] 王璞,杜海涛.玉门:特色旅游开发方兴未艾[N].酒泉日报,2005-05-26(001).

[107] 华香裕,沈岩,吴镝.从海州露天矿到国家矿山公园的沧桑旅程[N].辽宁日报,2006-07-04(006).

[108] 蒋悦飞,陈穗华.老码头太古仓要做广州"798"[N].广州日报,2008-05-06(017).

[109] 董振霞,孙艳芹,闫盛霆,等.1954 陶瓷文化创意园 老工厂遗存变特色小镇[N].淄博晚报,2017-09-07(02).

[110] 廖志慧.石海变绿洲——黄石国家矿山公园的时光印记[N].湖北日报,2020-08-30.

[111] 梅岭.798 艺术区二十年发生了什么?[N].南方周末,2021-06-24.

[112] 余燕明.北京首钢园的"六工汇":城市工业遗产更新样本[N].中国经营报,2022-02-28(B16).

[113] 袁玮,王奇伟.金星电视机厂变身"SVA 越界"[N].新民晚报,2009(A04):33-34.

[114] 陈开伟.上海废旧工业厂房改造型创意产业集聚区景观调查研究[D].上海:上海交通大学,2013.

[115] 陈亮.南京近代工业建筑研究[D].南京:东南大学,2018.

[116] 程新枝.华侨城创意文化园发展战略的研究[D].深圳:深圳大学,2017.

[117] 代四同.上海莫干山路工业区的历史演进研究[D].上海:上海社会科学院,2018.

[118] 窦静静.工业遗产改造中建筑文脉的表达与传承[D].济南:山东大学,2016.

[119] 韩宗保.艺术产业园区生命周期研究[D].北京:中央美术学院,2020.

[120] 康兰艺.成都市文化创意产业园区的空间布局特征及影响因素研究[D].上海:华东师范大学,2018.

[121] 李林林.汉阳工业区龟北片区产业类历史建筑保护与再利用研究[D].武汉:华中科技大学,2012.

[122] 李沐.城市更新背景下的工业遗产研究[D].武汉:华中科技大学,2017.

[123] 李烁.清代陶阳十三里历史街区再现研究[D].南昌:景德镇陶瓷大学,2021.

[124] 刘玮.高雄驳二艺术特区开发模式研究[D].广州:华南理工大学,2018.

[125] 周若璇.城市工业遗址再生研究[D].武汉:华中科技大学,2016.

[126]《设计质》编辑部.设计质:历史街区的改造与利用[M].武汉:华中科技大学出版社,2016.

[127] GRUNENBERG C. Gothic: Transmutations of Horror in Late Twentieth Century Art[M].

Boston: Institute of Contemporary Art; MIT Press, 1997.

[128] 范周，梅松. 北京市保护利用老旧厂房拓展文创空间案例评析[M]. 北京：知识产权出版社，2018.

[129] 郭琦，朱京海. 工业遗存概论[M]. 沈阳：辽宁科学技术出版社，2011.

[130] 李勤，胡炘，刘怡君. 历史老城区保护传承规划设计[M]. 北京：冶金工业出版社，2019.

[131] 杨世瑜. 旅游地质文化概论[M]. 北京：冶金工业出版社，2018.

[132] 余伟忠. 浙江文化创意园区实践与研究[M]. 杭州：中国美术学院出版社，2015.

[133] 张笃勤，侯红志，刘宝森. 武汉工业遗产[M]. 武汉：武汉出版社，2017.

[134] 赵崇新. 当代中国建筑集成 工业地产与工业遗产[M]. 天津：天津大学出版社，2013.

[135] 中共中央文献研究室，中共上海市委. 邓小平与上海[M]. 上海：人民出版社，2004.

[136] 中国建筑文化中心. 城市公共艺术 案例与路径[M]. 南京：江苏凤凰科学技术出版社，2018.

后记：让我们把这 100 个故事交给未来

工业遗产保护更新，曾被城市规划与建筑设计行业认为是“最具创新力的活动”，甚至在西方国家和地区有一个固定的成见：工业遗产保护更新的再利用能力，是一个国家“硬实力”与“软实力”的综合表现。正如美国建筑界所流传的那句名言：“拥有工业遗产，说明是一个现代国家，拥有再利用工业遗产的能力，才能证明是一个现代强国。”

我国工业遗产数量庞大，门类繁多，是我国工业化、现代化的见证，部分红色工业遗产是中国共产党领导实现国家现代化的重要历史物证，具有无可取代的历史价值与时代意义。部分工业遗产以建筑物、构筑物等形式存在，尚在使用年限之内或经过保护修缮之后仍可以正常再利用，因此具有较大的更新空间。以合适的方案对工业遗产合理化的保护更新，使之产生重要的经济价值与社会价值，既是我国工业遗产未来发展的重要趋势，也是我国向世界展示综合国力的重要方式。

工业遗产还是人类工业生产从高碳排放向低碳排放过渡的物质见证，我国工业遗产改造更新成功与否，事关能否实现“两碳”目标大局。本书所收录的 100 个工业遗产保护更新项目，是我国政府坚定推进碳排放大幅下降、向世界兑现碳排放承诺的有力证明。目前较为成功的工业遗产再利用项目有的曾经是冶炼、水泥、造纸等高产能、粗放型生产企业，而如今却改造成酒店、植物园、创业园等高绿化率的都市空间，有的项目在国际上接连获奖，见证了“人不负青山，青山定不负人”的伟大变迁，我们完全有足够的理由与自信将这 100 个故事完整、骄傲地交给未来。

2017年，意大利都灵理工大学教授马特·罗比里奥(Matteo Robiglio)与美国卡耐基·梅隆大学高级研究员唐纳德·卡特(Donald K. Carter)联合编撰的《重构美国：后工业城市保护再利用的20个故事》(*RE - USA：20 American Stories of Adaptive Reuse：A Toolkit for Post-Industrial Cities*)风靡英语世界。事实上，我国作为世界工业遗产大国，保护更新经验并不逊色于美国，甚至成功案例的数量远远超过美国，尤其是2019年习近平总书记作出“生产锈带”变成“生活秀带”重要指示之后，在“双循环”与“两碳”目标的牵引下，国内工业遗产领域克服困难，新建、更新或完成了几十个有分量的工业遗产再利用项目，包括冬奥会首钢滑雪场馆等重大改造工程，实现了我国工业遗产保护更新的质变。我们调研发现，二十年来我国工业遗产保护更新的再利用过程中，精彩的故事远远不止20个，即使本书所收录的100个故事，也只是此时此刻最精彩的那一部分。

当然完成本书并非易事。不到两年的时间里，我们团队除了实地调研，在查阅了近300篇学术论文与近50种学术专著的基础上，还翻阅了近400种公开或内部出版的厂志、年鉴和大事表，访问了近500位工程师、技术员、职工、厂长以及工业遗产改造的设计师与民营业主，在旧书网、旧书店购买各种日记、档案、笔记、内刊100余种，并通过互联网查阅了包括博客、美篇、腾讯空间、企业官网等各类网页的工作日志、文章、企业新闻稿2000余篇，并依托读秀、知网、谷歌学术等互联网档案库获得相关公司厂矿、各级政府、各设计院超过百万字的工作材料、行政政策、改造方案、设计图纸、招标文件乃至裁判文书等信息。其中大量资料是佚名的，如果有相关资料的整理者看到此书，请随时与编者联系，我们将会为您奉上本书的样书作为最诚挚的感谢。

这本书的出版得益于《中国大百科全书(第三版)》“工业遗产”专题的知识支持。我的学生兼科研助理李卓女士作为重要编撰者之一，为这本书的完成做出了大量的调研与资料整理工作，看到她成长为一位优秀的青年工业遗产学者，我深感欣慰；张慧敏、黄美玲、陈美伊、何奕辰等同学在材料选取、文字整理的过程当中所付出的努力也值得我特别感谢。当然，我们还由衷感谢在调研过程中提供大量资料的工业遗产实务界的朋友们，如米阳文、殷俊、夏鹏、李沛等，我们的友谊将会因为这本书所铭记。

首先，这本书献给我研究工业遗产的引路人冯天瑜先生，他在生前未能看到这本书的出版，这是我永远的遗憾。

此外，我代表团队向资助此书出版的武汉大学与一直支持我研究的武汉大学国家文化发展研究院傅才武院长表示由衷致谢，并向武汉大学的同事纪曼女士、李雅竹女士与邢知博女士长期以来的无私帮助献上谢意与敬意，尤其向欧洲科学院院士斯特凡·贝格尔教授对我们工作的长期支持致以诚挚的感谢，同样的谢意献给徐苏斌、左琰、乐钢、郭旃、吕建昌、潜伟、方一兵、刘伯英、李正东、黎启国、丁小珊等工业遗产研究领域的师友。

当然，要特别感谢两家出版机构及其编辑同仁的努力——华中科技大学出版社的金紫与周怡露两位女士与帕尔格雷夫·麦克米伦(Palgrave Macmillan)出版公司的白桦女士，你们的敬业精神让这本书得以以不同的语言呈现，尽可能让更多的人可以听到关于中国工业遗产的故事。当然，这本书作为一段美好记忆的凝结，应当献给我的妻子张萱博士和女儿韩识远，是她们一直支持我的研究，我们曾一起去过许多工业遗产地，无论是三九酷暑还是寒冬腊月，都记录着我们全家“三人行”的美好记忆。

最后，我还是想引用一下马特·罗比里奥的观点，这位驰骋欧美工业遗产研究前沿的学者曾认为：“后现代主义用旧的形式和符号建造了新的建筑。”而我则认为，后工业时代，这些新的建筑完全可以讲述未来的故事。因为我们为未来的时代保留了这个时代最美好的场景。

毫无疑问，把这100个故事交给未来，是我们这一代人的责任。我坚信，工业遗产属于辉煌璀璨的过去，属于求新求变的当下，更属于充满无限可能的未来。

韩　晗